La gestión del conocimiento en la ingeniería del mantenimiento industrial: Investigación sobre la incidencia en sus actividades estratégicas

The knowledge management in industrial maintenance engineering: Research on the incidence in their strategic activities

Francisco Javier Cárcel Carrasco

OmniaScience

Autor:

Javier Cárcel Carrasco, Universidad Politécnica de Valencia, Valencia, España

fracarc1@csa.upv.es

ISBN: 978-84-941872-7-8

DL: B-3402-2014

DOI: http://dx.doi.org/10.3926/oms.197

© OmniaScience (Omnia Publisher SL) 2014

Diseño de cubierta: OmniaScience

Fotografía cubierta: © Andrey Armyagov - Fotolia.com

Dedicado a todos aquellos que me apoyaron y creyeron en mi, transmitiéndome su conocimiento y experiencia profesional.

Dedicado a todos los profesionales que desarrollan su actividad en el área de la ingeniería del mantenimiento industrial, ellos son la primera línea de combate para la mejora de la productividad y fiabilidad de las empresas.

En especial a Fini y a mis hijos Javier y Carlos, por todo su cariño. Ellos son mi mayor patrimonio y orgullo.

ÍNDICE

RESUMEN

La gestión del conocimiento en la ingeniería del mantenimiento industrial: Investigación sobre la incidencia en sus actividades estratégicas

El conocimiento no es uno más de los factores de producción. Se ha convertido en el principal factor para la ventaja competitiva de las organizaciones del siglo XXI. Aunque la gestión del conocimiento es, y ha sido estudiado en profundidad a partir de la década de los 90 del siglo pasado, especialmente, para la gestión estratégica, innovación, comercio, o administración de las empresas, todavía quedan muchos interrogantes en cómo se articula, se transfiere y las barreras para su gestión, sobre todo cuando hablamos de las actividades tácticas internas en las que afectan a personal que podíamos llamar de "oficios", tales como el mantenimiento y montajes industriales o explotación y conducción de las instalaciones.

Por las peculiaridades propias que se dan normalmente en este tipo de actividad fundamental de la empresa, el conocimiento de estos operarios está fuertemente basado en su experiencia (fuerte componente tácito), difícil de medir y articular, y sin embargo, en numerosas ocasiones, esta rotura de la información-conocimiento, puede suponer un alto coste para la empresa, muchas veces asumido como algo que afrontar, debido al incremento de tiempos de parada de producción y servicios, perdidas de eficiencia energética, o tiempo de acoplamiento de nuevo personal a estas áreas.

Aunque a partir de los años 60 del pasado siglo, comenzó a imponerse la investigación de los sistemas de mantenimiento industrial (Mantenimiento productivo total TPM, Mantenimiento basado en la fiabilidad RCM, etc.), sin embargo todas estas técnicas organizativas de mantenimiento tienen carencias en cuanto a la operativa en la transmisión del conocimiento, con respecto a las instalaciones auxiliares a la producción o el servicio a desarrollar, en lo referente al mantenimiento operativo en explotación, en el que intervienen diferentes equipos, elementos e instalaciones interconectadas, con diferente confiabilidad operativa, y con un alto grado de información tácita debido al personal que debe operar y mantener dichas instalaciones. Este defecto en la transmisión del conocimiento, junto con la elevada inercia en las operativas de mantenimiento, hace que en muchos casos se desconozca el grado de fiabilidad y eficiencia energética final en las instalaciones, las acciones tácticas para mejorar los sistemas y el grado de operativa en mantenimiento, que provoca en muchos casos, para acciones de reparación o reposición instantánea, altos periodos de inoperancia que provocan paradas en la producción o en el desempeño del servicio a prestar.

En este trabajo de investigación se aborda el problema y la incidencia que supone introducir técnicas de gestión del conocimiento en esta área de importante transcendencia para la empresa, analizando la repercusión que la adecuada captación, generación, transmisión y utilización del conocimiento, puede afectar sobre las actividades estratégicas que desempeña y que se han definido como la fiabilidad de los procesos e instalaciones, la mantenibilidad, la eficiencia energética y la operativa de explotación.

Tras una descripción del estado de la situación y los principios básicos de la gestión del conocimiento y de la ingeniería del mantenimiento, se ha realizado un estudio cualitativo en diversas empresas dentro de las áreas de explotación y mantenimiento, con el fin de conocer las barreras y facilitadores, que dicho personal implicado encuentra para que se produzca una adecuada transmisión y utilización de dicho conocimiento fundamental, definiéndose las actividades estratégicas que realizan los departamentos de mantenimiento, y la manera en que repercuten en la empresa.

En consecuencia, este documento persigue proporcionar referencias reales y juicios de expertos que expliquen en cómo y por qué el conocimiento y su gestión es tan relevante en el área de mantenimiento de la empresa. Esas son las razones que justificarían porqué gestionar el conocimiento en dicha área, supone un capital intangible, pero que suficientemente analizado se observa su valor tangible que afecta directamente a la organización.

CAPÍTULO I

**Introducción a la problemática
de la Gestión del conocimiento
en el mantenimiento industrial**

1.1. Introducción y planteamiento del problema

En la actualidad, las empresas que utilizan edificios, instalaciones, máquinas, equipos, etc., para la generación de bienes o servicios, tienen la necesidad de que estos activos se encuentren con la mayor disponibilidad posible al mínimo costo, planteando una mayor durabilidad de dichos activos, así como los mínimos costes operativos. Por ello la conservación de los equipos de producción o para un determinado servicio a prestar es una apuesta clave para la productividad de las empresas, así como para la calidad de los productos o servicios prestados (Robbins et al., 2009; Monchy, 1990), promoviendo la capacidad de innovación (González et al., 2011; Camelo et al., 2010; Bravo-ibarra et al., 2009; Lundvall et al., 2007). Todo esto redunda en un proceso para mejorar su competitividad, indispensable para hacer frente a la creciente competencia, la evolución al alza de los costes y unos modelos de gestión demasiado tradicionales (Cárcel, 2011).

Así mismo, las organizaciones son entes sociales, conformadas por personas, creadas para la obtención de objetivos o metas, mediante el trabajo humano y del uso de los recursos materiales (Díez et al., 2002), que se caracterizan por una serie de relaciones entre sus componentes y es productiva cuando alcanza sus metas, utilizando los recursos a un mínimo costo, y observándolo desde el factor humano (García et al., 2008) en base a sus dimensiones y factores que actúan donde los individuos se organizan como sistemas de transformación a fin de convertir unos medios o recursos en bienes o servicios (Marvel et al., 2011).

Las empresas se ven obligadas a actuar sobre los factores que afectan a su nivel competitivo (Fredberg, 2007; Abancets et al, 1986). Una variable relevante sobre la que pueden actuar es la eficiencia del proceso productivo. El mantenimiento industrial tiene por objetivo principal conseguir una utilización óptima de los activos productivos de la compañía, manteniéndolos en el estado requerido para una producción o servicio eficiente con unos costes mínimos. Dicha función debe tener en cuenta los objetivos de la empresa, y se debe llevar a cabo en el marco de un gasto materializado por un presupuesto, o en relación a una determinada actividad (Souris, 1992).

La importancia de las técnicas de mantenimiento ha crecido constantemente en los últimos años (Gonzalez, 2003), ya que el mundo empresarial es consciente de que para ser competitivos es necesario no sólo introducir mejoras e innovaciones en sus productos, servicios y procesos productivos, sino que también, la disponibilidad de los equipos ha de ser óptima y esto sólo se consigue mediante un mantenimiento adecuado.

Hay que señalar que, además de las grandes empresas, las PYMES (pequeñas y medianas empresas) también son objeto de la aplicación de las técnicas de mantenimiento, ya que, si bien la implantación de determinados sistemas o técnicas de mantenimiento en una PYME sería inviable o no rentable, una gestión más racional del mantenimiento puede aportar ventajas. Por otro lado, dado que en las PYMES es donde normalmente menos atención se ha prestado, o menos recursos se han destinado, al mantenimiento industrial, la inclusión de cualquier mejora en la gestión de esta función puede tener unos resultados más brillantes (Cárcel, 2011; AEM, 2010; MIE, 1995).

La gestión efectiva del mantenimiento supone, en consecuencia, una de las actividades cruciales de la mayor parte de las empresas con activos físicos. Son por ello lógicos los esfuerzos orientados a optimizar su funcionamiento, involucrando para tal fin tanto a medios humanos como técnicos (Marvel et al., 2011; Cárcel 2013a, 2013b).

Aún así, el ingeniero y los técnicos de planta siguen detectando muchos problemas y defectos de los sistemas, modelos, técnicas y procedimientos implementados, muy especialmente los relativos a una fluida transmisión de la experiencia y de los conocimientos, unas veces olvidados, otros retenidos por los especialistas y, en todo caso, insuficientemente formalizados o "protocolizados". El conocimiento que podemos adquirir acerca del comportamiento de un sistema físico se fundamenta principalmente en la adquisición y valoración de dos tipos de información, cuantitativa (por instrumentos de medición) y cualitativa (adquirida por humanos) (Chacón, 2001). El presente libro trata de resolver alguno de estos problemas que el autor, en su propio trabajo profesional, ha padecido con especial intensidad. Se es así consciente del valor que, para los técnicos y especialistas del mantenimiento de planta, poseen estos planteamientos y desarrollos. Tampoco se ha olvidado la necesidad de dotar al presente documento del suficiente carácter generalista y tratamiento científico, por lo que se ha planteado un modelo de proceso de mejora de amplio espectro de aplicación.

En los círculos de control de calidad y de mejora continua en las empresas es bien conocido el ciclo PDCA (Jabaloyes et al, 2010) (acrónimo de Plan, Do, Check, Act -Planificar, Hacer, Verificar, Actuar), también conocido como "Círculo de Deming" (de Edwards Deming) (también se denomina espiral de mejora continua), es una estrategia de mejora continua de la calidad en cuatro pasos (Figura 1), basada en un concepto ideado por Walter A. Shewhart (aunque ya en tiempos de los aztecas se utilizaba basado en las fases de la luna). Se constata por la propia experiencia y observación, que la actividad de mantenimiento es intensiva en la "DO" (Hacer), relegándose en gran medida el resto de acciones para mejora continua (por la propia inercia que suelen llevar las acciones de mantenimiento).

Algunos de los problemas más frecuentes y críticos (y que en gran medida vienen por la incorrecta gestión del conocimiento), con los que los especialistas y técnicos de mantenimiento se encuentran son:

- Cambios de personal de la plantilla.

- Poca experiencia de los operarios.

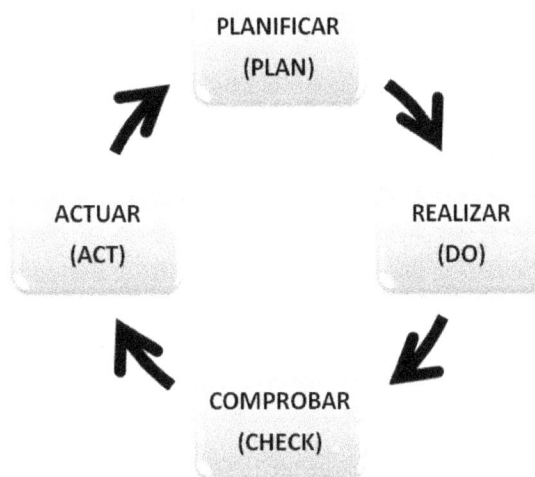

Figura 1. Circulo de mejora continua de Deming. Fuente: elaboración propia

- Falta de información de medidas a tomar y pasos a seguir ante ciertas averías o incidencias.

- Dependencia del conocimiento y experiencia tácita de los operarios.

- Históricos de avería y análisis de causas imperfectos.

- Desorganización de la información acerca de las instalaciones y equipos.

- Carencia de sistemas de aprendizaje y reciclaje del personal.

Éstos son algunos de los problemas que se pretenden subsanar con este trabajo.

Los problemas derivados de los cambios de personal en la plantilla de mantenimiento se traducen en pérdidas económicas debido al desconocimiento por parte del operario de: las instalaciones existentes, fallos típicos y medidas a adoptar ante los mismos, tiempo de rodaje y adaptación a la forma y sistemas de trabajo, etc. La escasa experiencia del operario obliga a otros a abandonar sus tareas para poder enseñarle las ubicaciones, tipos de instalaciones, modo de trabajo, etc., con la consiguiente pérdida de productividad y rendimiento que ello conlleva. A continuación (en la Figura 1), se muestra un gráfico radial que refleja los tiempos en horas utilizados en el acoplamiento y operatividad del operario en el comienzo de su desempeño en la empresa.

Los datos se han tomado basándose en una plantilla real de 20 personas de un departamento de mantenimiento, en la que se ha fijado un máximo de rotación de 5 operarios/año.

Como se aprecia en la Figura 1, el tiempo (valor medio) de iniciación ó introducción del nuevo operario en la empresa, se va reduciendo paulatinamente a lo largo del tiempo (se ha considerado

Figura 2. Tiempos de acoplamiento y operatividad del operario. Fuente: elaboración propia

un año natural), siendo las horas indicadas en la gráfica, las consideradas como inoperativas, hasta que se considera que dicho técnico puede ser prácticamente autónomo. El coste de estos cambios de personal (Figura 2) y de la inexperiencia que conllevan, es directamente proporcional al tiempo en el que éstos todavía no son operativos al 100%. Estos tiempos pueden variar según el área de desempeño, oscilando según el área o grado de especialización entre 8 y 16 meses.

En empresas de mayor tamaño el problema se agudiza y el coste de estos cambios se incrementa considerablemente, ya que las instalaciones a conocer, los trabajos a efectuar, etc., son mucho mayores. También hay que tener en cuenta para analizar estos costes, la inoperatividad (el aumento en el tiempo medio de resolución de fallos que se puedan considerar como cíclicos o recurrentes). En la Figura 1.3, se puede comprobar la tendencia de dicho tiempo medio (a lo largo de un año

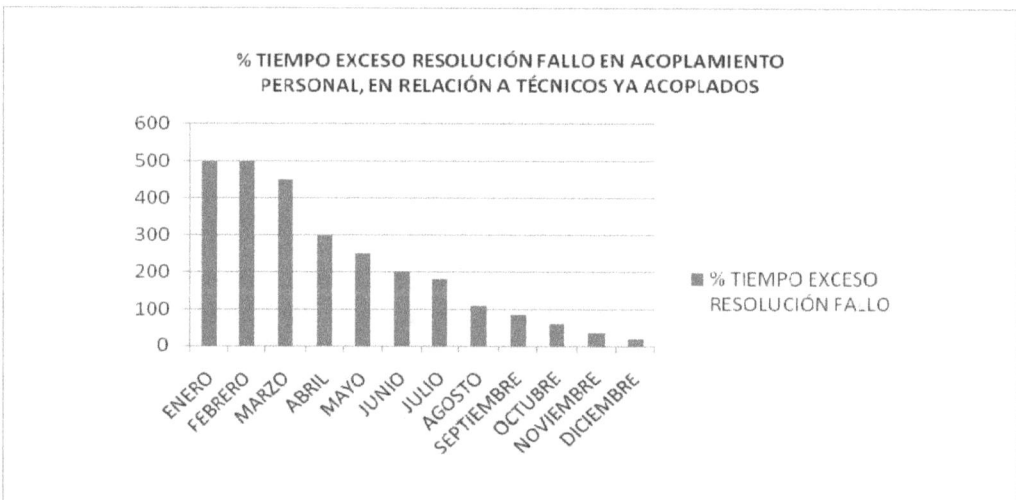

Figura 3. Tiempos de resolución de fallos según experiencia del operario. Fuente: elaboración propia

natural) que, según se configura y estabiliza el equipo de personal de mantenimiento, va disminuyendo y, consiguientemente, el tiempo de inoperatividad.

Habiendo considerado los costes de inoperatividad o ineficiencia, que suponen a la empresa el incorporar nuevos operarios a los equipos de mantenimiento, tal y como indica la tendencia de la figura anterior, es necesario destacar además otros costes inducidos.

Estos costes inducidos se derivan de la incapacidad del operario de resolver una avería crítica en un momento determinado. Estas averías críticas, a diferencia de las averías no críticas, se diferencian en que éstas suponen un coste elevado a la empresa como, por ejemplo, la paralización de la producción o el servicio hasta que no se subsane dicha avería.

Otro de los problemas relevantes a la hora de realizar un buen mantenimiento de instalaciones es la falta de información sobre medidas específicas a adoptar, y orden de ejecución secuencial de las mismas ante averías que no se han presentado antes, o bien que no han ocurrido en presencia del operario.

En la mayoría de los casos, son los operarios más antiguos quienes conocen mejor las instalaciones y equipos, así como, su comportamiento específico, medidas a tomar ante cualquier incidencia, qué revisar y cómo hacerlo, en concreto, para cada máquina, instalación, sistema, etc. Se estima que cerca del 70% del conocimiento que se maneja en una empresa es del tipo tácito (el que se encuentra almacenado en cada individuo) (Macián et al., 2010)

Esta experiencia adquirida a través de los años, denominada "know-how", o simplemente conocimiento o experiencia, no es cometido o competencia del Sistema Educativo y, sin embargo, es de vital importancia para el buen funcionamiento de la empresa.

El problema reside en que si el operario que posee ese conocimiento, abandona el puesto de trabajo, la empresa lo pierde, sufriendo los problemas operativos y económicos que de ellos se derivan.

Normalmente, una empresa tiene en su poder documentación técnica acerca de las averías más frecuentes que pueden darse en las máquinas o instalaciones que tiene instaladas, qué hacer ante éstas, qué comprobar y dónde, etc.

Sin embargo, no posee documentación alguna sobre los fallos, incidencias o averías que no suelen ocurrir, o que no son específicos de la empresa, o simplemente que no se tenía conocimiento de ellos hasta que han ocurrido por primera vez. Éstas son las denominadas "averías basadas en la experiencia o el conocimiento" que dependen de la maquinaria instalada, configuración específica de las instalaciones, estado de éstas, zonas de trabajo, programación, etc., que sin duda varían de una empresa a otra.

Por otra parte, en muchos casos la información técnica acerca de las instalaciones se ha extraviado o está en manos de una única persona, con la consiguiente falta de información en un momento determinado, que en algunas ocasiones es vital para una rápida actuación.

También es frecuente que esta información sea tan amplia y extensa que el personal de mantenimiento tenga dificultades o pérdidas de tiempo para encontrar la información que precisa, y entre ella la información vital o importante.

Ante acciones de respuesta operativa para solucionar un fallo en el sistema, en fallos o averías que no suelen ocurrir y que se producen a intervalos largos de tiempo (una vez al año o espacios superiores), suele pasar que los operarios que resolvieron anteriormente dicha avería, o no están en servicio o tienen dudas ante las acciones a realizar, con el consiguiente tiempo de resolución al igual que la primera vez. Estos tiempos de exceso (que son consecuencia de la mala gestión del conocimiento tácito), ocasionan un incremento de gasto por la producción no realizada o el servicio no prestado. De igual manera se podría enunciar ante accciones de eficiencia energética o mantenibilidad de los sistemas, y su relación estrecha que tiene con el conocimiento tácito u operativo de la empresa que se trata.

El problema que parece más relevante dada la ausencia de soluciones, aunque sean incipientes, es la carencia de sistemas de autoaprendizaje, reciclaje y decisión ante fallos o acciones relacionadas con la eficiencia energética o mantenibilidad. Al no disponer de estos sistemas, el intentar recopilar la experiencia se hace todavía más difícil, perdiéndose cuando el poseedor de la experiencia tácita abandona el lugar de trabajo. Los nuevos operarios no disponen de esa información, con la que podrían aprender rápidamente y resolver problemas con mayor efectividad, y así mismo cualquier operario (aún con larga experiencia en el puesto de trabajo) ante una acción no cíclica (que no suele ocurrir), dependerá de la experiencia de otra persona que lo haya sufrido o comenzar de nuevo con el problema de resolución (con todo el exceso de tiempo que ello conlleva).

El reciclaje del personal de mantenimiento, especialmente en ámbitos fabriles de elevada automatización y con tecnologías avanzadas, parece un factor crítico de la eficiencia en las actuaciones de mantenimiento. Si se desconocen los nuevos sistemas y técnicas que salen al mercado, las nuevas tecnologías que surgen para optimizar procesos, etc., resulta prácticamente imposible llevar a cabo una buena planificación, así como, un óptimo mantenimiento.

Este desafio de la gestión de lo intangible, ha sido aceptado en el caso de grandes empresas de ámbito internacional, para capturar el activo intelectual, en referencia al producto que comercializan tales como Dow Chemical Company (Petras, 1996), Arthur Andersen (Hiebeler, 1996) o Hughes Space Company (Bontis, 1996), sin enbargo dicho reto es ampliamente ignorado por las pequeñas o medianas empresas de ámbito local o nacional. Caso de poder recuperar esta información o conocimiento tácito, y definir la manera de medir y prever esta transferencia de conocimiento, se podría utilizar como sistema para proporcionar un autoaprendizaje, con una captación de esa información que tiene gran importancia en la explotación de la empresa, consiguiendo una reducción de los tiempos de acoplamiento del nuevo personal, una reducción y mejora en las acciones ante fallos cíclicos y no cíclicos, un mayor concimiento del conjunto de los sistemas, que conllevará de manera colateral la mejora de todas las acciones de mantenibilidad y eficiencia energética, y una reducción del riesgo en la empresa (siendo este un valor tangible, más otros intangibles como puede ser la perdida de imagen, etc.). Todo esto conllevaría una reducción de costes y una mayor operatividad y, por tanto, una mayor rentabilidad y productividad a la empresa. Con una adecuada gestión del conocimiento se evitarían la mayoría de los problemas anteriormente mencionados.

Por último, es necesario puntualizar que, como en cualquier implantación de un sistema nuevo en la empresa, no sólo se necesita un buen sistema (por ejemplo informático, o de cualquier otro tipo) sino que es imprescindible, para conseguir los objetivos perseguidos tras la implantación del mismo, que exista una motivación por parte de los operarios para conseguir alcanzar dichos objetivos. Esta motivación debe provenir desde la dirección de la empresa y los organos directores de las actividades de mantenimiento, motivando el adecuado clima de colaboración y de transferencia de conocimiento, que sin duda debe ser bidireccional.

Es por ello fundamental integrar todas las acciones que intervienen en esa gestión del conocimiento en relación a la actividad de mantenimiento (Figura 4), teniendo en cuenta las condiciones

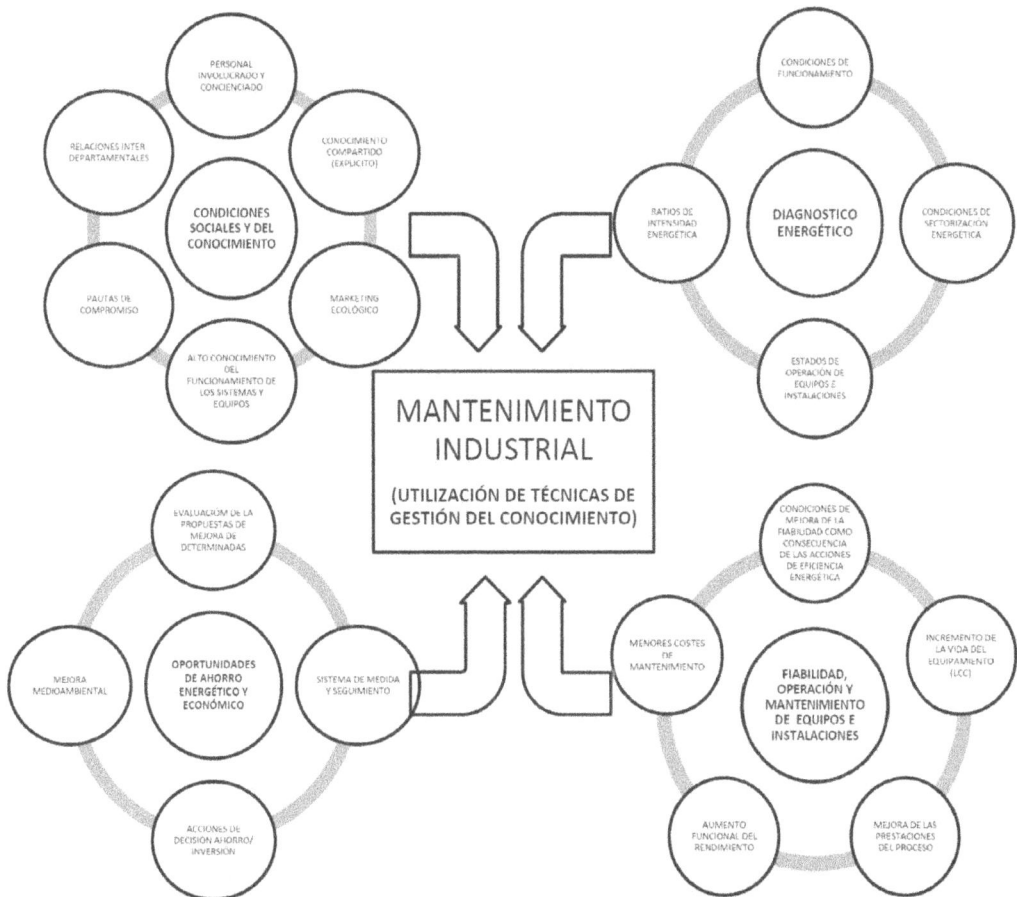

Figura 4. Integración de los aspectos tácticos en mantenimiento. Fuente: elaboración propia

sociales debidas al propio personal que interviene, las condiciones de fiabilidad y eficiencia energética, así como las oportunidades de mejora económica o de servicio que se producirian en la
empresa a tratar.

1.2.   Estructura del libro

Dado lo anteriormente comentado y para proponer un modelo de mantenimiento que consiga una
mejora de la gestión y utilización del conocimiento en la actividad de mantenimiento industrial,
que redunde en una mejora operativa, rentabilidad e imagen de la empresa, y ante la ausencia de
trabajos previos con un cuerpo estructurado de conocimientos y una metodología base para abordar como disciplina el análisis del mantenimiento mediante la generación de conocimiento, el presente documento en la estructura desarrollada (Figura 5), propone seguir cuatro etapas generales:

- La primera etapa, es orientada a la identificación del estado de la situación del mantenimiento, los principios y técnicas de la gestión del conocimiento, y la descripción de los modelos
  organizativos de mantenimiento industrial y sus misiones estratégicas fundamentales en relación al conocimiento y la experiencia, estableciendo la evolución y el estado del arte de
  esta materia y los mecanismos en relación a la transmisión de la información , y en especial,
  al conocimiento tácito (Capitulo II y III).

- En una segunda etapa se analizan mediante estudios cualitativos con entrevistas, cuestionarios y encuestas preparadas y analizadas en un entorno industrial, los aspectos estratégicos
  del mantenimiento en relación a la fiabilidad (o confiabilidad), la mantenibilidad, la eficiencia
  energética y la operativa en explotación, estableciendo y confirmando los mecanismos de
  captación, generación, transmisión y utilización del conocimiento estratégico que se utilizan
  en la propia organización de mantenimiento (Capitulo IV).

1.3. Objetivos, finalidad y tipos de investigación

Se pretenden obtener de esta investigación los siguientes objetivos en función a la problemática y
los puntos de partida comentados en los puntos anteriores (Tabla 1).

Por todo ello y con el fin de propugnar un estudio de aplicabilidad se entiende el validar las características propuestas por la teoría por medio de la práctica (Schippers, 2000), es decir, el dar respuesta a la cuestión principal de investigación referente a determinar cómo funcionan los cauces
de conocimiento que hacen mejorar los procesos tácticos de mantenimiento.

1.4. Contenido del libro

Los diferentes capítulos están formados por unidades que se pueden leer de forma independiente
teniendo todos aquellos aspectos necesarios para su perfecta compresión (marco teórico, objetivos, resultados, discusión, conclusiones y referencias bibliográficas).

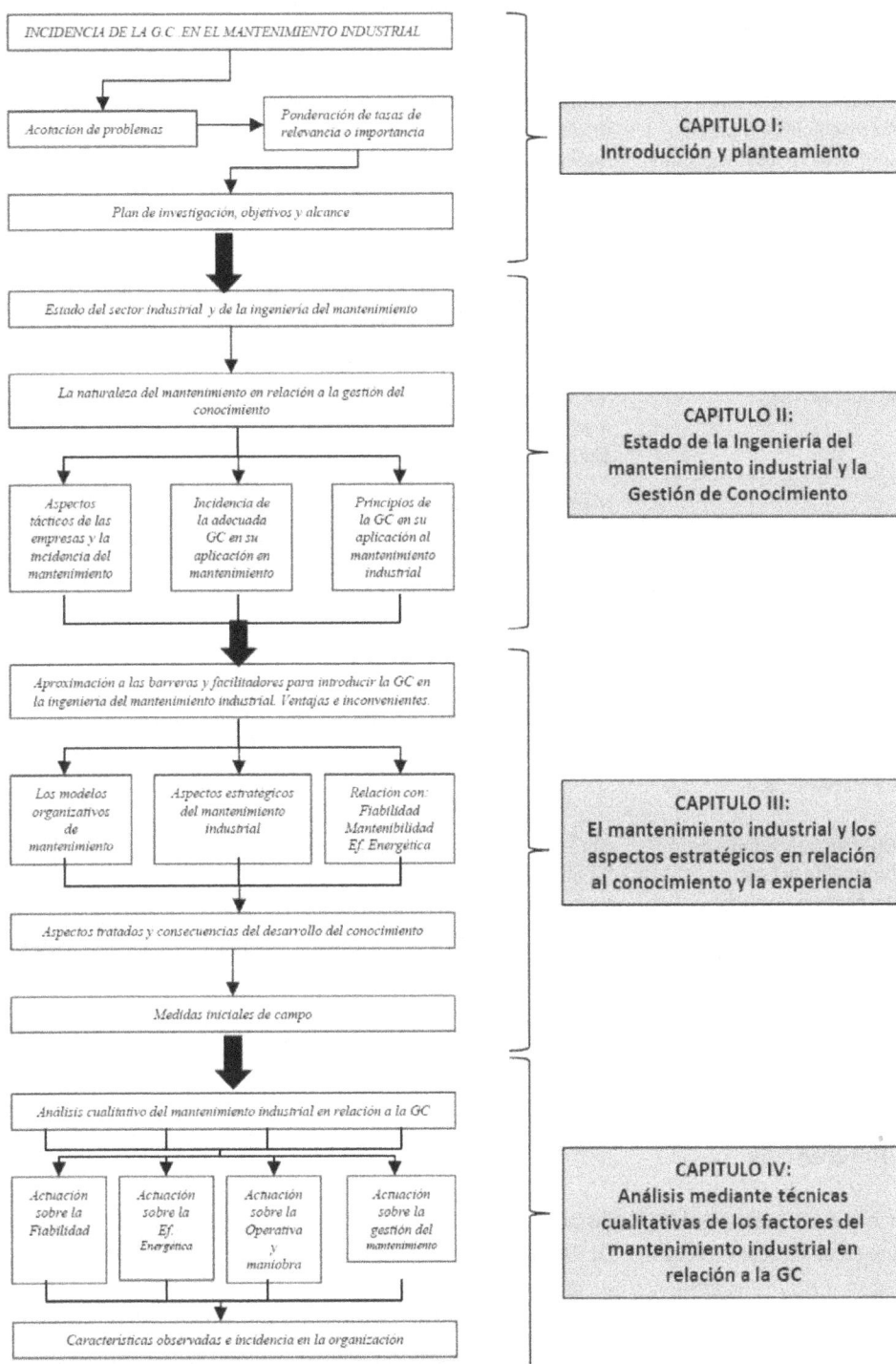

Figura 5. Estructura del libro. Fuente: elaboración propia

Objetivo a desarrollar	Finalidad	Tipo de investigación
1. Estudio del estado actual de la actividad de mantenimiento, y las características de la gestión del conocimiento	Analizar y revisar la situación del mantenimiento, desde la óptica y los resultados de estudios formalizados. Analizar los procesos de la gestión del conocimiento	Exploratoria Documental
2. Identificar los factores clave de los modelos de organización del desempeño de las funciones del mantenimiento	Revisión de la literatura existente, destacando los factores clave para una correcta Gestión del conocimiento, así como los indicadores fundamentales de la actividad de mantenimiento en relación a sus acciones tácticas fundamentales (fiabilidad, mantenibilidad, eficiencia energética y operatividad)	Teórica Exploratoria Documental
3. Identificar los cauces de los flujos de conocimiento que se producen en la actividad propia del mantenimiento	Marcar las condiciones para la Gestión del Conocimiento, mediante metodologías cualitativas (basados en la teoría fundamentada "Grounded Theory") mediantes técnicas de Focus Group y entrevistas exploratorias	Exploratoria
4. Detectar el conocimiento que tiene un valor estratégico en las acciones de mantenimiento	Explorar el conocimiento tácito mediante el uso de técnicas cualitativas. Detectar las barreras y facilitadores implícitos en relación al transvase del conocimiento en mantenimiento	Cuantitativa Aplicada De campo
5. Obtener indicadores en función de la Gestión del conocimiento de las acciones tácticas fundamentales de la actividad de mantenimiento	Obtener los datos relevantes, marcar las dimensiones del conocimiento, en especial el tácito, que influyen estratégicamente en la operatividad y la eficiencia de las funciones de mantenimiento	Empírica con resultados Cuantitativa Cualitativa

Tabla 1. Objetivos, finalidad y tipos de investigación a desarrollar. Fuente: elaboración propia

1.5. Referencias

Abancens A., & Lasheras J.M. (1986). *Organización industrial, organización, control y seguridad e higiene en el trabajo.* Volumen I. Ed. Donostierra.

AEM (Asociación Española de Mantenimiento) (2010). Encuesta sobre la evolución y situación del mantenimiento en España.

Bontis, N. (1996). *There's a price on your head: Managing intellectual capital strategically.* Verano.

Bravo-Ibarra, E.R., & Herrera, L. (2009). Capacidad de innovación y configuración de recursos organizativos. *Intangible Capital,* 5(3), 301-320.

Camelo, C., García, J., & Sousa, E. (2010). Facilitadores de los procesos de compartir conocimiento y su influencia sobre la innovación. *Cuadernos de Economía y Dirección de la Empresa,* 42, 35-74.

Cárcel Carrasco, F.J. (2011). El estado del mantenimiento en España, estudio de encuestas sectoriales: Aproximación a las ventajas y limitaciones en introducir modelos de Gestión del Conocimiento en su desempeño. *Artículo 2º Congreso de dirección de operaciones en la empresa*, Junio 2011, Madrid.

Cárcel, F.J., & Roldán, C. (2013a). Principios básicos de la Gestión del Conocimiento y su aplicación a la empresa industrial en sus actividades tácticas de mantenimiento y explotación operativa: Un estudio cualitativo. *Intangible Capital.,* 9 (1), 91-125. http://dx.doi.org/10.3926/ic.341

Cárcel-Carrasco, F.J., Roldan-Porta, C., & Grau-Carrion, J. (2013b). La sinergia entre el diseño de planta industrial y mantenimiento-explotación eficiente. Un ejemplo de éxito: el caso Martínez Loriente S.A. *DYNA,* 88(6), 286-291. http://dx.doi.org/10.6036/5856

Chacón, J. (2001). *Diagnóstico de fallos mediante la utilización de información incompleta e incierta.* Tesis Doctoral. UPV Valencia España.

Díez de Castro, J., Redondo, C., Barriero, B., & López, M. (2002). *Administración de empresas. Dirigir en la sociedad del conocimiento.* Madrid: Editorial Pirámide.

Fredberg, T. (2007). Real options for innovation management. Tesis doctoral. *International Journal of Technology Management,* 39(1/2), 72-85. http://dx.doi.org/10.1504/IJTM.2007.013441

García, M., & Leal, M. (2008). Evolución histórica del factor humano en las organizaciones: de recurso humano a capital intelectual. *Omnia,* 14(3), 144-159.

Gonzalez Fernandez, F.J. (2003). *Mantenimiento industrial avanzado.* Ed. Fundación Confemetal.

González, R., & García, E. (2011). Innovación abierta: Un modelo preliminar desde la gestión del conocimiento. *Intangible Capital,* 7(1), 82-115. ISSN: 1697-9818. http://dx.doi.org/10.3926/ic.2011.v7n1.p82-115

Hiebeler. R. (1996). Benchmarking knowledge management. *Strategy-Leadership,* Marzo-Abril. http://dx.doi.org/10.1108/eb054549

INE (Instituto Nacional de Estadística) (2008). Panorámica de la industria. Madrid.

Jabaloyes Vivas, J., Carot Sierra, J.M., & Carrión García, A.(2010). *Introducción a la gestión de la calidad.* Ed. UPV.

Lundvall, B., & Nielsen, P. (2007). Knowledge Management and Innovation Performance. *International Journal of Manpower,* 28(3/4), 207-223. http://dx.doi.org/10.1108/01437720710755218

Macián, V., Tormos, B., Lerma, M.J., & Salabert, J.M. (2010). *Sistemas de gestión de mantenimiento asistido por ordenador.* Ed. UPV.

Marvel, M., Rodríguez, C., & Núñez, M. (2011). La productividad desde una perspectiva humana: Dimensiones y factores. *Intangible Capital*, 549-584. http://dx.doi.org/10.3926/ic.2011.v7n2.p549-584

Maxwell, J.A. (1996). *Qualitative Research Design. An Interactive Approach.* California: Sage Publications.

MIE (Ministerio de Industria y Energía) (1995). *Manual para la Implantación de una Gestión Racional del Mantenimiento Industrial.* Madrid.

Monchy, F., (1990). *Teoría y práctica del mantenimiento industrial.* Ed. Masson.

Petras, G. (1996). Dow's journey to a knowledge value management culture. *European Management Journal,* Agosto. http://dx.doi.org/10.1016/0263-2373(96)00023-0

Robbins, S., & Judge, T. (2009). *Comportamiento Organizacional.* Decimotercera edición. México: Pearson Educación.

Schippers, W, A, J. (2000) *Structure and applicability of quality tools.* Tesis doctoral. Holanda: Eindhoven University of Technology.

Sepi, (2009). Encuesta sobre estrategias empresariales. Fundación Sepi, Ministerio industria, turismo y comercio. Madrid.

CAPÍTULO II

**Estado de la Ingeniería
del mantenimiento Industrial
y la Gestión del Conocimiento**

Introducción al Capítulo II

Objetivo del Capítulo II

En este capítulo se presentan los antecedentes y el estado del arte de las características que inciden en la ingeniería del mantenimiento desde el punto de vista de su gestión del conocimiento. Se comenzará con un análisis sectorial, basado en estudios formalizados sobre el sector de mantenimiento en la industria española, describiendo los factores sobre los que tiene incidencia dicha actividad. Posteriormente se presentan las características generales que influyen en la gestión del conocimiento.

Artículos relacionados con el Capítulo II

Este capítulo está estructurado en dos artículos, el primero titulado *"El estado del mantenimiento en España, estudio de encuestas sectoriales: Aproximación a las ventajas y limitaciones en introducir modelos de Gestión del Conocimiento en su desempeño"*, se analizan diferentes encuestas y estudios sectoriales en relación a la actividad de mantenimiento industrial y estrategias industriales, con el fin de realizar una aproximación a las ventajas y limitaciones de introducir técnicas de gestión del conocimiento en el desempeño del mantenimiento industrial. Para ello se ha revisado estudios formalizados, desde la óptica de aquellos datos relevantes que afectan a la actividad de mantenimiento. Se ha comenzado sobre el análisis de los cuestionarios sobre empresas (Ine, 2008), (Sepi, 2009), y ya de manera sectorial el último estudio sobre mantenimiento en España (Aem, 2010).

El segundo artículo preparado en este capítulo II se titula *"Principios básicos de la Gestión del Conocimiento y su aplicación a la empresa industrial en sus actividades tácticas de mantenimiento y explotación operativa: Un estudio cualitativo"*. El artículo introduce en el marco teórico de la metodología básica sobre gestión del conocimiento (incidiendo en el estado del arte, sus métodos y herramientas). Posteriormente, se presenta el estudio cualitativo realizado, los resultados, la discusión de los mismos y las conclusiones del artículo.

2.1. El estado del mantenimiento en España, estudio de encuestas sectoriales: Aproximación a las ventajas y limitaciones en introducir modelos de Gestión del Conocimiento en su desempeño

Resumen: El mantenimiento industrial, siendo una de las actividades estratégicas en las empresas, sigue teniendo grandes deficiencias según se puede extraer de las encuestas sectoriales y de gestión de las empresas, en especial en su relevancia en cuanto a la gestión del conocimiento en la ingeniería del mantenimiento industrial, que por las características propias de su desempeño, debe tener gran capacidad técnica, formación continua, y debido a las características del trabajo, es intensivo en mano de obra, basándose en gran medida su trabajo en la propia experiencia y con un gran componente de conocimiento tácito. En este artículo se hace un análisis de las últimas encuestas y cuestionarios realizados en el sector, estudiando en base a ellas las principales carencias tácticas y en especial en su relevancia en la gestión del conocimiento. Como conclusión se hará una aproximación a las ventajas y limitaciones de introducir modelos de gestión del conocimiento en su desempeño.

Palabras Clave: Mantenimiento industrial, Gestión del conocimiento, Gestión de empresas, Encuestas sectoriales.

1. Introducción

Existen multitud de estudios de benchmarking en relación con la actividad de mantenimiento y su relevancia en diferentes sectores y áreas nacionales (Wireman, 2004; Kommonen, 2002; Yam et al. 2000; Khade, et al., 1996; Chen, 1994), que marcan su papel estratégico fundamental en la productividad y eficiencia de las empresas (Al-Turki , 2011; Alsyouf, 2007; Khalil et al., 2009; Liyange, 2003; Silva, 2004; Murthy et al, 2002; Tsang, 2002), y hace relevante el estudio de sus costes para hacer más operativo el servicio prestado (Salonen et al., 2011; Oke, 2005; Schiffauerova et al., 2006). Es el objetivo de este artículo, el analizar diferentes encuestas y estudios sectoriales en relación a la actividad de mantenimiento industrial y estrategias industriales, con el fin de realizar una aproximación a las ventajas y limitaciones de introducir técnicas de gestión del conocimiento en el desempeño del mantenimiento industrial. Para ello se ha revisado estudios formalizados, desde la óptica de aquellos datos relevantes que afectan a la actividad de mantenimiento en España. Se ha comenzado sobre el análisis de los cuestionarios sobre empresas (Ine, 2008; Sepi, 2009), y ya de manera sectorial el último estudio sobre mantenimiento en España (Aem, 2010).

Existe literatura abundante, sobre las diversas técnicas organizativas de mantenimiento, como el basado en la fiabilidad (RCM) (Rausand, 1998; Kumar, 1990; Moubray ,1991; Smith,1992; Geraghty,1996), el mantenimiento productivo total (TPM) (Nakajima , 1988, 1989; Lazim, 2008; Ahuja; 2008a, 2008b; Chan, 2005), el mantenimiento efectivo (Conde, 1999; Cárcel, 2010), proactivo (Inacio da Silva et al., 2008; Oiltech,1995; Pirret,1999), reactivo (Idhammar,1997; Mora,1999), de clase mundial WCM (Hiatt,1999), mantenimiento centrado en el riesgo (Arunraj et al., 2010; Modarres, 2006; Tavares,1999), así como otros muchos modelos teóricos. Hay que tener en cuenta, el nivel estratégico de dicha actividad, con gran dependencia sobre las áreas de producción o servicios (Rodríguez, 2001, 2003).

Es importante aclarar que no todas las empresas evolucionan históricamente al pasar por cada una de las tácticas en forma secuencial, simplemente adoptan una propia que reúne las mejores prácticas de varias de ellas, para recalcar que el *TPM* es la más básica de todas. A efectos de comprender el estado del mantenimiento industrial, y definir los planteamientos para su introducir modelos de gestión del conocimiento en las organizaciones de mantenimiento, parece oportuno revisar la situación del mantenimiento industrial en nuestro país, desde la óptica y los resultados de estudios formalizados.

En primer lugar, hay que hacer notar que en nuestro país, la formación universitaria en Mantenimiento es escasa, por no decir testimonial. Y la formación en planta se ha visto relegada a cursos y seminarios basados tan sólo en los aspectos técnicos (hidráulica, neumática, mecánica,...) obviando la formación de las áreas de gestión de mantenimiento y la de formación de Jefes o Responsables de Mantenimiento.

Por otra parte, se debe señalar que la actividad de mantenimiento aparece como una de las asignaturas pendientes de la industria española, muy olvidada en las pequeñas y medianas empresas, y que queda en manos de unas pocas industrias y expertos que han ido incorporando al acervo de planta una cultura básica de mantenimiento industrial.

A continuación, se resumen los extractos y resultados más destacados de estudios formalizados, que inciden sobre la actividad principal del mantenimiento.

2. Análisis de estudios formalizados de los factores de incidencia sobre la producción y mantenimiento en las empresas

Estado actual empresas

El sector industrial español está constituido (Figura 6), según datos obtenidos del Directorio Central de Empresas (DIRCE) por más de 245.000 empresas(a 1 de enero de 2008), lo que representa un 7% del total de empresas del directorio (la agricultura se queda fuera del ámbito poblacional del DIRCE). En la Tabla 2 se recoge el número de empresas del DIRCE distribuidas por ramas de actividad para los años 1999 y 2008. En ese decenio aumentó el número total de empresas así como la importancia relativa del sector de la construcción con respecto a los otros dos sectores: servicios e industria. En España, la mayoría de las empresas se dedican al sector servicios (78%) mientras que a la industria se dedican, de media, sólo 7 de cada 100.

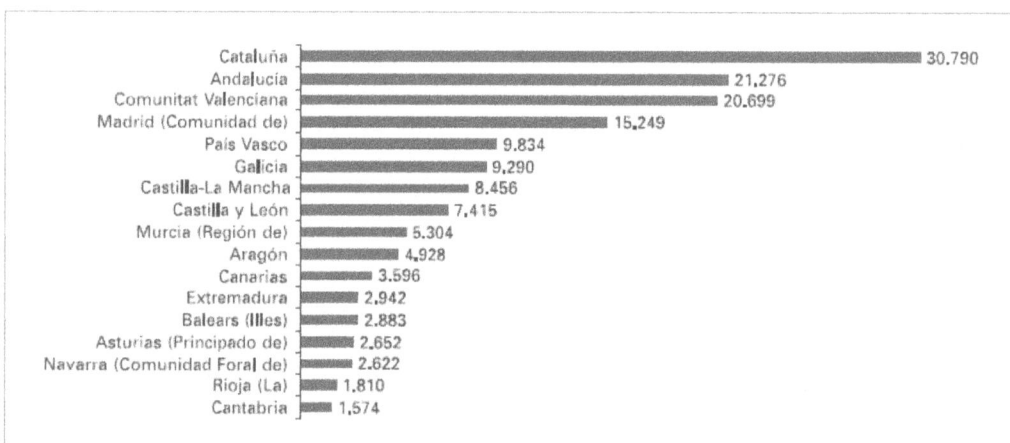

Figura 6. Número de empresas industriales por comunidad autónoma en España 2008. Fuente: INE, 2008

Actividad	1999	% sobre total	2008	% sobre total	Variación 2008/1999 (%)
TOTAL	**2.518.801**	**100**	**3.422.239**	**100**	**136**
Industria	237.782	9	245.588	7	103
Construcción	271.616	11	501.056	15	184
Servicios	2.009.403	80	2.675.595	78	133

Tabla 2. Número de empresas por rama de actividad en España 2008. Fuente: INE, 2008

(Porcentaje)

	Industria	Construcción	Servicios
TOTAL	**7**	**15**	**78**
Sin asalariados	5	13	82
De 1 a 9	8	15	77
De 10 a 19	19	23	58
De 20 a 49	25	23	51
De 50 a 99	25	18	56
De 100 a 499	23	15	62
500 y más	20	7	72

Tabla 3. Empresas por actividad y tamaño en España 2008. Fuente: INE, 2008

La Tabla 3 presenta un análisis más detallado del número de empresas de servicios, industria y construcción según el número de asalariados. Si bien las empresas industriales representan un 7% del total, en las que cuentan con 20 y más ocupados los porcentajes se mantienen superiores al 20% en todos los intervalos; es decir la importancia relativa de la industria aumenta con el tamaño de las empresas y alcanza un máximo en el intervalo de 20 a 100 ocupados, en el que una de cada cuatro empresas se dedica a la industria.

Para marcar la importancia de la industria española en el conjunto de la Unión Europea, se pueden extraer los datos de la Tabla 4. Los datos europeos de Contabilidad Nacional referidos al periodo 1997-2007 muestran una evolución similar al caso español: aumento de los sectores de la construcción y de los servicios y una paulatina disminución de la importancia de la industria europea en el total de la economía. Si en 1997 esa participación era del 23,3%, en 2007 ha pasado a ser del 20,2%. En el mismo periodo el sector agrícola ha disminuido del 2,8% al 1,8%.

La heterogeneidad en la composición sectorial de los veintisiete países que integran la UE se visualiza en la Tabla 4. Hay siete países en los que la industria aporta la cuarta parte del valor añadido de sus respectivas economías: Alemania, Eslovaquia, Eslovenia, Finlandia, Hungría, la República Checa y Rumanía. En el resto la participación de la industria está por debajo de esa cifra y llega a ser inferior al 10% en Chipre y Luxemburgo.

(Porcentaje sobre el total de cada país)

	Industria	Agricultura	Construcción	Servicios
UE-27	20,2	1,8	6,4	71,6
República Checa	32,6	2,4	6,3	58,7
Eslovaquia	31,3	3,5	7,9	57,2
Rumania	27	6,4	10,1	56,6
Alemania	26,4	0,9	4	68,7
Eslovenia	26,4	2,4	8	63,3
Finlandia	26,2	3,2	6,4	64,1
Hungría	25,1	4	4,7	66,4
Polonia	24,5	4,3	7,3	63,9
Bulgaria	24,1	6,2	8,2	61,5
Irlanda	23,7	1,7	9,9	64,8
Austria	23,5	1,8	7,1	67,7
Suecia	23,4	1,4	4,9	70,2
Lituania	22,6	4,5	10,2	62,7
Italia	21,4	2,1	6,1	70,4
Estonia	21,3	2,8	9,1	66,8
Dinamarca	20,3	1,2	6,1	72,4
Paises Bajos	18,8	2	5,6	73,6
Bélgica	18,7	0,8	5,3	75,2
Malta	18,3	2,6	3,6	75,5
Portugal	18	2,5	6,5	73,1
España	17,5	2,9	12,3	67,4
Reino Unido	16,7	0,6	6,4	76,3
Letonia	14,2	3,6	9	73,2
Francia	14,1	2,2	6,3	77,4
Grecia	13,3	3,8	7	75,9
Chipre	9,8	2,2	9,1	78,9
Luxemburgo	9,8	0,4	5,8	84

Tabla 4. Participación de cada rama en el valor añadido de la UE-27. 2007. Fuente: Eurostar, INE, 2008

De estos datos se puede ver la evolución de la participación industrial en España y en el conjunto de la Unión Europea, así como la de los dos países en los que la industria tenía en 1997 la mayor y la menor importancia en su propia economía (Irlanda y Chipre respectivamente) y el país que más aporta al sector industrial en la UE (Alemania) y que además, junto con Eslovaquia, son los dos únicos países en los que la participación del sector industrial en el valor añadido total respectivo, sigue una tendencia alcista.

Para ver la perspectiva de los sectores industriales a nivel mundial, se pueden observar los datos proporcionados por la OCDE que se presentan en la Tabla 5, confirman los cambios estructurales mencionados con anterioridad: la paulatina disminución de la participación de la industria manufacturera en la economía de la mayor parte de los países.

País	Agricultura % del valor añadido		Industria y construcción % del valor añadido				Servicios % del valor añadido	
			Total		Manufacturera			
	2007	1997	2007	1997	2007	1997	2007	1997
Canadá	(–3) 2,2	2,5	(–3) 31,7	30,9	(–3) 16,2	18,0	(–3) 66,1	66,6
Estados Unidos[2]	1,3	1,7	21,8	25,5	13,3	t. 17,3	76,9	72,8
México	(–1) 3,3	5,5	(–1) 35,8	35,2	(–1) 18,9	21,4	(–1) 60,9	59,2
Islandia[2]	(–2) 5,8	9,8	(–2) 23,7	28,9	(–2) 10,1	16,4	(–2) 70,5	61,3
Suiza	1,2	1,8	28,0	28,5	20,3	20,1	70,8	69,8
Noruega	1,4	2,4	42,7	37,1	10,4	12,3	55,9	60,4
España	2,9	5,0	29,8	29,3	15,2	19,0	67,4	65,7
Turquía	8,7	10,8	27,8	37,2	18,7	27,9	63,5	52,2
Corea	2,9	5,2	37,1	37,9	27,6	25,6	60,0	56,2
Japón[3]	1,4	1,7	28,5	32,8	20,6	22,2	70,1	65,5
Australia	2,6	3,4	29,1	27,7	10,5	14,3	68,4	68,9
Nueva Zelanda[4]	(–3) 6,2	6,8	(–3) 24,6	25,5	(–3) 15,3	16,9	(–3) 69,2	67,6

1. Según el Sistema Nacional de cuentas para el año 1993 y la Clasificación Industrial Estandar Internacional (ISIC), Revisión 3 (1990). Valor añadido estimado a precios básicos incluye el FISIM
2. Valor añadido estimado al coste de los factores
3. Valor añadido estimado aproximadamente a precios de mercado
4. Valor añadido estimado a precios de productor
– n. Las cifras en estas celdas son de años anteriores (posteriores , si +n) al año de referencia. Por ejemplo si la columna se refiere a 2007, una celda con '–1' hace referencia a 2006

Tabla 5. Participación de cada rama en el valor añadido de la UE-27. 2007. Fuente: OCDE, 2009

La tabla presenta la distribución porcentual por sectores del valor añadido de cada país, distinguiendo entre agricultura, industria y construcción y sector servicios y permite comparar datos relativos a 2007 y 1997. En el periodo 1997-2007 la participación de la agricultura ha disminuido en todos los países; en cuanto al sector servicios los porcentajes han aumentado en todos, salvo en Canadá, Noruega y Australia. En la tabla están agrupados los sectores de la industria y la construcción e incluye datos porcentuales tanto para ese total como para el subconjunto de la industria manufacturera, lo que permite confirmar que es en esta última en dónde la disminución porcentual es más acusada. Del total de países analizados, sólo en Suiza y Corea aumenta la aportación de las manufacturas, mientras que son cinco los países que experimentan incrementos en la participación del total de la industria-construcción (Australia, Canadá, España, México y Noruega).

En el caso particular de España, si bien la participación total de la industria-construcción aumenta medio punto porcentual, el conjunto de la actividad manufacturera disminuye 3,8 puntos porcentuales descendiendo de un 19% a un 15,2%.

Los gastos de las empresas que inciden en mantenimiento

El estudio de los gastos de explotación, una vez descritas y comentadas las distintas componentes de los ingresos, permite completar, en una primera aproximación, el análisis de la actividad productiva de las empresas.

La distribución de las partidas que constituyen los gastos de explotación aparece reflejada en la Tabla 6.

Se pone de relieve que los consumos son, sin duda, la componente más importante de la estructura de gastos, con un porcentaje de participación sobre el total superior al doble de la suma de los porcentajes del resto de componentes.

Consumos y trabajos realizados por otras empresas Gastos de personal Servicios exteriores Dotaciones para amortización del inmovilizado

Si se analiza la estructura de los gastos a nivel de agrupaciones de actividad, se observa que los consumos se mantienen en todas ellas como la componente más importante. No obstante, los porcentajes son lógicamente variables de unas actividades a otras, por lo que aumenta, en determinadas agrupaciones, la importancia relativa de las otras componentes de gasto. En concreto destacar que, en cuatro agrupaciones de actividad, los gastos de personal llegan a superar el 20% de los gastos totales de explotación: en la industria textil, confección, cuero y calzado (21%); papel, edición, artes gráficas y reproducción de soportes grabados (22%); maquinaria y equipo mecánico (21%); y en industrias manufactureras diversas (23%). A parte de la variable de gastos de personal, las otras dos componentes más relevantes del gasto son: los consumos y los servicios exteriores.

El concepto global de consumos y trabajos realizados por otras empresas incluye tanto el consumo de materias primas (bienes adquiridos para su transformación en el proceso productivo), como el de otros aprovisionamientos (combustibles, carburantes, repuestos, embalajes, material de oficina, etc.) y el de mercaderías (bienes adquiridos para revenderlos sin someterlos a un proceso de transformación), así como el gasto correspondiente al trabajo que, formando parte del proceso de producción propia, se encarga y es realizado por otras empresas.

El análisis interno de la variable consumos, muestra que el consumo de materias primas representa, en media, el 66% de la cifra total, siendo el componente mayoritario en todas las agrupaciones de actividad.

Dentro del total de gastos de explotación, los servicios exteriores representan, en media, un 14,3% del total, lo que supone una cifra muy semejante a la correspondiente a los gastos de

	Millones de euros	% sobre el total
Consumos y trabajos realizados por otras empresas	400.621	67,7
Gastos de personal	83.206	14,1
Servicios exteriores	84.628	14,3
Dotaciones para amortización del inmovilizado	22.999	3,9

Tabla 6. Gastos de explotación en las empresas. 2007. Fuente: INE, 2008

	Millones de euros	% sobre el total
Transportes	12.645	16,8
Suministros	11.234	14,9
Reparaciones y conservación	8.928	11,9
Servicios de profesionales independientes	8.410	11,2
Publicidad, propaganda y relaciones públicas	7.915	10,5
Arrendamientos y cánones	7.346	9,8
Primas de seguros	1.558	2,1
Gastos en I+D del ejercicio	1.071	1,4
Servicios bancarios y similares	699	0,9
Otros servicios	15.456	20,5

Nota: datos referidos a empresas con 20 y más personas ocupadas

Tabla 7. Servicios exteriores en las empresas, 2007. Fuente: INE, 2008

personal (14,1%). No obstante, su importancia sobre el total de gastos de explotación varía según la agrupación de actividad considerada, fluctuando desde el 8% de las industrias extractivas y del petróleo, hasta el 23% de la industria del papel, edición, artes gráficas y reproducción de soportes grabados.

La distribución porcentual de los servicios exteriores entre sus distintas componentes de gasto se presenta en la Tabla 7. Los datos de la tabla van referidos a empresas con 20 y más trabajadores, y ponen de manifiesto la importancia en el desarrollo de la actividad de las empresas de determinados servicios tales como el transporte, los suministros, las reparaciones y los servicios de profesionales independientes.

El empleo, los costes de personal y el nivel de salarios constituyen, en conjunto, un atractivo campo de estudio dentro del análisis general de la estructura industrial. No sólo por sus implicaciones económicas y sus repercusiones sobre el volumen de gastos, sino también por la componente social que a ellos va asociada.

Los costes de personal han experimentado durante ese mismo periodo una progresiva pérdida de importancia en relación con el total de gastos de explotación de las empresas. En 1993 los gastos de personal suponían el 22% del total de gastos, porcentaje que se ha ido reduciendo paulatinamente hasta alcanzar el 14% en 2007. En la Figura 7 presenta tanto la evolución de los gastos de personal por ocupado (creciente al incorporar el efecto de la inflación) como la del ratio gastos de personal sobre gastos de explotación, poniéndose de relieve el descenso en 8 puntos porcentuales del mismo.

El sueldo por persona asalariada en el sector industrial español fue en 2007 de 25.127 euros. Dentro de los sectores, la agrupación de mayor salario, energía y agua, supera en más del doble a la agrupación de menor salario medio, la industria textil, confección, cuero y calzado.

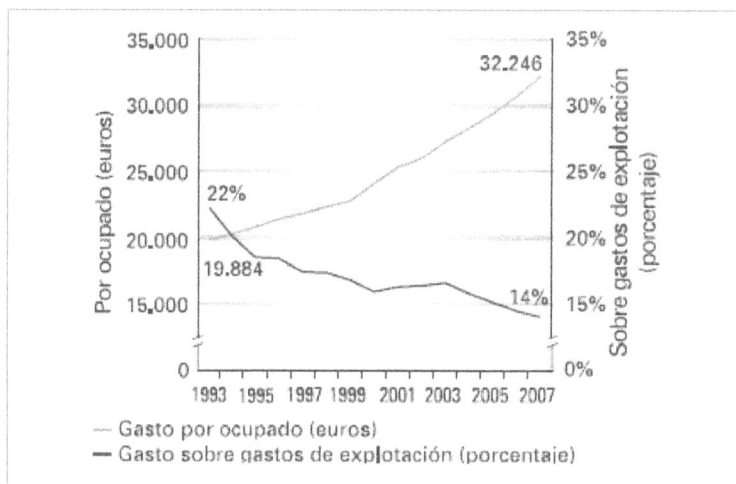

Figura 7. Gastos de personal en la industria en España 2008. Fuente: INE, 2008

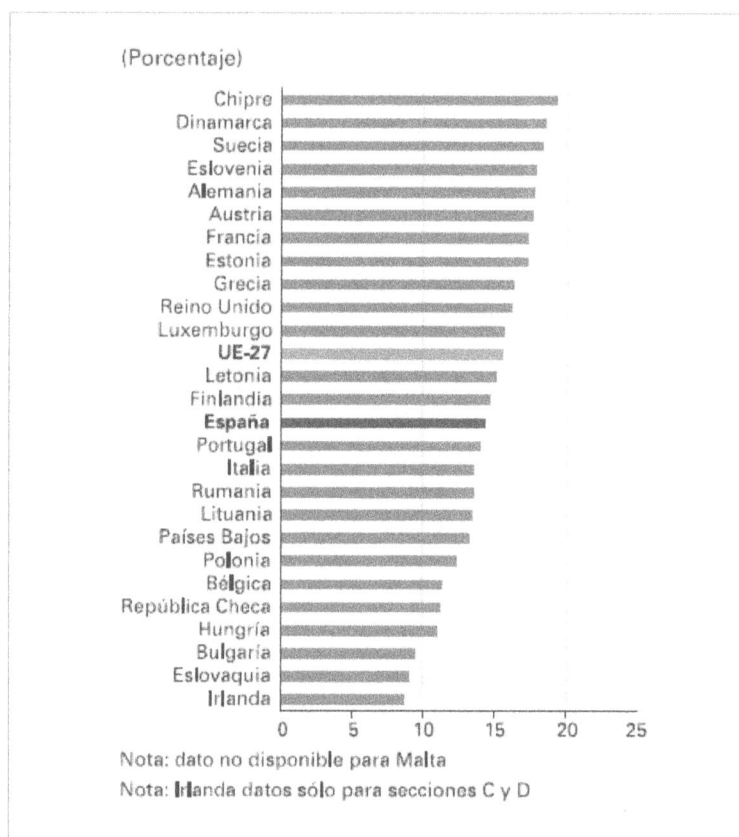

Figura 8. Costes de personal sobre valor de producción. Fuente: INE, 2008

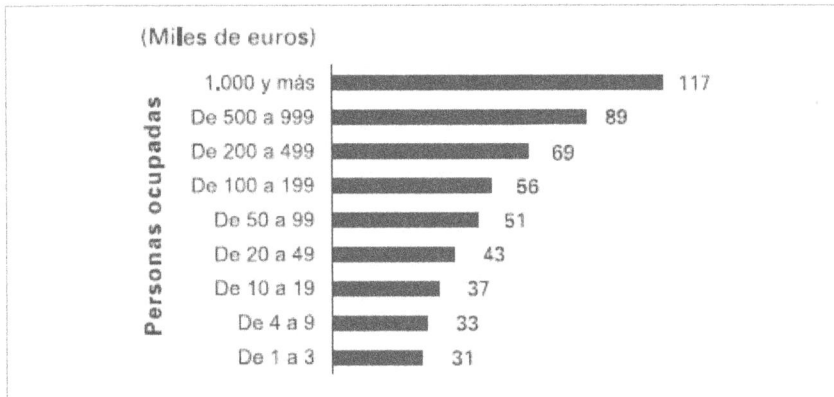

Figura 9. Productividad por ocupado y tamaño de la empresa en España. Fuente: INE, 2008

Desde otro punto de vista, en el ámbito europeo efectuamos una comparación de la importancia relativa de los costes de personal a través de dos ratios. El primero de ellos aparece en la Figura 8 donde se representa la relación entre los costes de personal y los respectivos valores de producción. En 2007 y para la media europea los costes de personal supusieron un 15% del valor de la producción. Las cifras por países oscilan desde el 9% de Irlanda al 19% de Chipre. España ocupa en esa escala el décimo-cuarto lugar con un 14%.

La dimensión de la empresa y la rama de actividad son dos de los factores que influyen en la productividad industrial. La relación existente entre productividad y dimensión de la empresa (expresada en términos de número de personas ocupadas) se observa en la Figura 9, en el que se visualiza la productividad media por ocupado para cada uno de los distintos intervalos de tamaño en los que se clasifica a las empresas industriales.

En la Figura 9 se resalta el aumento progresivo de la productividad a medida que aumenta el tamaño de la empresa, así como las variaciones existentes en los incrementos de productividad de unos intervalos a otros. Por ejemplo, el porcentaje de variación entre los dos primeros intervalos correspondientes a las empresas de menor tamaño (6%) se transforma en un 32% al calcular el incremento entre los dos de mayor tamaño.

Otro factor a tener en cuenta en el estudio de la productividad es la rama de actividad. Las diferencias de productividad, si se consideran los 3 grandes sectores industriales, son ya significativas (ver Figura 10). A un mayor nivel de detalle en la desagregación de actividad, si se tienen en cuenta las catorce agrupaciones en las que se ha dividido la industria, se aprecian también notables diferencias de productividad entre las mismas (ver Tabla 8).

La productividad por ocupado se incrementa a medida que aumenta el tamaño de las empresas.

La productividad de las grandes empresas (con más de 1.000 ocupados) es más del triple de la correspondiente a las de menos de 20 ocupados.

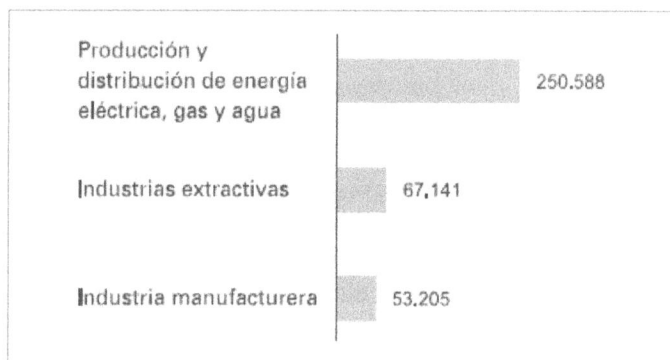

Figura 10. Productividad por ocupado y actividad de la empresa en España. Fuente: INE, 2008

La productividad por hora trabajada en el sector de energía y agua es superior a la de la industria extractiva y del petróleo y a la de la industria manufacturera.

Dentro de la industria manufacturera, la mayor productividad por ocupado se da en la industria química (81.228 euros), y la menor en la industria textil, confección, cuero y calzado.

Características de la inversión en las empresas, que afectan al mantenimiento:

En cuanto la inversión en activos materiales del sector industrial español fue en 2007 de 28.121 millones de euros, lo que representa un 4,5% del total de la cifra de negocios de la industria. Según datos europeos del año 2007, España ocupa la posición undécima en cuanto a inversión bruta por ocupado con un dato de 11.477 euros.

Agrupación	Euros
Energía y agua	250.588
Industrias extractivas y del petróleo	159.927
Industria química	81.228
Productos minerales no metálicos	60.232
Material de transporte	59.625
Material y equipo eléctrico, electrónico y óptico	57.413
Papel, edición, artes gráficas y reproducción de soportes grabados	54.635
Alimentación, bebidas y tabaco	52.173
Metalurgia y fabricación de productos metálicos	51.736
Maquinaria y equipo mecánico	50.930
Caucho y materias plásticas	47.869
Madera y corcho	34.090
Industrias manufactureras diversas	32.388
Industria textil, confección, cuero y calzado	28.186

Tabla 8. Productividad por ocupado y agrupación actividad de la empresa en España. Fuente: INE, 2008

Figura 11. Componentes de la inversión en las empresas. Fuente: INE, 2008

A partir de los datos ofrecidos por la Encuesta Industrial de Empresas se puede analizar la estructura de la inversión y conocer asimismo la importancia que tiene cada uno de sus componentes determinando su participación en la cuantía total.

Se observa (Figura 11) que la inversión conjunta en instalaciones y maquinaria es de una gran relevancia en la industria, constituyendo en 2007 el 67% de la inversión total. Dentro del conjunto de otros activos materiales (14%) figuran incluidos los elementos de transporte (2%) y los equipos informáticos (1%). En cuanto a la rúbrica de terrenos, bienes naturales y construcciones, éstas últimas contribuyen con un 9% mientras que los terrenos y bienes naturales suponen el 3% restante.

Algunas de las conclusiones que se pueden extraer en cuanto la inversión en las empresas, es que el ratio de la inversión material por persona ocupada se incrementa a medida que aumenta el tamaño de la empresa. Las medianas y pequeñas empresas acumulan el 49% de la inversión en activos materiales.

Consumos energéticos en las empresas

Los datos de la Encuesta Industrial de Empresas permiten analizar la participación del gasto en consumos energéticos en el total de gastos de explotación, y en 2007 dicha participación es del 2,3% para el conjunto de empresas con 20 y más personas ocupadas. Este porcentaje ha ido aumentando, en líneas generales, de una forma progresiva desde principios de la década, estimándose para el conjunto del periodo un incremento global en términos porcentuales del 20%.

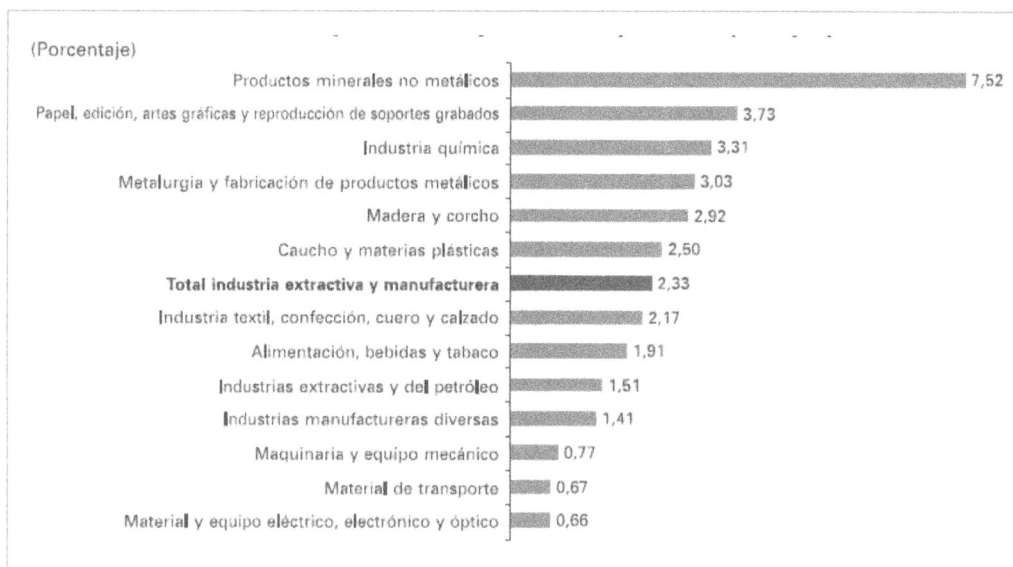

(Porcentaje)

Productos minerales no metálicos	7,52
Papel, edición, artes gráficas y reproducción de soportes grabados	3,73
Industria química	3,31
Metalurgia y fabricación de productos metálicos	3,03
Madera y corcho	2,92
Caucho y materias plásticas	2,50
Total industria extractiva y manufacturera	2,33
Industria textil, confección, cuero y calzado	2,17
Alimentación, bebidas y tabaco	1,91
Industrias extractivas y del petróleo	1,51
Industrias manufactureras diversas	1,41
Maquinaria y equipo mecánico	0,77
Material de transporte	0,67
Material y equipo eléctrico, electrónico y óptico	0,66

Figura 12. Consumos energéticos sobre gastos de explotación. Fuente: INE, 2008

Una de las características relevantes en relación a esta variable es su fuerte dependencia de la rama de actividad considerada. Esto puede observarse a nivel de agrupación de actividad, y se manifiesta, en mayor medida, al nivel más detallado de sector de actividad. La Figura 12 presenta una distribución por agrupaciones de la importancia porcentual del consumo energético en relación al total de gastos de explotación y muestra la importancia de los consumos energéticos en algunas agrupaciones, como es la de productos minerales no metálicos, en la que llega a suponer un 7,5% del total de gastos de explotación.

Ya se ha señalado que la importancia relativa de los consumos energéticos en las empresas depende, en gran medida, del sector de actividad al que pertenezcan. Los sectores en los que los consumos energéticos tienen una mayor repercusión sobre el gasto son los de fabricación de azulejos, baldosas, ladrillos, tejas y productos de tierras cocidas para la construcción (15%); cemento, cal y yeso (14%); pasta papelera, papel y cartón (12%); fibras artificiales y sintéticas (10%); acabado de textiles (10%); y extracción de minerales no energéticos (10%). En el extremo opuesto están sectores tales como los de edición; máquinas de oficina y equipos informáticos; motores eléctricos, trasformadores y generadores; aparatos de recepción, grabación y reproducción de sonido e imagen; vehículos de motor; y motocicletas, bicicletas y otro material de transporte en los que la participación de los consumos energéticos es inferior al 0,5% del total de gastos de explotación.

La Tabla 9 proporciona información sobre la importancia porcentual del consumo de cada tipo de combustible en el conjunto de la industria extractiva y manufacturera. La electricidad supone casi la mitad del consumo energético de las empresas industriales (48%). El gas (28%) y los productos petrolíferos (18%) son los otros dos componentes, cuyo consumo es más relevante en el conjunto de la industria.

Producto energético	Valor (miles de euros)	Porcentaje sobre el total
Total	**10.980.004**	**100**
Electricidad	5.302.029	48
Gas	3.047.604	28
Productos petrolíferos	1.925.778	18
Carbón y derivados	295.188	3
Otros productos energéticos	409.404	4

Tabla 9: Distribución de los consumos energéticos. Fuente: INE, 2008

En la Tabla 10 se presenta la distribución porcentual de los distintos consumos energéticos por agrupaciones de actividad.

Destaca la elevada participación porcentual del consumo de electricidad tanto en la industria del caucho y materias plásticas (77%) como en la de material y equipo eléctrico (72%) y la del consumo de gas en la industria química (43%). Por otra parte, es también significativo el consumo de carbón y derivados en la industria de productos minerales no metálicos (12%) en comparación con el resto de agrupaciones.

En cuanto a la energía, como conclusiones, se puede extraer que la electricidad supone casi la mitad del consumo energético de las empresas industriales (48%). El gas (28%) y los productos

(Porcentaje)

Agrupación	Electricidad	Gas	Productos petrolíferos	Carbón, derivados y otros productos energéticos
Industrias extractivas y del petróleo	47	12	38	3
Alimentación, bebidas y tabaco	49	24	24	3
Industria textil, confección, cuero y calzado	55	28	14	3
Madera y corcho	58	11	27	4
Papel, edición, artes gráficas y reproducción de soportes grabados	46	38	8	7
Industria química	37	43	11	8
Caucho y materias plásticas	77	12	7	4
Productos minerales no metálicos	32	36	20	12
Metalurgia y fabricación de productos metálicos	61	22	13	5
Maquinaria y equipo mecánico	57	15	26	2
Material y equipo eléctrico, electrónico y óptico	72	9	17	1
Material de transporte	62	20	15	4
Industrias manufactureras diversas	58	6	31	5

Tabla 10. Consumos energéticos por agrupación de actividad. Fuente: INE, 2008

petrolíferos (18%) son los otros dos componentes, cuyo consumo es más relevante en el conjunto de la industria.

La electricidad es mayoritaria en todas las actividades salvo en la industria química y en la de productos minerales no metálicos, en las que el mayor consumo corresponde al gas. Los productos petrolíferos destacan por su importancia en extractivas y del petróleo; madera y corcho; maquinaria y equipo mecánico; e industrias manufactureras diversas. Por su parte, la industria de productos minerales no metálicos tiene un consumo significativo del carbón y sus derivados.

Otras consideraciones en las empresas

En los estudios presentados por la fundación Sepi (Sepi, 2009), sobre encuesta de estrategias empresariales sobre un estudio de una población de 1.798 empresas (1.336 de 200 y menos trabajadores y 462 de más de 200) se muestra como consecuencia de la crisis económica, su implicación en las empresas y en concreto en el sector industrial refleja el brusco ajuste de actividad. Si inicialmente su evolución estuvo marcada por el estallido de la burbuja inmobiliaria y el desplome de la actividad de la construcción, la rápida caída del consumo privado, de la inversión productiva y de la demanda externa terminó afectando profundamente a todas las ramas de actividad. Entre ellas, la fabricación de vehículos de motor, por su importancia en el del sector industrial español y sus efectos de arrastre, así como por su enorme relevancia en el conjunto de los intercambios comerciales con el exterior, constituye uno de los máximos exponentes del deterioro de la actividad productiva. Otras ramas, como las de alimentación, han podido aguantar mejor la recesión, aunque la generalidad de empresas se vio afectada por los problemas derivados de las restricciones crediticias, que fueron especialmente intensos en la segunda mitad del año 2008. La información de Contabilidad Nacional indica que la ralentización de la actividad industrial en 2007, con un crecimiento del valor añadido del 0,9% (frente al 1,9% del año anterior), se acentúa muy notablemente en 2008. Los datos señalan una reducción del −2,1% para el conjunto del año, contrastando el crecimiento interanual del 2,1% del primer trimestre con la reducción del −6,9% del cuarto trimestre. Los datos hasta ahora conocidos muestran que durante 2009 ha seguido registrándose un gran deterioro de la actividad industrial. Los datos acumulados de los tres primeros trimestres de 2009 reflejan una caída del VAB del sector industrial del -16,1%.

En la Figura 13 se presentan para el año 2008 las tasas de crecimiento de la producción en términos reales para 20 ramas de actividad, diferenciando por el tamaño de las empresas. La distinta repercusión sectorial de la crisis económica se manifiesta en un comportamiento de la producción entre los distintos sectores y estratos de tamaño que es mucho más heterogéneo que en años precedentes. Ello hace que las pautas observadas para el agregado de la industria no se trasladen necesariamente a las distintas ramas de actividad. En general, son los sectores ligados a los bienes de consumo no duraderos, tales como Productos cárnicos, Alimentación y bebidas los que registran un mejor comportamiento relativo. A los mismos les acompañan los sectores de Otro material de transporte, especialmente entre las empresas de mayor tamaño, lo que está condicionado porque, a diferencia de las actividades de automoción, la evolución de las ramas de material de transporte aéreo no fue negativa. Otro sector que presenta tasas positivas para las empresas de ambos tramos de tamaño es el que aglutina un amplio conjunto de industrias manufactureras diversas (joyería, artículos de deporte, juguetes, etc.).

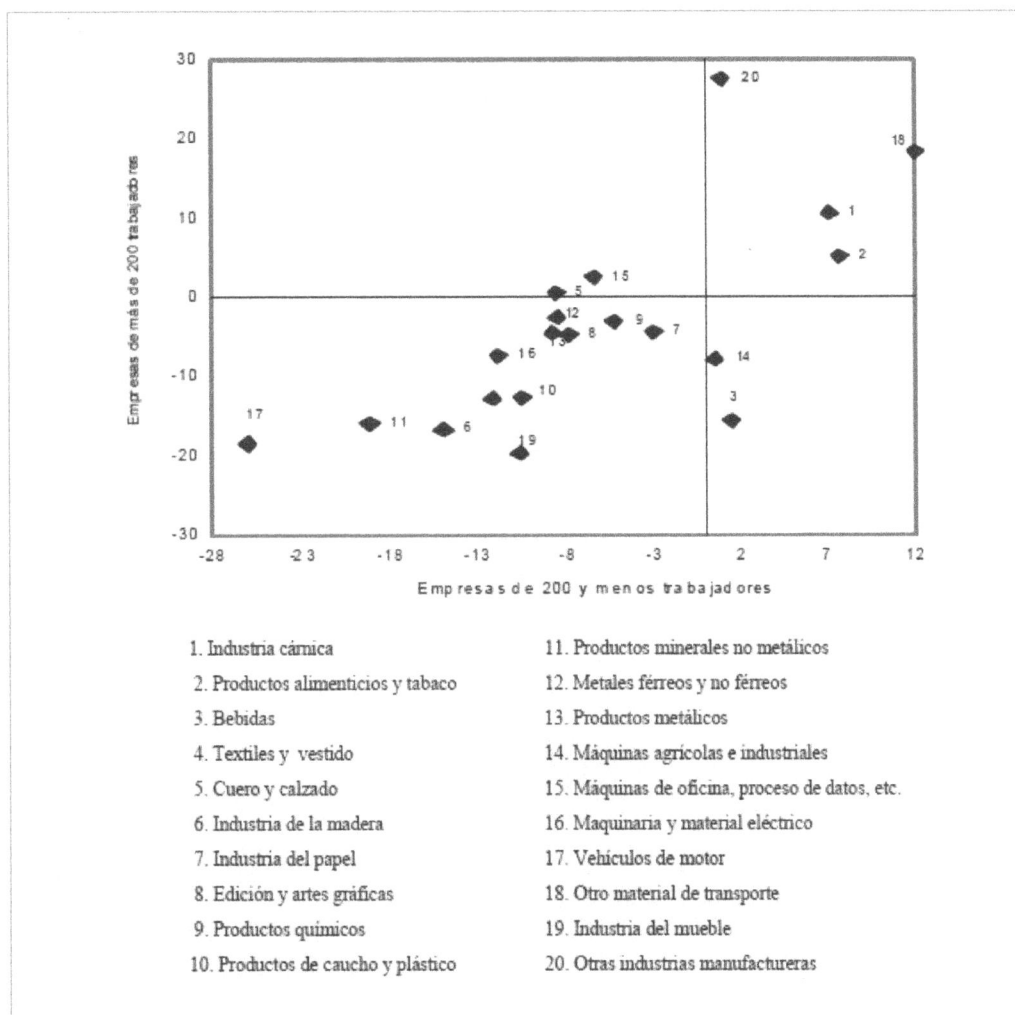

Figura 13. Evolución de la producción por sectores y tamaño. Fuente: Sepi, 2009

En cuanto a la inversión en I+D de las empresas (Tabla 11), puede apreciarse, el esfuerzo en I+D (gastos en actividades de I+D como proporción de las ventas) aumentó ligeramente en las empresas de menos de 200 trabajadores, mientras que se mantuvo respecto al año 2007 en las de mayor tamaño. Esto se produce tanto cuando se considera a la totalidad de las empresas como cuando se analiza el subconjunto de empresas que realizan gastos en I+D, y con independencia del tramo de tamaño que se considere. Asimismo, se sigue constatando la relación con el tamaño de las empresas detectada en años previos: las empresas pequeñas que realizan actividades de I+D presentan un esfuerzo tecnológico superior al de las empresas más grandes. Adicionalmente, tal y como se indica en el capítulo 6, hay que tener en cuenta que estos valores son notoriamente diferentes en función de si las empresas reciben o no financiación pública para estos proyectos

	Tamaño de la empresa (nº de trabajadores)									
	200 y menos					Más de 200				
	2004	2005	2006	2007	2008	2004	2005	2006	2007	2008
Inversión sobre ventas										
Todas las empresas	3,3	3,0	3,5	3,4	2,8	4,0	3,9	4,0	3,7	3,4
Empresas que invierten	4,2	3,7	4,5	4,4	4,2	4,1	4,1	4,1	3,8	3,5
Gastos en I+D sobre ventas	0,4	0,5	0,5	0,4	0,5	1,2	1,3	1,3	1,2	1,2
Todas las empresas	2,4	2,8	2,8	2,4	2,7	1,8	1,9	2,0	1,9	1,9
Empresas que hacen I+D										
Publicidad sobre ventas										
Todas las empresas	0,9	0,8	0,9	0,9	0,9	2,2	2,3	1,8	2,0	1,8
Empresas que hacen publicidad	1,3	1,2	1,4	1,3	1,5	3,1	3,3	2,7	2,9	2,7

Tabla 11. Inversión en I+D. Fuente: Sepi, 2009

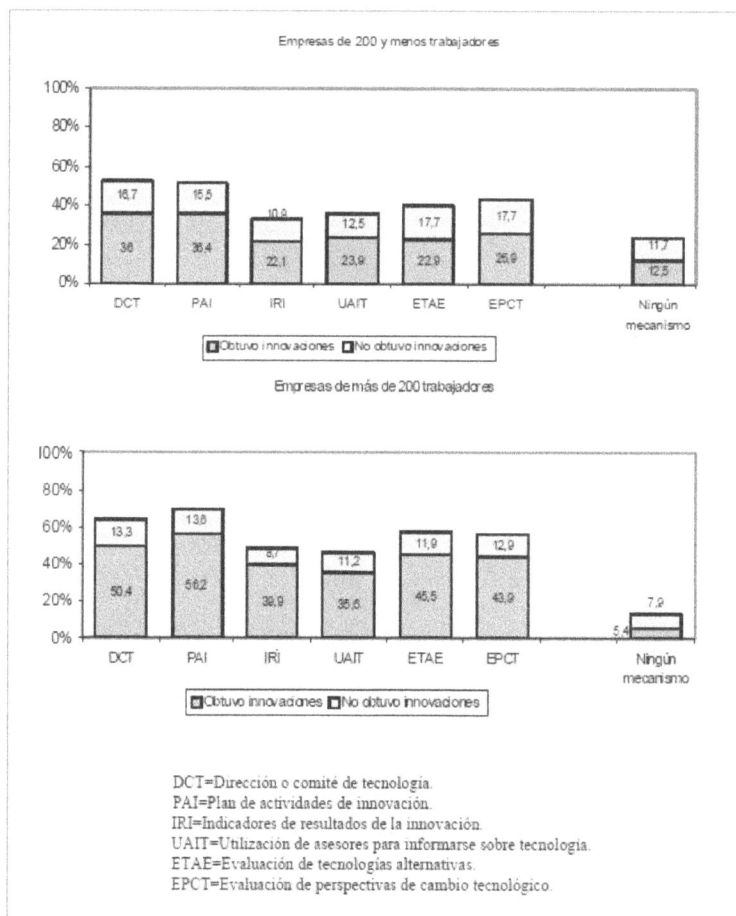

Figura 14. Evolución de la innovación. Fuente: Sepi, 2009

Al igual que ocurre con otras estrategias empresariales, la realización de actividades tecnológicas es un fenómeno claramente asociado al tamaño empresarial. En el año 2008, el 71,6 por cien de las empresas grandes llevaron a cabo algún tipo de actividad tecnológica, mientras que la proporción de empresas pequeñas que realizaron estas actividades fue del 21,1 por cien. Estos porcentajes suponen un ligero aumento, en ambos tramos de tamaño, con respecto a lo observado en el año precedente.

Al igual que en años anteriores, durante 2008 la gran mayoría de las empresas con actividades tecnológicas hizo uso de algún mecanismo para el control de las mismas (75,8 y 86,7 en las empresas pequeñas y grandes, respectivamente). Tanto para las empresas de menor tamaño como para las más grandes, la disponibilidad de mecanismos de planificación y/o seguimiento de la actividad tecnológica es una herramienta muy importante a la hora de obtener innovaciones. La elevada correlación entre ambas variables se muestra en la Figura 14.

Así, por ejemplo, uno de los mecanismos que mejor reflejan la consecución de innovaciones es la disposición de un plan de actividades. Pues bien, el 56,2 por cien de las empresas grandes con actividades tecnológicas dispuso simultáneamente de un plan de actividades de innovación y obtuvo innovaciones, lo cual constituye el 80,5 por cien de las empresas que emplearon ese mecanismo. En el caso de las empresas de 200 y menos trabajadores, el 36,4 por cien dispuso de dicho mecanismo de planificación y obtuvo simultáneamente innovaciones. Ello supone el 70,1 de las empresas de este tramo con actividades en I+D que utilizaron este mecanismo.

Capacitación del personal

Otro de los factores que inciden sobre la capacidad innovadora de las empresas es el grado de capacitación del personal para el desarrollo de las actividades tecnológicas (ver Figura 15). Del

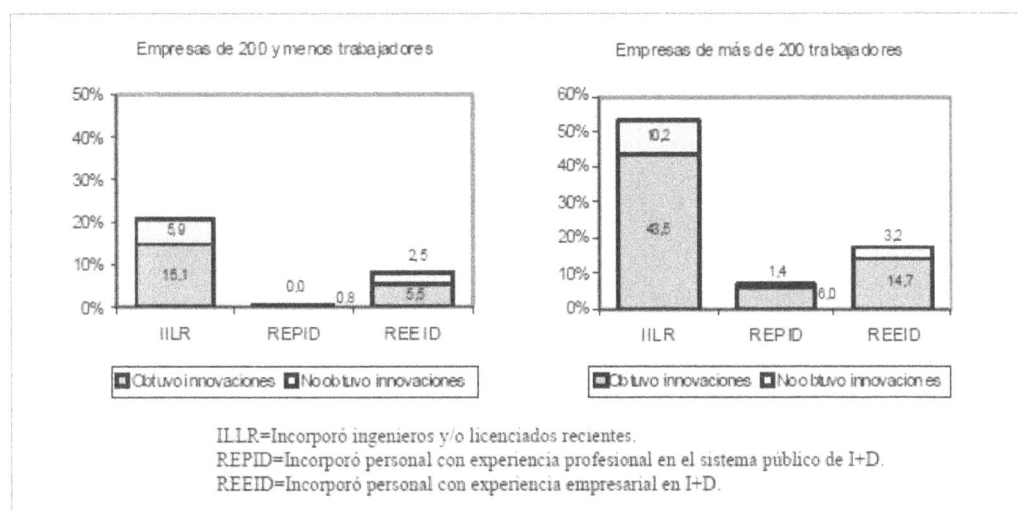

Figura 15: Capacitación de personal para el desarrollo de actividades tecnológicas. Fuente: Sepi, 2009

análisis de estos datos se deduce que, en general, las pautas de comportamiento en 2008 fueron similares a las de años anteriores, esto es, la mejora de las capacidades de la plantilla se produjo fundamentalmente mediante la incorporación de ingenieros y/o licenciados recientes y, en mucha menor cuantía, a través de la contratación de personal con experiencia previa en I+D, ya fuera con experiencia en el sistema público o en el ámbito empresarial. Esta pauta de comportamiento es común tanto a pequeñas como a grandes empresas, no obstante el grado de capacitación del personal fue superior en las segundas que en las primeras.

El 81 por cien de las empresas de más de 200 trabajadores que incorporó ingenieros y/o licenciados recientes en 2008 obtuvo algún tipo de innovación. Esta proporción supone un aumento respecto al registro del año anterior. En el caso de las empresas de 200 y menos trabajadores, ese porcentaje se situó en niveles prácticamente idénticos (72 por cien).

3. Análisis de estudios sectoriales de la actividad de mantenimiento

Visto en los puntos anteriores los principales factores que inciden en las empresas, en las que en todos ellos intervienen las organizaciones de mantenimiento (inversión de equipamiento e instalaciones, control energético, personal técnico, etc.), se muestra a continuación las principales barreras y estado actual del mantenimiento en España, desde el análisis de la encuesta de evolución y situación del mantenimiento, realizada por la asociación española de mantenimiento (Aem, 2010) sobre 152 empresas, analizando su actividad de mantenimiento, entrando principalmente en los factores que incidirán en la realización de una gestión eficaz del conocimiento en dicha organización.

La distribución sub-sectorial de la muestra se refleja en la Tabla 12.

Alimentación	19
Automóvil e industria auxiliar	10
Construcciones electromecánicas	4
Edificios	17
Empresas diversas	17
Energía	18
Materiales construcción	8
Química	35
Siderometalurgia y minería	15
Transportes e infraestructuras	9
Total	152

Tabla 12. Muestra empresas en estudio mantenimiento industrial. Fuente: Aem, 2010

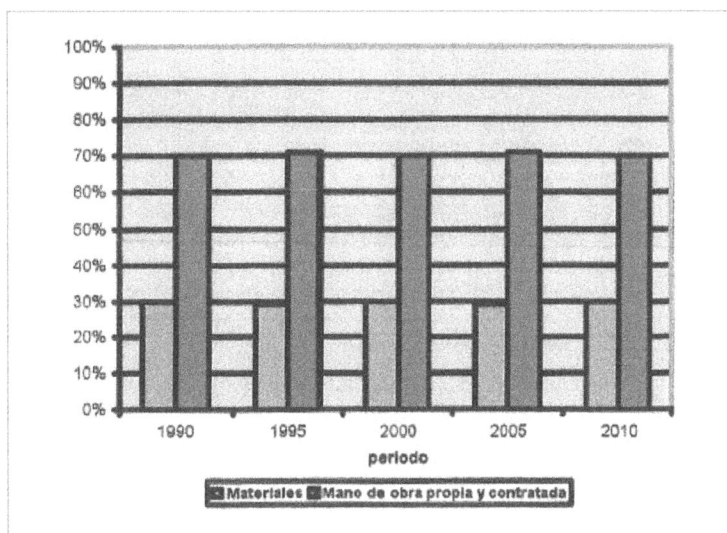

Figura 16. Costes generales en la función de mantenimiento. Fuente: Aem, 2010

Los costes de mantenimiento

Teniendo en cuenta las fuertes exigencias a que están sometidas las organizaciones de mantenimiento, no se observa compensado en su estructura de costes desde hace 20 años. Es una actividad con una aportación superior al 70% de mano de obra cualificada (Figura 16). Esto indica el abandono, desconocimiento de la función del mantenimiento, o falta de visión estratégica por parte de la dirección de las empresas.

Factores sobre los Recursos Humanos en mantenimiento

Una de las características detectadas es la falta de personal cualificado para la realización de las actividades de mantenimiento (Figura 17), esto es más incipiente en las pequeñas y medianas empresas.

La formación que se recibe en el entorno de las organizaciones de mantenimiento, es baja, sólo estando integrado en el 40% de las empresas, y normalmente cursos generalistas (Figura 18).

La dependencia jerárquica de las jefaturas de mantenimiento, normalmente es de la dirección de fábrica, aunque existe un alto porcentaje de dependencia de otras áreas tales como producción (Figura 19).

La formación académica de los mandos de mantenimiento, es principalmente técnica universitaria (Figura 20), aunque no se analizan la formación del personal operativo, que es el que actúa en primer nivel y marca la operativa diaria de las empresas.

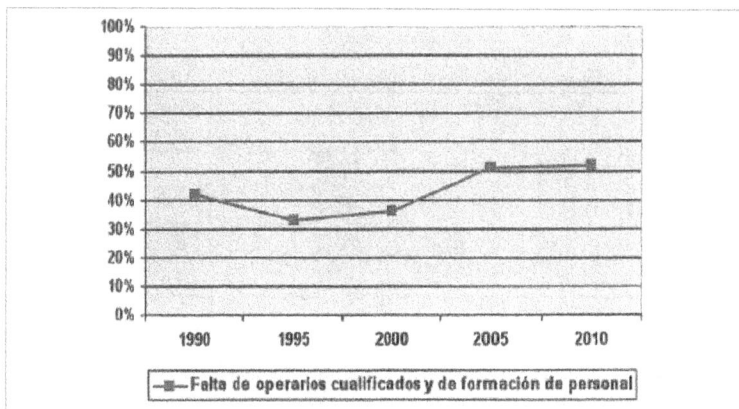

Figura 17. Falta de cualificación operarios de mantenimiento. Fuente: Aem, 2010

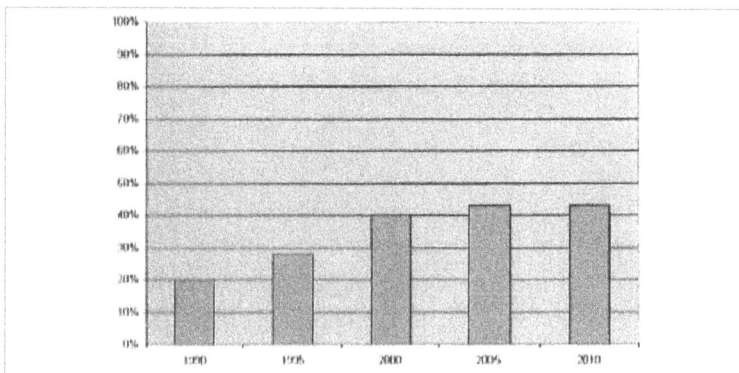

Figura 18. Implantación programas formación. Fuente: Aem, 2010

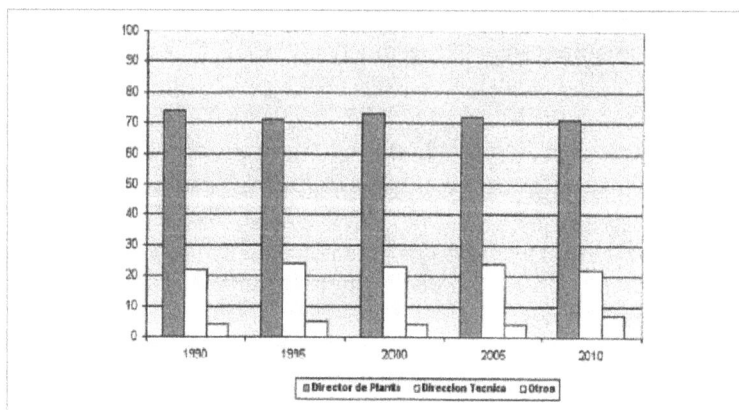

Figura 19. Dependencia mantenimiento. Fuente: Aem, 2010

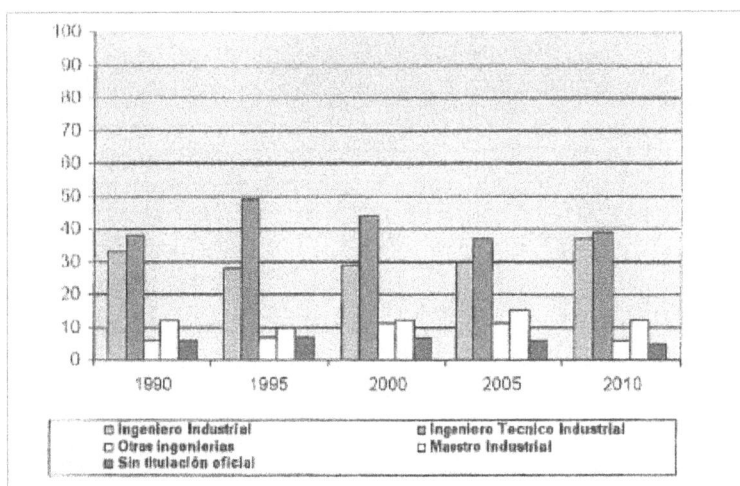

Figura 20. Formación mandos mantenimiento. Fuente: Aem, 2010

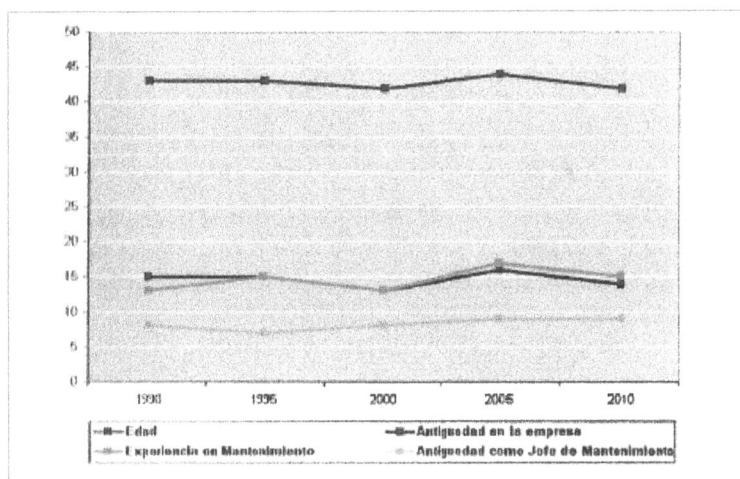

Figura 21. Experiencia mandos de mantenimiento. Fuente: Aem, 2010

La experiencia del personal técnico del mantenimiento, suele ser superior a los 10 años, lo cual destaca el alto nivel de exigencia que se debe tener en dichas áreas (Figura 21).

Factores estratégicos en mantenimiento

Se destacan los factores estratégicos relacionados con los costes y contratación, aplicación de técnicas de organización del mantenimiento y su organización y control.

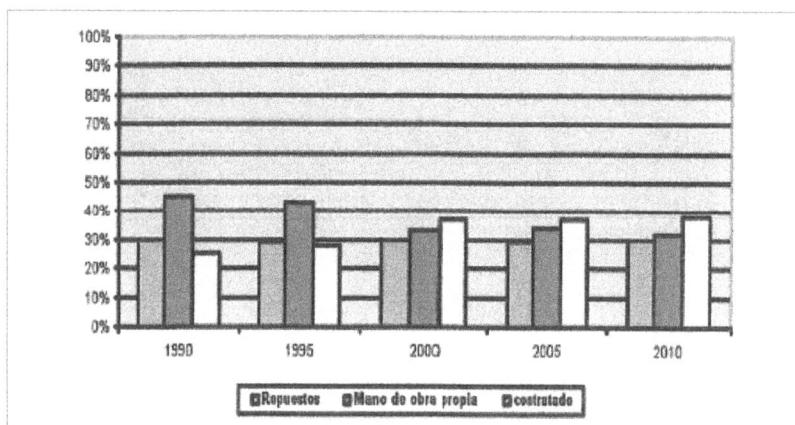

Figura 22. Partidas fundamentales de coste en mantenimiento. Fuente: Aem, 2010

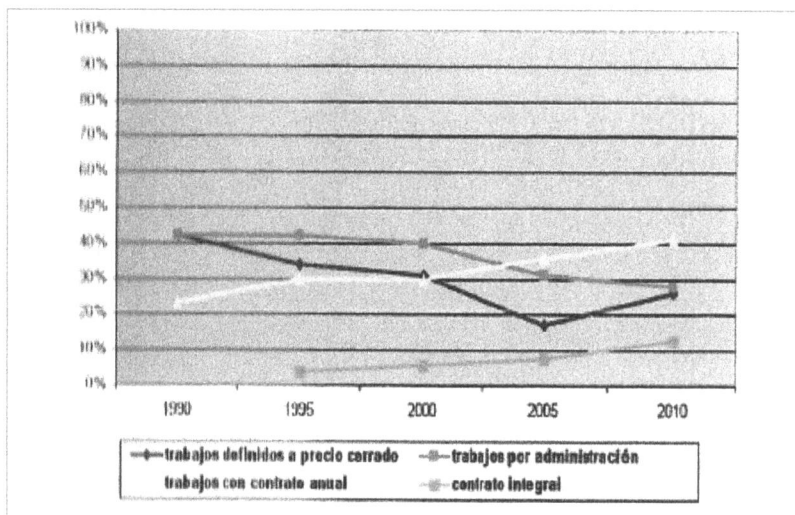

Figura 23. Contratos externos de mantenimiento. Fuente: Aem, 2010

En la distribución de costes, se observa su gran incidencia en la mano de obra utilizada, así como un uso cada vez más generalizado de la subcontratación (Figura 22).

Se observa una tendencia a contratos externos, aunque un 30% de la contratación suele ser por administración (contratación directa), muchas veces por la falta de previsión o urgencias de las acciones a realizar (Figura 23).

Se utilizan en menos de un 20% de las empresas técnicas organizativas de mantenimiento, sólo analizándose en las encuestas el mantenimiento autónomo y el TPM (Figura 24).

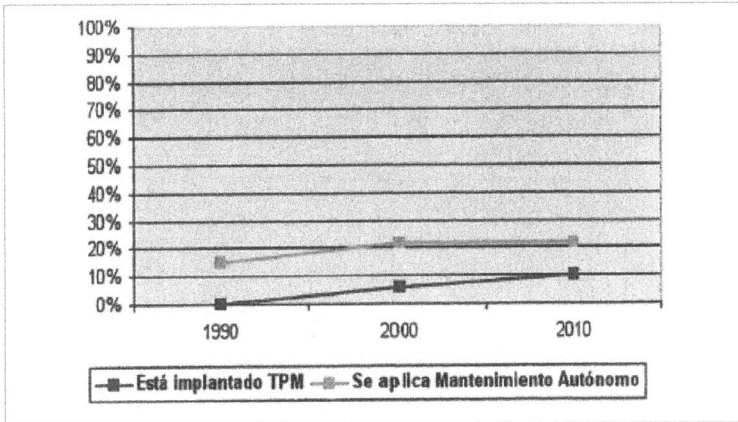

Figura 24. Aplicación técnicas mantenimiento. Fuente: Aem, 2010

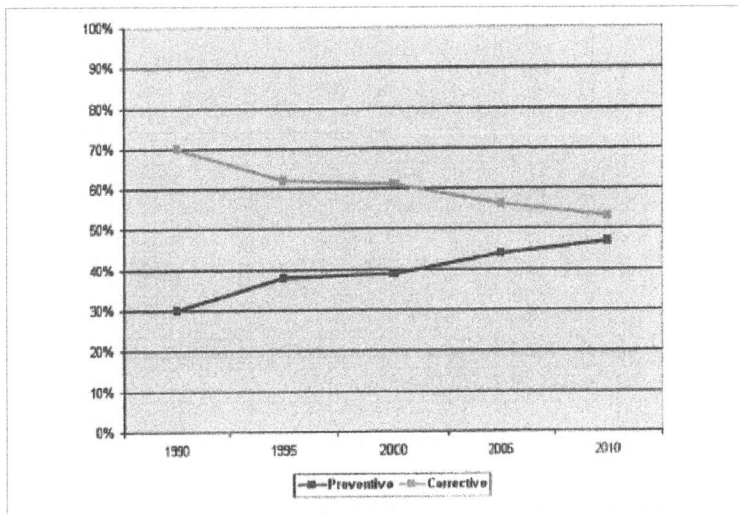

Figura 25. Mantenimiento preventivo/correctivo en las empresas. Fuente: Aem, 2010

Existen empresas con un nivel de mantenimiento correctivo superior al 70%, aunque la media destaca que se utiliza en un 40% en las empresas referenciadas (Figura 25).

De igual manera, se observa el sistema de trabajo, en el cual hace falta mayor planificación, dado que la media de las peticiones con máxima urgencia es superior al 23% en las empresas encuestadas (Figura 26).

Se suele acumular un tiempo considerable de retraso en la carga de trabajo, en la que se hallan el 20% de las empresas, habiendo algunas con niveles superiores al 38% (Figura 27).

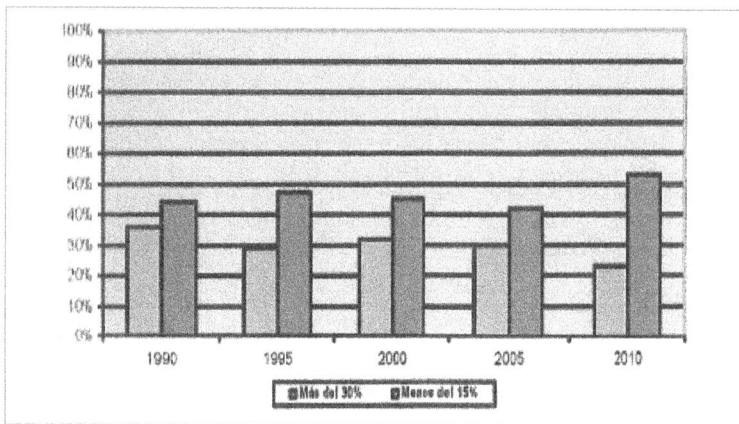

Figura 26. Peticiones de trabajo de máxima urgencia. Fuente: Aem, 2010

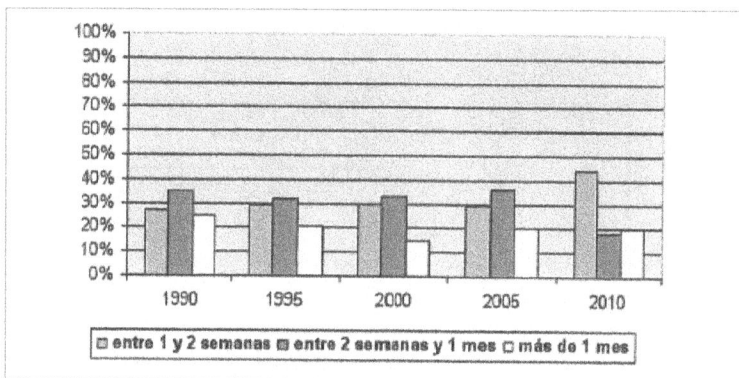

Figura 27. Carga de trabajo pendiente en la función de mantenimiento. Fuente: Aem, 2010

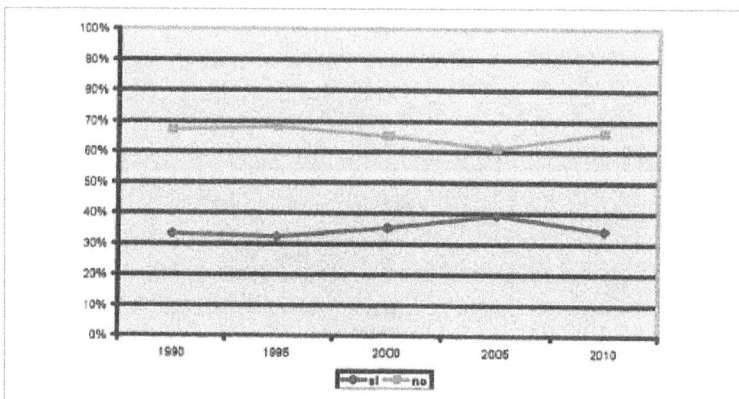

Figura 28. Planificación en la función de mantenimiento. Fuente: Aem, 2010

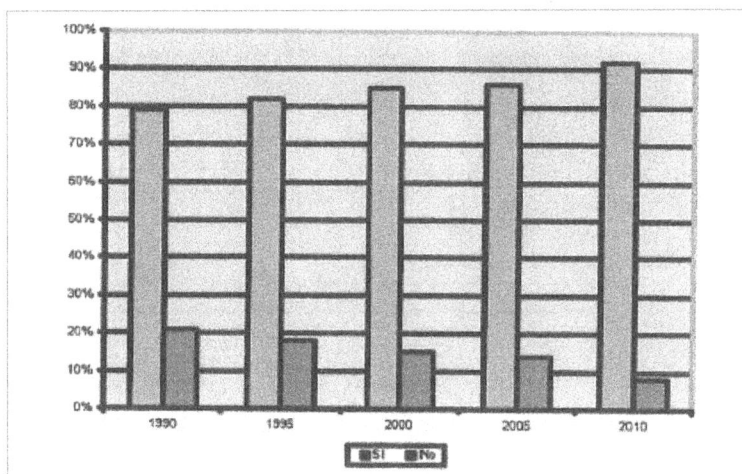

Figura 29. Planificación por ordenes de trabajo. Fuente: Aem, 2010

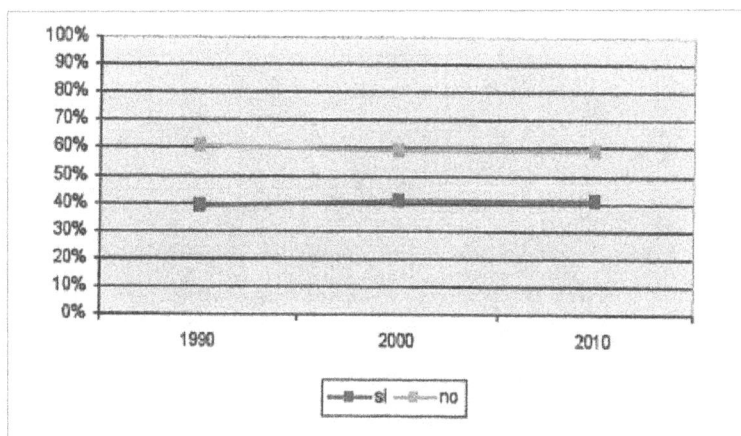

Figura 30. Costes ordenes de trabajo de mantenimiento. Fuente: Aem, 2010

No suele haber una oficina u estamento encargado de la planificación y control del mantenimiento (Figura 28), aunque más del 90% de las empresas dicen disponer de algún sistema de organización por órdenes de trabajo (Figura 29).

Se desconoce el valor cuantitativo de las ordenes de trabajo en más de un 60% de las empresas, lo que destaca el bajo análisis de las ordenes de trabajo y por consiguiente el control realizado (Figura 30).

Las empresas confirman la utilización de algún índice de mantenimiento en un 90% (Figura 31), siendo los índices más usados los relacionados con la fiabilidad y con la producción (Figura 32).

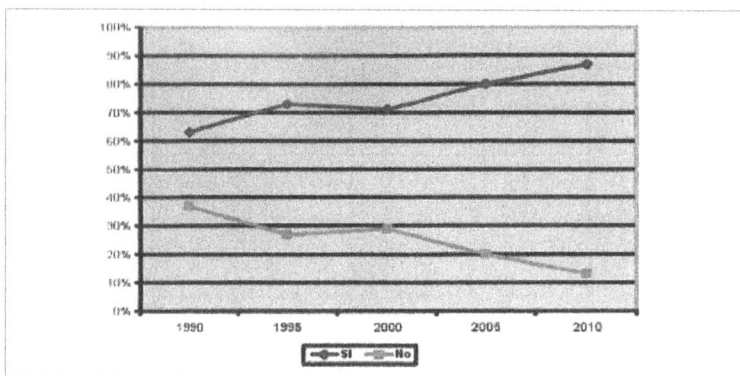

Figura 31. Seguimiento de índices en la función de mantenimiento. Fuente: Aem, 2010

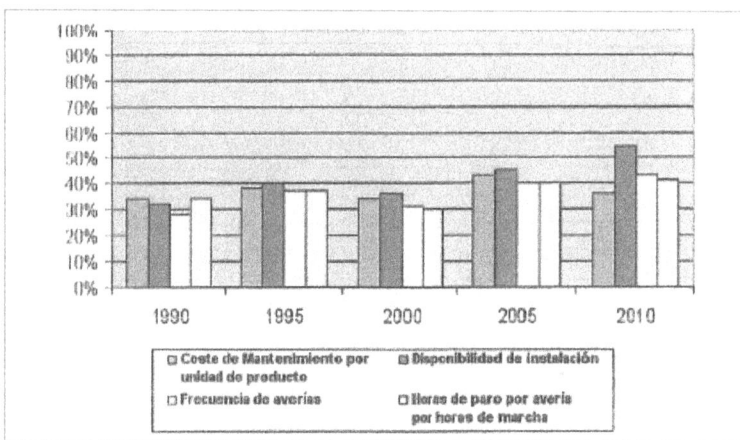

Figura 32. Indices más usados en la función de mantenimiento. Fuente: Aem, 2010

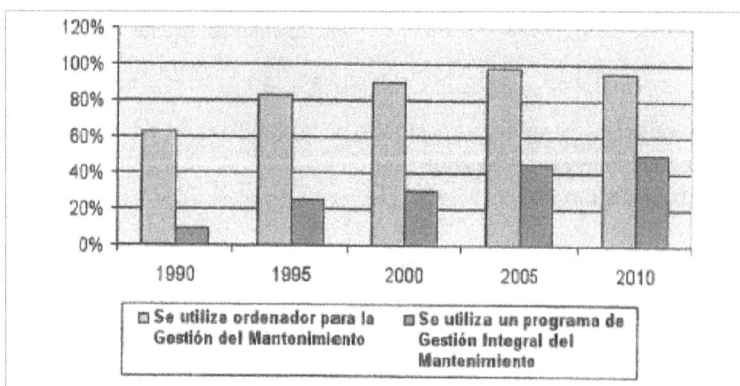

Figura 33. Uso de programas de gestión de mantenimiento. Fuente: Aem, 2010

En el estudio de la AEM, se destaca que prácticamente todas las organizaciones disponen de algún programa de mantenimiento para su gestión (Figura 33), aunque no se analiza si son adecuados, si se estudian los resultados obtenidos y si en definitiva son útiles para la organización.

4. Análisis de los resultados, para introducir modelos de gestión del conocimiento en la ingeniería del mantenimiento industrial

Análisis de la situación

Viendo los resultados de los estudios de situación de las empresas, se pueden extraer dentro de sus características funcionales y estratégicas, muchas funciones en que tiene que incidir la actividad de mantenimiento a nivel táctico (Tabla 13).

Como se puede observar en la Tabla 13, en las que se han puesto las acciones tácticas de las empresas en las que puede incidir los departamentos operativos de mantenimiento, en los estudios formalizados, se refleja que las empresas deben de tener gran disponibilidad, se debe aumentar la productividad general, existe una cuantía importante de inversión de inmovilizado, una tendencia a

Aspectos tácticos en las empresas	Incidencia operativa del mantenimiento
Producción	Alta incidencia, afectando directamente a los niveles de paradas y fiabilidad
Amortización inmovilizado	Aumenta la vida operativa del inmovilizado
Reparaciones y conservación	Responsabilidad directa
Inversión inmovilizado	Cesión a mantenimiento, una vez realizada. Conviene su punto de vista y experiencia en la elección
Personal	En referencia a mantenimiento, es necesaria alta cualificación y experiencia
Capacitación y formación	En referencia al mantenimiento, la formación debe integrarse con sus funciones tácticas fundamentales
Servicios exteriores y subcontratación	Todas las empresas subcontratadas de mantenimiento o para reparaciones deben ser controladas por mantenimiento
Consumo energético	Debe ser una de las funciones principales de la organización del mantenimiento, el control y seguimiento del consumo energético
I+D	En las acciones de I+D destinados a equipos, instalaciones y procesos, debe estar la visión del departamento de mantenimiento

Tabla 13. Aspectos tácticos de las empresas y su relación con mantenimiento

la subcontratación y uso de empresas externas, y dentro de las materias primas, todas las empresas tienen una fuerte dependencia de la energía utilizada para el desarrollo de su actividad o servicio. En todos estos puntos tiene una gran implicación mantenimiento, interviniendo directamente en que la eficiencia de todas las acciones descritas se realicen con mayor o menor eficiencia, y con ello repercutiendo directamente a toda la organización

A nivel operativo de la propia organización de mantenimiento y tras la revisión de los estudios formalizados sectoriales, se marcan algunas tendencias de mantenimiento, y tras dicho análisis, se pueden marcar la posible incidencia de utilización de técnicas de gestión del conocimiento (Tabla 14) que ayudarían a suavizar o minimizar los puntos negativos observados o marcar nue-

Aspectos tácticos del mantenimiento	Posible incidencia por la acción de la gestión del conocimiento
Fiabilidad, disponibilidad en la producción/explotación en la empresa	El almacenamiento, transmisión y gestión del conocimiento, aumenta la productividad general de la empresa (menores paradas no programadas)
Ciclo de vida del equipamiento e instalaciones	Información operativa del equipamiento que inciden en su durabilidad y buenas prácticas
Reparaciones y conservación	La captación del conocimiento de lo realizado, elimina paros no deseados. Transmisión conocimiento a otros operarios
Personal	Captación del conocimiento tácito del personal en base a la experiencia operativa. Reducción de tiempos de acoplamiento de nuevo personal. Ayuda a reciclaje de personal existente
Cualificación del personal y formación	La formación debe tener un componente importante sobre la gestión de experiencias operativas en la propia planta. Creación de sistemas de auto aprendizaje
Técnicas organizativas mantenimiento	Deben ser implantadas, y capturar y transmitir el conocimiento generado. Deben ser implantadas por el propio personal. Análisis de datos obtenidos
Mantenimiento preventivo/correctivo	Gestión de la experiencia y conocimiento en la realización de las actividades de mantenimiento
Trabajos de urgencia o críticos	Cualquier experiencia de urgencia o crítica, debe ser registrada. Debe servir para aprender ante actuaciones futuras
Uso de la información y su gestión	La gestión de la información debe ser ágil y útil. Los registros deben mostrar las experiencias e inquietudes del personal operativo de mantenimiento (bidireccional)
Gestión de la energía y su eficiencia	Captura de las experiencias y buenas prácticas. Análisis por los miembros de mantenimiento. Conocimiento bidireccional

Tabla 14. Aspectos tácticos de mantenimiento y su incidencia ante acciones de gestión de conocimiento

vas líneas de actuación que pueden hacer más eficiente las actividades realizadas de mantenimiento y por consiguiente, una mayor productividad, eficiencia y reducción de gastos de toda la empresa.

Existe una acusada falta de conocimientos sobre el funcionamiento de los equipos por parte de los operarios, y los mandos de mantenimiento, marcan como prioritario captar personal con la cualificación adecuada.

Dado que un fuerte porcentaje del gasto de los departamentos de mantenimiento, es destinada hacia el personal, es importante conseguir de una manera más eficaz la cualificación necesaria, con lo que introducir técnicas de gestión de conocimiento que reduzcan los tiempos de acoplamiento de nuevo personal, así como el conservar en la empresa las experiencias del personal que pueda causar baja, mejorará la eficiencia del conjunto del personal, hacia trabajos cotidianos. De igual manera, y como se destacan en los estudios, la captura de las experiencias operativas y el estudio de acciones críticas, harán reducir de manera significativa las actuaciones ante urgencias, o como mínimo mejorar la actuación ante acciones críticas, cuya resolución en tiempos menores o controlados, hacen reducir los costos indirectos por paradas a la producción, que en numerosos casos pueden ser elevados (reducción de la productividad).

En cuanto al coste relativo del mantenimiento, existe una visión del mismo como elemento generador de costes y, por tanto, como variable a controlar. En muy pocos casos se relaciona mantenimiento con la posibilidad de mejorar la eficacia del proceso y en prácticamente ninguno se denota la conveniencia de incrementar su presencia.

En lo referente a la organización del mantenimiento, muchos de los departamentos o secciones de mantenimiento dependen jerárquicamente del director de producción, lo cual hace que las funciones de mantenimiento se restrinjan al corto plazo. Puede mencionarse que dentro de las actividades encomendadas al departamento de mantenimiento, se incluye, en un porcentaje excesivamente bajo, la participación en las decisiones de inversión. En cuanto a la intervención en el diseño de productos y/o manuales de los mismos, la participación es todavía más baja. Aparte de esto, la existencia de más de un 10% de casos donde el personal de mantenimiento no es exclusivo del departamento hace pensar en una escasa organización de estas tareas.

Por otra parte, la formación del personal de mantenimiento es, en líneas generales, escasa, destinándose en muchos casos a este servicio personal de avanzada edad, con experiencia pero escasamente activos.

En línea con lo anterior, muchas empresas no realizan ninguna clasificación de sus activos respecto al mantenimiento, factor mínimo indispensable para la planificación y ejecución de las actividades relacionadas con esta tarea.

En cuanto al tipo de mantenimiento utilizado debe decirse que sigue existiendo un elevado porcentaje de mantenimiento correctivo (40%) incluso cuando se trata de equipos clasificados como de alta criticidad. Además, en otras muchas ocasiones, el mantenimiento preventivo tiene un contenido muy restringido, reduciéndose a las tareas recomendadas por el fabricante.

Cuando el mantenimiento se refiere a los equipos básicos de producción pero no críticos, los resultados son todavía más acusados hacia la masiva utilización del mantenimiento correctivo. El condicional tiene, en casi todos los casos, una utilización residual aunque se refiera a los equipos básicos.

La existencia de programación de las intervenciones, bastante elevada, contrasta en sobremanera con el escaso control de cumplimiento de las mismas. Resulta paradójico que del total de las empresas que afirman programar sus intervenciones de mantenimiento, menos de la mitad controlen el cumplimiento de las mismas. Sin un control de cumplimiento y mucho menos de los resultados de las intervenciones difícilmente pueden reprogramarse estas en función del estado real de los equipos. Es decir, el mantenimiento realizado en la mayoría de los casos parece desligarse por completo del estado de la maquinaria o instalaciones a mantener.

Por lo que se refiere a la inversión en mantenimiento, los resultados son también muy significativos. Para la mayoría (más del 70%), la inversión en mantenimiento es completamente irrelevante. Esto quiere decir que el presupuesto del departamento se compone en su práctica totalidad de gastos de personal.

El control de los gastos de mantenimiento se realiza en la mayoría de los casos de una manera global y no por intervenciones. Esto significa que el control sobre el rendimiento o eficiencia de las intervenciones es escaso, incluso en aquellas factorías donde el contenido de las mismas se programa.

En la misma línea argumental puede hablarse del control de los gastos ocasionados por fallos y de la existencia de controles históricos de los gastos de mantenimiento según activos.

Por otra parte, el tema de la planificación de las inversiones se encuentra bastante desligado del de mantenimiento, existiendo una baja participación de los responsables del departamento en las decisiones de planificación y amortización de inversiones.

Por último, cabe destacar que los problemas principales con los que se enfrentan los responsables de mantenimiento son los derivados de las exigencias diarias de producción, a pesar de la posible contraposición de intereses entre las dos secciones. Este enfrentamiento de intereses es representativo de una tradicional visión de la función del mantenimiento. Otra de las cuestiones a destacar es que las deficientes instrucciones de los fabricantes también son un problema frecuente y grave para el personal de mantenimiento.

En resumen, el mantenimiento realizado en las plantas industriales dista mucho de cualquier planteamiento teórico novedoso. El departamento de mantenimiento es siempre secundario, depende de producción y su coste se soporta porque no existe otra alternativa. El personal del mismo no está, por lo general suficientemente cualificado y además, los medios materiales disponibles son escasos. La organización y gestión de las actividades de mantenimiento se encuentran en una fase inicial y en muy pocos casos se observa una clara voluntad de mejora.

5. Conclusión

Analizando las encuestas sobre el estado de las empresas en España, con datos del INE y del SEPI, se observan que dentro de sus principales funciones tácticas, el departamento de mantenimiento puede ocupar un papel determinante en las empresas para mejora de su productividad. Es por ello la necesidad de un departamento de mantenimiento, debidamente formado y con capacidad, dado que su nivel estratégico dentro de la organización puede ser determinante para la eficiencia global. La actividad de mantenimiento necesita conocimientos técnicos profundos, alta experiencia en su personal y tradicionalmente ha sido la estructura dentro de la empresa donde existe mayor componente de conocimiento tácito. Dado que sus funciones afectan directamente a la fiabilidad de los sistemas e instalaciones (Sols, 2000), eliminación de paradas no deseadas y actuación ante procesos críticos, se ve la necesidad de la adecuada gestión de dicha información/conocimiento dado que puede tener un gran valor estratégico para la empresa. A nivel táctico de la propia organización del mantenimiento, se han visto sus factores débiles, según la encuesta sectorial de la AEM, y se han marcado los puntos estratégicos que podrían evolucionar en una mejora de la funcionalidad y beneficio económico, por la implantación de tácticas de gestión del conocimiento. Hay que resaltar de igual manera, que de los estudios analizados, no se entra en detalle en los niveles de exigencia técnica de las funciones de mantenimiento, e incluso en el estudio de nivel sectorial de la AEM, sólo se ven ciertos datos desde la visión de los mandos de mantenimiento, sin entrar en el nivel operativo (lo que hacen u opinan los propios operarios), así como tratándose de una manera genérica el nivel de gestión de la información, que no permite extraer datos precisos de su estado de conocimiento.

6. Referencias

AEM (Asociación Española de Mantenimiento) (2010). *Encuesta sobre la evolución y situación del mantenimiento en España*.

Ahuja, I.P.S., & Khamba, J.S. (2008a). Assessment of contributions of successful TPM initiatives towards competitive manufacturing. *Journal of Quality in Main- tenance Engineering*, 14(4), 356-374. http://dx.doi.org/10.1108/13552510810909966

Ahuja, I.P.S., & Khamba, J.S. (2008b). Total productive maintenance: literature review and directions. *International Journal of Quality & Reliability Management*, 25(7), 709-756. http://dx.doi.org/10.1108/02656710810890890

Alsyouf, I. (2007). The role of maintenance in improving company productivity and profitability. *International Journal of Production Economics*, 105, 70-78.

Al-Turki, U. (2011). A framework for strategic planning in maintenance. *Journal of Quality in Maintenance Engineering*. 17(2), 150-162. http://dx.doi.org/10.1108/13552511111134583

Arunraj, N.S., & Maiti, J. (2010). Risk-based maintenance policy selection using AHP and goal programming. *Safety Science*, 48(2), 238-247. http://dx.doi.org/10.1016/j.ssci.2009.09.005

Cárcel, J. (2010). Aspectos estratégicos del mantenimiento industrial relativos a la eficiencia energética. *Articulo 1er Congreso de dirección de operaciones en la empresa,* 25 y 26 de Junio, Madrid.

Chan, F.T.S., et al., (2005). Implementation of total productive maintenance: a case study. *International Journal of Production Economics*, 95(1), 71-94.

Chen, F. (1994). Benchmarking: preventive maintenance practices at Japanese transplants. *International Journal of Quality & Reliability Management*, 11(8), 19-26. http://dx.doi.org/10.1108/02656719410070084

Conde, J. (1999). *El Mantenimiento efectivo: principios y métodos*. Working paper, GIO-0500-UCLM, Ciudad Real.

Geraghty, T. (1996). R.C.M. and T.P.M. complementary rather than conflicting techniques. Article. *Journal,* 63.

Hiatt, B. (1999). *Best Practices Maintenance*. A 13 Step Program in Establishing a World Class Maintenance Organization.

Idhammar, C. (1997). Maintenance management: moving from reactive to results-oriented. *Journal Review Pima's Papermaker*.

Inacio da Silva, C., Pereira, C., & Oliveira, C. (2008). Proactive reliability maintenance: a case study concerningmaintenance service costs. *Journal of Quality in Maintenance Engineering*, 14(4), 343-355. http://dx.doi.org/10.1108/13552510810909957

INE (Instituto Nacional de Estadística), (2008). *Panorámica de la industria*, Madrid.

Khade, A.S., & Metlen, Z.K. (1996). An application of benchmarking in the dairy industry. *Benchmarking For Quality Management & Technology*, 3(4), 34-41. http://dx.doi.org/10.1108/14635779610153354

Khalil, J., Sameh, M.S., & Nabil, G. (2009). An integrated cost optimization maintenance model for industrial equipment. *Journal of Quality in Maintenance Engineering*, 15(1), 106-118. http://dx.doi.org/10.1108/13552510910943912

Kommonen, K. (2002). A cost model of industrial maintenance for profitability analysis and benchmarking. *International Journal of Production Economics*, 79(1), 15-31.

Kumar, U. (1990). Application of reliability-centered maintenance: a tool for higher profitability. *Maintenance*, 5(3), 23-26.

Lazim, H.M., Ramayah, T., & Ahmad, N., (2008). Total productive maintenance and performance: a Malaysian SME experience. *International Review of Business Research Papers*, 4(4), 237-250.

Liyange, J.P., & Kumar, U. (2003). Towards a value-based view on operations and maintenance performance management. *Journal of Quality in Maintenance Engineering*, 9(4), 333-350.

Modarres, M. (2006). *Risk Analysis in Engineering: Techniques, Tools, and Trends*. New York, NY: Taylor & Francis.

Mora, A. (1999). *Selección y jerarquización de las variables importantes para la gestión de mantenimiento en empresas usuarias o generadoras de tecnologías avanzadas*. Tesis doctoral. Universidad Politécnica de Valencia. España.

Moubray, J. (1991). *Reliability-Centered Maintenance*. Oxford: Butterworth-Heinemann.

Murthy, D.N.P., Atrens, A., & Eccleston, J.A. (2002). Strategic maintenance management. *Journal of Quality in Maintenance Engineering*, 8(4), 287-305. http://dx.doi.org/10.1108/13552510210448504

Nakajima, S. (1988). *Introduction to TPM*. Cambridge, MA: Productivity Press.

Nakajima, S. (1989). *TPM Development Program*. Cambridge, MA: Productivity Press.

Oiltech Analisys S.L. (1995). Mantenimiento Proactivo de sistemas mecánicos lubricados. *Fluidos oleohidráulica neumática y automación*, 24, 208-209.

Oke, S.A. (2005). An analytical model for the optimisation of maintenance profitability. *International Journal of Productivity and Performance Management*, 54(2), 113-136. http://dx.doi.org/10.1108/17410400510576612

Pirret, R. (1999). *Proactive calibration helps drive productivity higher*. I&CS. Everett, WA. USA.

Rausand, M. (1998). Reliability centered maintenance. *Reliability Engineering and System Safety*, 60, 121-132. http://dx.doi.org/10.1016/S0951-8320(98)83005-6

Rodríguez Méndez, M. (2001). *Aportaciones al Análisis de Cambios de Formato en Líneas de Envasado*. Tesis Doctoral. Universidad de Castilla-La Mancha. Ciudad Real.

Rodríguez Méndez, M. (2003). *El Proceso de Cambio de Útiles*. Madrid: Editorial Fundación Confemetal.

Salonen, A., & Deleryd, M. (2011). Cost of poor maintenance. A concept for maintenance performance Improvement. *Journal of Quality in Maintenance Engineering*, 17(1), 63-73. http://dx.doi.org/10.1108/13552511111116259

Schiffauerova, A., & Thomson, V. (2006). A review of research on cost of quality models and best practices. *International Journal of Quality & Reliability Management,* 23(6), 647-669.

SEPI (2009). *Encuesta sobre estrategias empresariales*. Fundación Sepi, Ministerio industria, turismo y comercio. Madrid.

Silva, C. (2004). *The maintenance function in the industrial company: application to a particular case of a big plant unit*. MSc thesis, University of Beira Interior, Covilha. Published as a book by New Europe Foundation, University of Beira Interior, Covilha.

Smith, M. (1992). *Reliability Centered Maintenance*. New York, USA: McGraw Hill, Inc. School Education Group.

Sols, A. (2000). *Fiabilidad, Mantenibilidad, Efectividad, un enfoque sistémico*. Madrid: Comillas.

Tavares, L. (1999). *Administración Moderna de Mantenimiento*. Río de Janeiro, Brasil: Novo Polo Publicações.

Tsang, A.H.C. (2002). Strategic dimensions of maintenance management. *Journal of Quality in Maintenance Engineering*, 8(1), 7-39. http://dx.doi.org/10.1108/13552510210420577

Wireman, T. (2004). *Benchmarking Best Practices in Maintenance Management*. New York, NY: Industrial Press.

Yam, R., Tse, P., Ling, P., & Fung, F. (2000). Enhancement of maintenance management through benchmarking. *Journal of Quality in Maintenance Engineering*, 6(4), 224-240. http://dx.doi.org/10.1108/13552510010373419

2.2. Principios básicos de la Gestión del Conocimiento y su aplicación a la empresa industrial en sus actividades tácticas de mantenimiento y explotación operativa: Un estudio cualitativo

Resumen: Aunque el conocimiento y su gestión es, y ha sido estudiado en profundidad, sobre todo desde la década de los 90 del siglo pasado sobre todo para la gestión estratégica, innovación, comercio, o administración de las empresas, todavía quedan muchos interrogantes en cómo se articula, se transfiere y las barreras para su gestión, sobre todo cuando hablamos de las actividades tácticas internas en las que afectan a personal que podíamos llamar de "oficios", tales como el mantenimiento y montajes industriales o explotación y conducción de las instalaciones. Por las peculiaridades propias que se han dado normalmente en este tipo de actividad en el interior de la empresa, el conocimiento de estas personas está fuertemente basado en su experiencia (fuerte componente tácito), difícil de medir y articular, y sin embargo, en numerosas ocasiones, esta rotura de la información-conocimiento, puede suponer un alto coste para la empresa, muchas veces asumido como algo que afrontar, debido al incremento de tiempos de parada de producción y servicios, perdidas de eficiencia energética, o tiempo de acoplamiento de nuevo personal a estas áreas. Tras una descripción del estado del arte y los principios básicos de la gestión del conocimiento, se ha realizado un estudio cualitativo en diversas empresas dentro de las áreas de explotación y mantenimiento, con el fin de conocer las barreras y facilitadores, que dicho personal implicado encuentra para que se produzca una adecuada transmisión y utilización de dicho conocimiento.

Palabras Clave: Gestión del conocimiento, mantenimiento industrial. Explotación y conducción de las instalaciones.

1. Introducción

El universo no está hecho de materia o energía, según el físico Vlatko Vedral, está hecho, en el fondo, de información (Vedral, 2010). En otras palabras, si se rompe el universo en pedazos más y más pequeños, los más pequeños trozos son, de hecho, bits.

Aunque el párrafo anterior pueda parecer en exceso abstracto, son una de las líneas más actuales de investigación de la física cuántica, y nos ofrece un referente de la gran importancia de lo que información-conocimiento supone hoy en día. Sin embargo, entrando en un universo más particular (la empresa industrial o de servicios), y dentro de ellas, los servicios internos industriales (mantenimiento, explotación, conducción de las instalaciones), nos damos cuenta de las deficiencias y problemática que conlleva realizar un sistema de gestión del conocimiento, debido a la propia naturaleza de las características del servicio prestado (personal operativo basado en la experiencia durante años en dicho oficio y en una determinada planta, con alto conocimiento tácito, con plantillas muy ajustadas, con alto nivel de estrés y acostumbrados a resolver problemas diarios normalmente no protocolizados).

Son muchos los estudios sobre gestión del conocimiento en diferentes actividades industriales y de servicios, y el efecto en su aplicación (Yang, 2006; Colino et al., 2010; Colino et al., 2000; Chua et al., 2008; Rivas et al., 2007; Ventura et al., 2007; Bahoque et al., 2007; Ferrada et al., 2009), pero normalmente dichos estudios se centran en la gestión global (sobre todo en la parte más explícita y procedimentada), incidiendo hacia el comercio, gestión administrativa interna o contable, las actividades de I+D o desarrollo, pero escasamente hacia las acciones tácticas de oficios industriales, normalmente considerado como un "gasto para la empresa", y que sin embargo, afecta de manera sustancial en la reducción de costes inducidos (muchas veces asumidos por la propia gerencia). Es por ello, que el gestionar el conocimiento en dichas áreas de trabajo, suponga en sí, no sólo una mejora en la eficiencia de los procesos de los oficios internos industriales, sino también una reducción en gastos inducidos a la propia empresa (paradas de producción, perdida de eficiencia energética, perdida de fiabilidad de los sistemas e instalaciones y mayor tiempo de acoplamiento de nuevos técnicos).

Es preciso analizar el conocimiento personal para desarrollar el conocimiento organizacional (Pauleen, 2009; Martin, 2008; Volkel et al., 2009), que permita hacer un análisis de costos-beneficios en su aplicación (Volkel et al., 2008). Dentro de las actividades internas de la empresa industrial, el mantenimiento necesita conocimientos técnicos profundos, alta experiencia en su personal y tradicionalmente ha sido la estructura dentro de la empresa donde existe mayor componente de conocimiento tácito. Dado que sus funciones afectan directamente a la fiabilidad de los sistemas e instalaciones (Sols, 2000), eliminación de paradas no deseadas y actuación ante procesos críticos, se ve la necesidad de la adecuada gestión de dicha información/conocimiento dado que puede tener un gran valor estratégico para la empresa.

Las políticas de personal, tan frecuentes hoy día, que contemplan entre sus objetivos la subcontratación de dichos servicios industriales, el relevo radical e indiscriminado de plantillas, atendiendo únicamente a razones de edad, sin someter a los recién incorporados a un proceso de fidelización previo para disminuir la rotación externa, es posible que logren, en algún caso, éxitos a corto plazo pero con toda seguridad la falta de suficiente tiempo para crear y transferir conocimiento de forma controlada, y la carencia de sedimentación cultural para asimilarlo y aplicarlo, llevarán al fracaso la implantación de cualquier modelo de gestión del conocimiento a medio plazo (Muñoz, 1999), y en gran medida, la pérdida del control de la fiabilidad y eficiencia de los procesos productivos o de servicios internos industriales basado en oficios. Hay que tener en cuenta la incidencia operativa que las acciones de mantenimiento repercuten en la empresa (Tabla 15), afectando a la mayor parte de las acciones tácticas fundamentales, y dado que puede ser estratégica su propia acción, es preciso marcar condiciones para la captura de ese conocimiento.

Aspectos tácticos en las empresas	Incidencia operativa del mantenimiento
Producción	Alta incidencia, afectando directamente a los niveles de paradas y fiabilidad
Amortización inmovilizado	Aumenta la vida operativa del inmovilizado
Reparaciones y conservación	Responsabilidad directa
Inversión inmovilizado	Cesión a mantenimiento, una vez realizada. Conviene su punto de vista y experiencia en la elección
Personal	En referencia a mantenimiento, es necesaria alta cualificación y experiencia
Capacitación y formación	En referencia al mantenimiento, la formación debe integrarse con sus funciones tácticas fundamentales
Servicios exteriores y subcontratación	Todas las empresas subcontratadas de mantenimiento o para reparaciones deben ser controladas por mantenimiento
Consumo energético	Debe ser una de las funciones principales de la organización del mantenimiento, el control y seguimiento del consumo energético
I+D	En las acciones de I+D destinados a equipos, instalaciones y procesos, debe estar la visión del departamento de mantenimiento

Tabla 15. Aspectos tácticos de las empresas y su relación con mantenimiento. Fuente: Elaboración propia

Mediante este artículo se pretende hacer una aproximación a la situación de la gestión del cono-cimiento de estas actividades técnicas internas de las empresas industriales, marcar los procesos de gestión del conocimiento más usados en la literatura así como las herramientas utilizadas e identificar las barreras y facilitadores que podrían tener incidencia en dichas actividades.

Para tal efecto, se han realizado entrevistas con personal técnico y mandos de organizaciones de mantenimiento u operación y explotación de diversas empresas, de sectores industriales diferentes en la Comunidad Valenciana.

El artículo introduce en el marco teórico de la metodología básica sobre gestión del conocimiento (incidiendo en el estado del arte, sus métodos y herramientas). Posteriormente, se presenta el es-tudio cualitativo realizado, los resultados, la discusión de los mismos y las conclusiones del artículo.

2. Los principios de la gestión del conocimiento en la empresa

Surge el conocimiento cuando una persona considera, interpreta y utiliza la información de manera combinada con su propia experiencia y capacidad (Zapata, 2001).

El conocimiento es la capacidad de actuar, procesar e interpretar información para generar más conocimiento o dar solución a un determinado problema. En los últimos años se ha producido un cambio transcendental, en que el crecimiento de las economías y las empresas se ve impulsado por el conocimiento y las ideas, más, que por los recursos tradicionales (Del Moral, 2007). Esta-mos moviéndonos hacia una sociedad impulsada por el conocimiento, donde los activos tangibles tradicionales están perdiendo valor a favor de los intangibles (Sánchez et al., 1999; Peña, 2001*).*). Es por ello que se puede considerar el conocimiento como el principal ingrediente intangible tanto en las empresas como en la economía en su conjunto (OCDE, 1996).

Se ha reconocido que el conocimiento es poder; pero como lo afirma Nonaka (1999), lo importante del conocimiento en las organizaciones depende de lo que se pueda hacer con él dentro de un ámbito de negocios. Es decir, el conocimiento por sí mismo no es relevante, en tanto no pueda ser utilizado para dar origen a acciones de creación de valor (Xiomara, 2009).

La gestión de conocimientos implica, por tanto, el uso de prácticas difíciles de observar y manipular y, que a veces son incluso desconocidas para los que las poseen. Esto presenta un problema para las empresas, más familiarizadas con la gestión y contabilidad del capital fijo. Entre las diversas categorías de inversiones relacionadas con el conocimiento (educación, formación, software, I+D, etc.), la gestión de conocimientos es una de las menos conocidas tanto cualitativa como cuantita-tivamente, así como en términos de costos y retornos económicos (OCDE,2004).

Aunque los estudios sobre la gestión del conocimiento, aumentaron de manera exponencial al final de la década de los 90 y principios del siglo XXI (Figura 34), la práctica totalidad de ellos están enmarcados en las grandes empresas y normalmente sobre áreas de comercio, administración y gestión, I+D, pero en pocas ocasiones en las prácticas tácticas internas de la empresa donde existe un alto componente de conocimiento tácito debido a las propias características intrínsecas del

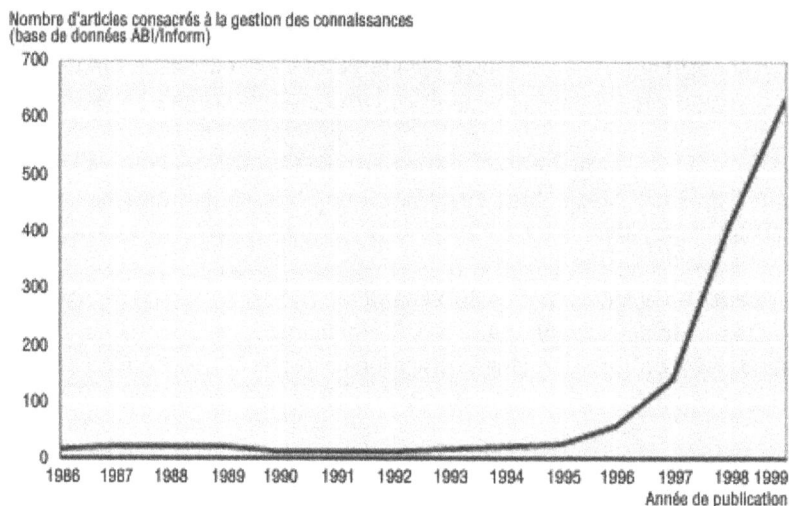

Nombre d'articles consacrés à la gestion des connaissances
(base de données ABI/Inform)

Figura 34. Artículos publicado sobre Gestión del Conocimiento. Fuente: Gordon et al., 2002, extraído de OCDE,2004

personal que opera en ellas (mantenimiento, producción, explotación) y por la gran dificultad en analizar ese componente humano. Los estudios formalizados (OCDE,2004), indican la ventaja competitiva de las empresas donde si se aplican sistemas de gestionar la información y el conocimiento, aunque centrándose normalmente en las áreas administrativas y de gestión, más fácilmente medibles y donde es más fácil protocolizar los procedimientos.

Las definiciones de la gestión del conocimiento que aparecen en la literatura académica adoptan varios prismas (Palacios et al., 2006), reflejando los postulados nucleares del enfoque teórico del que se parte:

- Una colección de procesos para gestionar la creación, la diseminación y el apalancamiento del conocimiento a fin cumplir los objetivos de la organización (Beijerse, 1999; Tissen et al., 1998; Nonaka y Takeuchi, 1995).

- Gestionar tanto los stocks como los flujos de conocimiento (Fahey, 1998).

- Gestión de los sistemas y bases de datos en tecnologías de la información (Pitkethly, 2001), aumentando las capacidades o induciendo buenas prácticas.

- Aplicación del conocimiento a fin de crear competencias distintivas (Bukowitz et al., 1999), donde se crea valor en base a la gestión del conocimiento.

- La gestión del talento del personal que posee y crea conocimiento y su interacción social como el eje de GC (Beamish et al., 2001).

	Caracteristicas del tipo de conocimiento		
Conocimiento tácito	Conocimiento a través de la experiencia (cuerpo)	Conocimiento a través de la racionalidad (mente)	**Conocimiento explícito**
	Conocimiento simultáneo	Conocimiento secuencial (en el acto)	
	Conocimiento analógico (basado en la práctica)	Conocimiento digital (basado en la teoría)	
	Subjetivo	Objetivo	

Tabla 16. Tipos de conocimiento. Fuente: elaboración propia a partir de Nonaka y Takeuchi ,1995

Todas las perspectivas de la gestión del conocimiento, basándose en unos principios y unas prácticas, en muy pocas ocasiones son adscritas a la parte donde se almacena mayor nivel de conocimiento tácito dentro de las empresas industriales y de servicios, como pueden ser los aspectos tácticos de mantenimiento, montaje y proyectos, y actividades en general de difícil documentación, que normalmente se basan en gran parte en la experiencia de los empleados adquirida con los años, de difícil captación y aún más difícil transferencia.

Aunque en numerosas ocasiones la gestión del conocimiento es infrautilizada y desplegada ineficientemente (Ordóñez, 1999,2001), se puede definir la gestión del conocimiento como "las estructuras, sistemas e interacciones integradas conscientemente y diseñadas para permitir la gestión del conjunto de conocimiento y habilidades de la empresa" (Tiemessen et al, 1997), convirtiéndose en un recurso de importancia estratégica fundamental (Bueno, 1999,2000; Hedlund, 1994; Nonaka y Takeuchi, 1995; 1994; Ventura, 1996; Wernerfelt, 1984).

La dimensión epistemológica del conocimiento distingue entre conocimiento tácito y conocimiento explícito (Polanyi, 1966). El conocimiento tácito (Spender, 1996) es aquel que se adquiere a través de la experiencia. El conocimiento explícito o codificado (Polanyi, 1966) es aquel transmisible mediante el lenguaje formal y sistemático, y puede adoptar la forma de programas informáticos, patentes, diagramas o similares (Hedlund, 1994). El conocimiento tácito no debe ser considerado independiente del conocimiento explícito, pues hay una dimensión tácita en todas las formas de conocimiento (Polanyi, 1966). En la Tabla 16 se recogen las principales diferencias entre ambos tipos de conocimiento:

En la generación del conocimiento se produce una transformación del conocimiento tácito de los individuos en explícito a nivel grupal y organizativo (Nonaka y Takeuchi, 1995), y cada uno de los miembros de tales colectivos lo interiorizan, convirtiéndolo de nuevo en tácito. Dicho proceso genera cuatro fases, que son: la socialización, externalización, combinación e internalización (Figura 35).

1. *Socialización (de tácito a tácito):* es un proceso en el que se adquiere conocimiento tácito de otros, compartiendo experiencias y pensamientos con ellos, y comunicando ambos, de

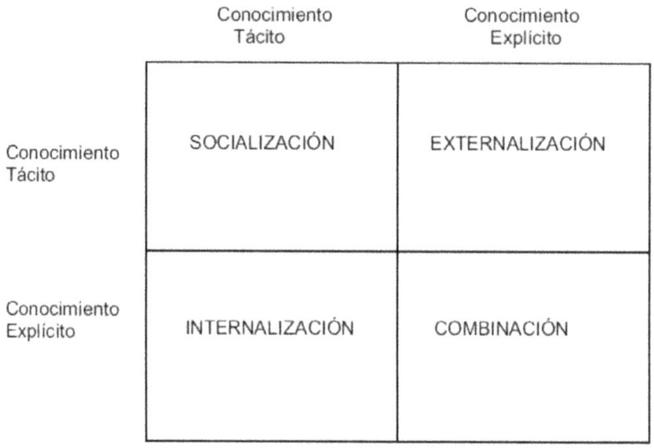

	Conocimiento Tácito	Conocimiento Explícito
Conocimiento Tácito	SOCIALIZACIÓN	EXTERNALIZACIÓN
Conocimiento Explícito	INTERNALIZACIÓN	COMBINACIÓN

Figura 35. Modos conversión del conocimiento. Fuente: Nonaka y Takeuchi, 1995

manera que quien los recibe incrementa su saber y llega a conseguir niveles cercanos a los del emisor (Kogut el al., 1992) en ese aspecto. Es preciso en esta fase la captación de conocimiento (por la interrelación de agentes internos y externos), y la diseminación y transferencia del conocimiento. Este es un proceso de gran incidencia en los oficios industriales, especialmente en las labores de mantenimiento industrial: Existe una fase de acoplamiento en que el nuevo operario debe asimilar todo el equipamiento, equipos e instalaciones de la planta industrial, normalmente mediante comentarios y explicaciones de compañeros con más antigüedad. Es un proceso que en grandes plantas industriales puede durar meses o años en ser totalmente operativo el operario (Cárcel, 2010).

2. *Externalización (de tácito a explícito):* etapa en la que se transforma el conocimiento tácito en conceptos explícitos o comprensibles para la organización o para cualquier individuo, a través de la propia articulación de éste y de su traslado a soportes rápidamente entendibles (Nonaka y Konno, 1998). En los oficios industriales, esta etapa suele estar parcialmente sesgada. Se especifican partes de trabajo, tiempos de ejecución o periodos de realización de los trabajos, pero normalmente, las experiencias más valiosas (descripción de la reparación de una avería crítica, maniobras de emergencia, rearmado de equipos, etc.), quedan explicitadas con breves partes de trabajo con indicación de la experiencia, quedando gran parte del conocimiento generado en forma tácita sólo en los miembros que han intervenido en la reparación o maniobra.

3. *Combinación (de explícito a explícito):* es la parte del proceso que sintetiza los conceptos explícitos y los traslada a una base de conocimiento, mediante los siguientes procedimientos (Nonaka y Konno, 1998): captación e integración de nuevo conocimiento explícito esencial, a través de la recopilación, reflexión y síntesis; diseminación del mismo empleando los procesos de transferencia utilizados normalmente en la organización, tales como presentaciones, reuniones o correos electrónicos; y procesado, en documentos, planos, informes y datos de mercado. Se produce en los oficios industriales a través de la propia información técnica de

la planta (planos de montaje, manuales de equipamiento, revisión de normativas, etc.), así como consulta de otras informaciones procesadas (históricos de mantenimiento, maniobras de las instalaciones, etc.)

4. *Internalización (de explícito a tácito):* es la etapa del proceso en la que se amplía el conocimiento tácito de los individuos a partir del conocimiento explícito de la organización, al depurarse este último y convertirse en conocimiento propio de cada persona. Dicha internalización requiere por un lado, la actualización de los conceptos o métodos explícitos y, por otro, la inclusión de dicho conocimiento explícito en tácito (Nonaka y Konno, 1998). Es necesario que el conocimiento explícito sea vivido o experimentado, bien pasando personalmente por la experiencia de realizar una actividad, o bien a través de la participación, para que así el individuo lo internalice según su propio estilo y hábitos. De esta forma los individuos usarán esta etapa para ampliar, extender y transformar su propio conocimiento tácito iniciando de nuevo el ciclo (Nonaka, 1991). En las actividades tácticas de mantenimiento o explotación, se produce a través de la propia información técnica de la planta, que los operarios deben asimilar para realizar los trabajos especificados.

La Figura 36 muestra el modelo de creación del conocimiento en una perspectiva multinivel que se observa en la espiral del conocimiento, que no es un proceso lineal y secuencial, sino exponencial y dinámico, que parte del elemento humano y de su necesidad de contrastar y validar sus ideas y premisas. De esta forma, el individuo a través de la experiencia crea conocimiento tácito, el cual conceptualiza, convirtiéndolo en explícito individual. Al compartirlo con cualquiera de los agentes que intervienen en la organización se convierte en conocimiento explícito social. El siguiente paso

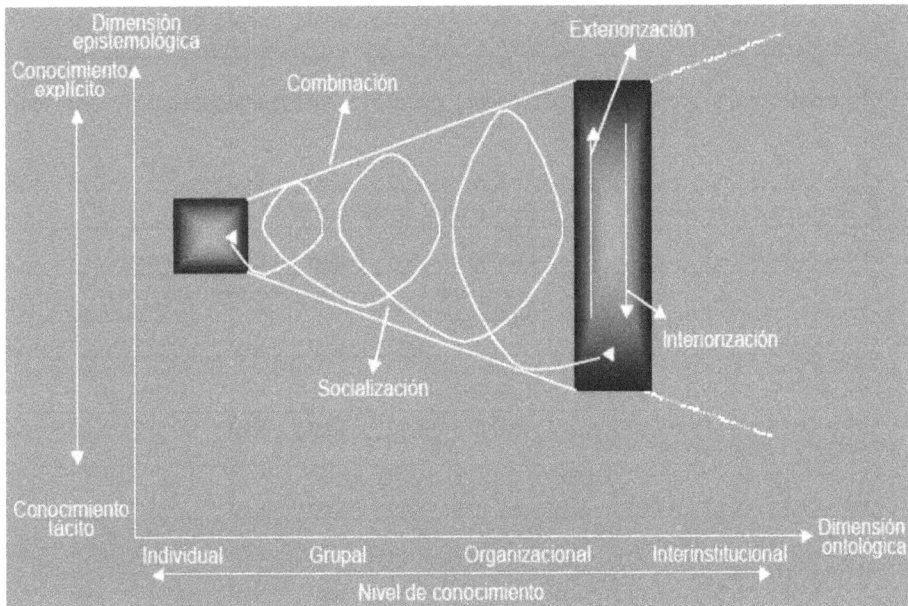

Figura 36. Espiral de creación del conocimiento. Fuente: Nonaka y Takeuchi, 1995

consiste en internalizar las experiencias comunes, transformando el conocimiento explícito social en tácito individual (Martínez et al, 2002).

El contar con mecanismos para estructurar y usar experiencias pasadas dentro de la empresa industrial posibilita, que los miembros no improvisen continuamente sobre la misma experiencia (Cegarra et al, 2003). El foco de la gestión del conocimiento es aprovechar y reutilizar los recursos que ya existen en la organización, de modo tal que las personas puedan seleccionar y aplicar las mejores prácticas (Wah, 1999).

El conocimiento no puede ser concebido independientemente de la acción, cambiando la noción del conocimiento como una materia que los individuos o las organizaciones pueden adquirir, hacia el estudio del saber como algo que los actores desarrollan por medio de la acción. El trabajo de Polanyi ha sido muy influyente en la definición del conocimiento como algo dinámico, y cuya

Principales usos de la GC (¿para qué?)	Principales razones para adoptar la GC (¿por qué?)
Capturar y compartir buenas prácticas.	Retener los conocimientos del personal.
Proporcionar formación y aprendizaje organizacional.	Mejorar la satisfacción de los usuarios y/o clientes.
Gestionar las relaciones con los usuarios y/o clientes.	Incrementar los beneficios.
Desarrollar inteligencia competitiva.	Soportar iniciativas de *e-business*.
Proporcionar un espacio de trabajo.	Acortar los ciclos de desarrollo de productos.
Gestionar la propiedad intelectual.	Proporcionar espacios de trabajo.
Realzar las publicaciones web.	
Reforzar la cadena de mando.	

Tabla 17. Principales usos y razones para la GC. Fuente: Rodríguez, 2006 (elaborado a partir de Milán, 2001)

Resultados del proceso		Resultados organizativos		
Comunicación	Eficiencia	Financiero	Marketing	General
Mejorar la comunicación.	Reducir el tiempo para la resolución de problemas.	Incrementar las ventas.	Mejorar el servicio.	Propuestas consistentes para clientes multinacionales.
Acelerar la comunicación.	Disminuir el tiempo de propuestas.	Disminuir los costes.	Focalizar en el cliente.	Mejorar la gestión de proyectos.
Opiniones del personal más visibles.	Acelerar los resultados.	Mayores beneficios.	Marketing directo.	Reducción de personal.
Incrementar la participación.	Acelerar la entrega al mercado.		Marketing proactivo.	
	Mayor eficacia global.			

Tabla 18. Ventajas percibidas por la existencia de sistemas de gestión del conocimiento.
Fuente: Rodríguez, 2006 (elaborado a partir de Alavi y Leidner, 1999)

dimensión tácita dificulta su transmisión, que en gran medida está introducida en las actividades fundamentales de mantenimiento industrial.

Según Rodríguez en su estudio sobre la creación y gestión del conocimiento en el sector empresarial (Rodríguez, 2006), algunos de los hechos que justifican la importancia de la gestión del conocimiento son (Tabla 17 y 18), en donde se pueden observar los principales usos y razones para adoptar un sistema eficiente de gestión del conocimiento, como las ventajas percibidas por su utilización en todos los estamentos de la organización.

Las estructuras de conocimiento se construyen sobre experiencia pasada y son utilizadas para ordenar datos para su siguiente interpretación y acción. De aquí que el conocimiento individual se orienta a las estructuras de conocimiento individual, mientras que el conocimiento grupal se relaciona a las estructuras de conocimiento organizacional *(Pérez, 2007)*. La Figura 37 muestra los diferentes tipos de conocimiento organizacional y su relación con los diferentes tipos de activos de conocimiento.

La organización generadora de conocimiento tiene que diseñar formas de trabajo y establecer políticas que lleven a la empresa a una situación que se puede caracterizar mediante tres condiciones o facilitadores básicos (Peris et al, 2002). Los postulados de Peris, se acercan en gran medida a las medidas adecuadas que se deberían realizar en las actividades internas de la industria (mantenimiento y explotación), por las propias características de funcionamiento de estas áreas (Trabajo en equipo, fuerte componente de conocimiento tácito, acciones de emergencia y resolución de averías que pueden involucrar a toda la producción de la empresa, etc.):

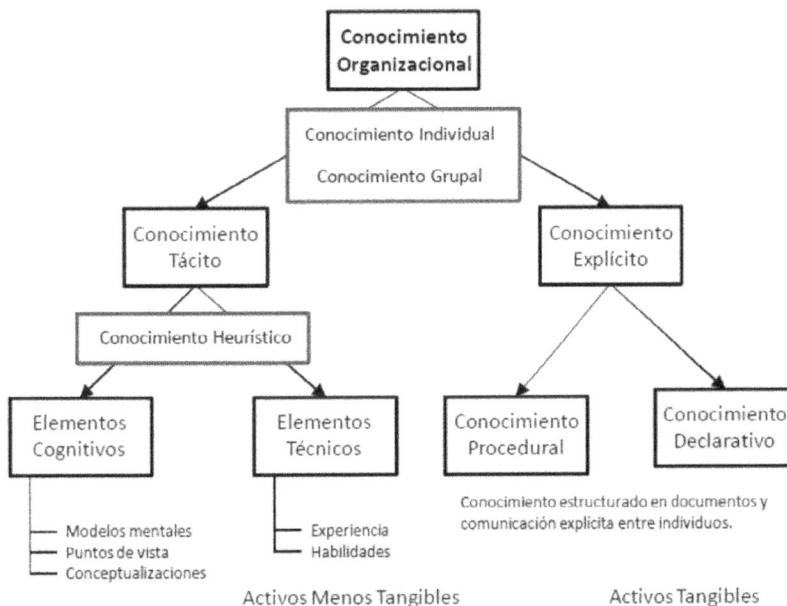

Figura 37. Tipos de conocimiento y relación con tipos de activos. Fuente: Pérez, 2007

1. Equidad y reconocimiento del esfuerzo y los méritos de cada miembro de la organización.

2. Fomento de la confianza en y entre los miembros de la organización, como un requisito para delegar en ellos la autonomía necesaria en el trabajo cualificado, y obtener la cooperación en la creación de conocimiento.

3. Congruencia entre los objetivos de la empresa y los objetivos e intereses de los trabajadores que llevan a cabo la creación de conocimiento.

Si se alcanzan estas grandes condiciones básicas, los demás aspectos de la organización son, en buena medida, cuestiones técnicas de diseño. Algunas de las principales características que debe tener el diseño de la organización creadora de conocimiento, son:

1. Niveles adecuados de formalización y centralización de la toma de decisiones.

2. Políticas y prácticas de recursos humanos. Contratar personal con la cualificación necesaria, adecuada formación (interna y externa), evaluación en base a resultados grupales, y asegurar la retención y permanencia en la empresa.

3. Importancia de los equipos de trabajo. Es básico por el contexto que crean para compartir conocimiento tácito y explícito. Es aconsejable que sean multifuncionales, se auto-gestionen y formen organizaciones paralelas.

Por ello, se trata de crear un espacio organizativo en el que los miembros de la organización, basando sus relaciones en las condiciones básicas expuestas, compartan información, objetivos e intereses. De este modo, aseguramos la cooperación voluntaria de los miembros de la organización y la contribución de su inteligencia que, en definitiva, son necesarias para la organización creadora de conocimiento.

3. La cooperación del grupo en la gestión del conocimiento

La literatura marca numerosos roles y valores en la gestión del conocimiento tanto a nivel personal como organizacional (Cheong et al., 2010a, 2010b) El proceso de gestión del conocimiento, debe ser establecido como una misión de grupo o equipo (formado por humanos), donde debe haber una sensibilización y pro-actividad para la captura de ese conocimiento por parte del grupo, y como en todos los grupos humanos, existe relación entre la competitividad y la cooperación entre sus miembros. Deben establecerse las condiciones adecuadas de dichas relaciones (Hooff et al., 2009; Kulkarni et al, 2007; Lin, 2007; Tirpak, 2005), para que tenga éxito en las unidades internas de explotación y mantenimiento de la empresa (normalmente por las condiciones intrínsecas de dichos operarios, existe un alto componente de estrés, plantillas reducidas, y un sentimiento propio de que "lo que yo sé, es lo que me hace tener valor dentro de la empresa, y no interesa compartirlo". Es este factor humano el que hace tan difícil la integración del conocimiento del grupo.

Las teorías matemáticas que tan bien nos funcionan con temas materiales y racionales no son aplicables a los seres humanos, porque su "realidad" escapa de los mapas clásicos. Sin embargo, es extraña la cantidad de parecidos que podemos encontrar entre el ser humano y el mundo cuántico, aún cuando sea sólo por su obstinada manía de contradecir el sentido común y los convencimientos más arraigados (Henric-coll, 2009).

Roger Lambert realizó una serie de experimentos que permitieron relacionar el nivel de rendimiento en una tarea con el nivel de competitividad - cooperación entre miembros del grupo (Lambert, 1960). Los resultados pueden verse en el diagrama siguiente (Figura 38), en el que el eje horizontal representa el nivel de competitividad entre miembros del grupo y el eje vertical el nivel de rendimiento y productividad del grupo. Este estudio, nos puede acercar, a la problemática que existe en la gestión del conocimiento, cuando intervienen grupos con excesivo estrés o carga de trabajo y el nivel de competitividad adecuado dentro de dicha organización, condiciones que sin duda se cumplen normalmente en las actividades de mantenimiento u explotación de las instalaciones de las empresas (elevado estrés, alta carga de trabajo, plantillas ajustadas, etc.)

Cuando el nivel de competitividad es nulo, el rendimiento también lo es. Cuando sube el nivel de competitividad, el rendimiento empieza subiendo hasta alcanzar un máximo, a partir del cual declina hasta convertirse en nulo para un nivel extremo de competitividad.

Paralelamente, se observa el nivel de comunicación entre miembros y el nivel de tensión. La comunicación es máxima cuando la competitividad es nula, y la totalidad de los mensajes son de naturaleza relacional. Progresivamente, los mensajes funcionales (sobre cómo realizar las tareas) van sustituyendo a los mensajes relacionales, aunque el nivel de comunicación baja según una línea de ajuste casi constante cuya pendiente está indicada en la gráfica. Por su parte, el nivel de

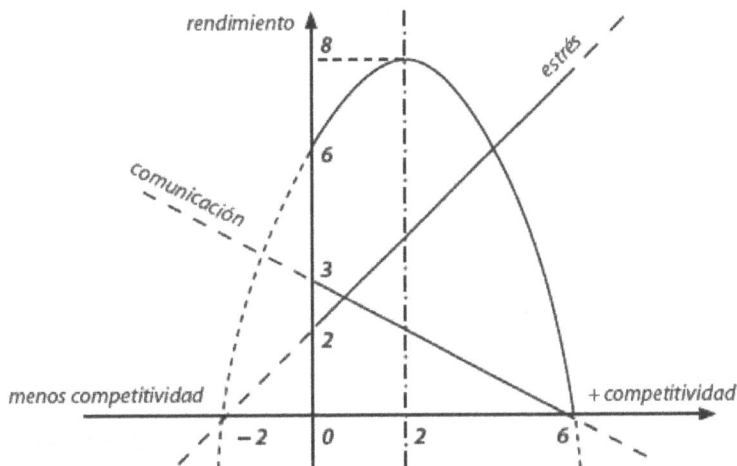

Figura 38. Nivel de rendimiento en una tarea en relación a nivel de cooperación miembros de grupo.
Fuente: Henric-coll, 2009, extraído de Lambert, 1960

tensión de los miembros, esencialmente para forzar a los demás a cumplir con los propios intereses personales, aumenta desde cero cuando no hay competitividad alguna, hasta ser máximo cuando la competitividad es máxima.

Resulta muy importante comprender que hasta cierto nivel de competitividad, el rendimiento aumenta, pero que declina pasado un punto más o menos situado en la media hasta llegar a ser totalmente nulo.

La productividad global de un grupo de trabajo es el producto de la suma de las acciones individuales de participación (acciones directas) y de la suma de las influencias individuales de coordinación. Esta es la razón por la que el rendimiento se convierte en nulo cuando la cooperación también es nula. La cooperación reduce la cantidad de esfuerzos egocéntricos e intensifica la comunicación funcional sobre la coordinación de esfuerzos. La competitividad provoca exactamente el contrario: egoísmos y aislamiento.

El hecho de que el rendimiento del grupo crezca cuando aumenta la competitividad interpersonal hace creer a muchos mandos y directivos que la relación entre competitividad y rendimiento es una recta de tipo y = ax + b. Sin embargo, son totalmente desconocedores de que, pasado el punto máximo, el rendimiento disminuye hasta poder anularse. Están cayendo en el sofisma de generalización que consiste en creer que si una pequeña dosis es beneficiosa, una dosis mayor lo será siempre más.

4. Procesos y dimensiones en la gestión del conocimiento

Barragán analiza las taxonomías de modelos de gestión del conocimiento en donde se pueden encontrar puntos en común que permiten resumirlas y reagruparlas para poder homogenizar los criterios en áreas donde el estudio y desarrollo de la gestión del conocimiento han tenido un desenvolvimiento importante; entre estos criterios destacan aspectos teóricos, conceptuales, filosóficos, técnicos, científicos, cognitivos, de capital intelectual, sociales y de trabajo de la gestión del conocimiento como se describen en la Tabla 19 (Barragán, 2009).

Las dimensiones en la gestión del conocimiento según los estudios empíricos y teóricos (Tarí et al., 2009), que están relacionados directamente con el control de calidad, se pueden enumerar en las siguientes:

- *Creación de conocimiento (aprendizaje organizativo):* adquisición de información, diseminación de la información e interpretación compartida.

- *Transferencia y almacenamiento de conocimiento (conocimiento organizativo):* almacenar conocimiento y transferencia de conocimiento.

- *Aplicación y uso del conocimiento (organización de aprendizaje):* trabajo en equipo, promover el diálogo, establecer sistemas para capturar y compartir el aprendizaje, relación entre distintos departamentos o áreas funcionales y compromiso con el aprendizaje.

Criterios	Principales características
Conceptuales, teóricos, y filosóficos.	Modelos cuya principal característica consiste en enriquecer el estudio de la gestión del conocimiento desde un enfoque teórico y conceptual a partir del estudio de la epistemología y temas relacionados con el conocimiento, lo que permite ahondar sobre el entendimiento de este tipo de modelos.
Cognoscitivos y de capital intelectual.	Este tipo de modelos generalmente son desarrollados dentro de organizaciones e industrias que buscan hacer un uso intensivo del uso y aplicación del conocimiento con la finalidad de generar valor para sus productos y procesos; así como también para la búsqueda de soluciones a distintos problemas.
Sociales y de trabajo	En este rubro la principal característica que distingue a los modelos, es el estudio de la socialización del conocimiento entre distintos tipos de actores o grupos de trabajo con la finalidad de entender y optimizar los mecanismos de uso y transferencia del conocimiento para promover el beneficio social y/o grupal.
Técnicos y científicos.	Los modelos técnicos y científicos son aquellos que en una parte de este tipo de clasificaciones se incluyen modelos que logran incorporar el uso de las TIC para mejorar el uso y aplicación del conocimiento. Pero por otra parte dentro de esta categoría se incluyen también modelos que pretenden optimizar la gestión de la investigación y desarrollo tecnológico que se lleva a cabo dentro de una organización.

Tabla 19. Resumen de los principales criterios de clasificación encontrados en la literatura.
Fuente: Barragán, 2009

En las Tablas 20, 21 y 22 se puede ver el resumen de los diferentes estudios con sus dimensiones teóricas a juicio de los autores.

Dentro del contexto de una empresa, si definimos la gestión del conocimiento como un proceso, un enfoque de este proceso podría estar integrado básicamente, por la generación, la codificación, la transferencia y la utilización del conocimiento (Wiig, 1997).

- *Generación del conocimiento:* estudia los procesos de adquisición de conocimiento externo y de creación del mismo en las organizaciones, poniendo en acción los conocimientos poseídos por las personas (Bueno, 2002).

- *Codificación, almacenamiento o integración del conocimiento:* poner al alcance de todos el conocimiento organizativo, ya sea de forma escrita o localizando a la persona que lo concentra.

- *Transferencia del conocimiento:* analiza los espacios de intercambio del conocimiento y los procesos técnicos o plataformas que lo hacen posible (Bueno, 2002). Esta fase puede realizarse a través de mecanismos formales y/o informales de comunicación.

- *Utilización del conocimiento:* la aplicación del conocimiento recientemente adquirido en las actividades rutinarias de la empresa.

La generación y transferencia del conocimiento son procesos que cuenta con una mayor cantidad de conocimiento tácito. Tanto en la etapa de codificación como en la etapa de utilización, el conoci-

Estudios	Dimensiones teóricas
Creación (aprendizaje organizativo)	
1. Slater y Narver (1995)	Adquisición de información, diseminación de la información, interpretación compartida.
2. Crossan *et al.* (1999)	Intuición, interpretación, integración, institucionalización.
3. Benavides y Escribá (2001)	Trabajo en equipo, relaciones organizativas.
4. Escribá y Roig (2002)	Equipos de trabajo.
5. Marquardt (2002)	Aprendizaje dinámico, transferencia de la organización, empowerment, dirección de conocimientos y aumento de la tecnología.
6. Chiva y Camisón (2003)	Experimentación, nuevas ideas, mejora continua, recompensas, apertura al cambio, observación, apertura e interacción con el entorno, aceptación del error y riesgo, heterogeneidad, diversidad, diálogo, comunicación y construcción social, formación continua, delegación y participación, trabajo en equipo, importancia del grupo, espíritu colectivo, colaboración, trabajadores con deseos de aprender, liderazgo comprometido, estructura organizativa y directiva poco jerárquica y flexible, conocimiento de objetivos y estrategias organizativas, accesibilidad e la información, sentido del humor, improvisación y creatividad.
7. Andreu *et al.* (2005)	Compromiso con el aprendizaje, visión compartida y mentalidad aperturista.
8. Chao *et al.* (2007)	Aprendizaje de explotación, aprendizaje de exploración, conocimiento tácito y conocimiento explícito.
9. Tippins y Sohi (2003)	Adquisición de información, diseminación de la información, interpretación compartida, Memoria declarativa y Memoria procesual.
Transferencia y almacenamiento (conocimiento organizativo)	
10. Guadamillas (2001)	Crear, almacenar, distribuir, aplicar.
11. Linderman et al (2004)	Socialización, exteriorización, combinación, interiorización.
Aplicación y uso (organización de aprendizaje)	
12. Garvin (1993)	Solucionar problemas de forma sistemática, experimentación, aprendizaje de la experiencia pasada, aprendizaje de otros, transferencia de conocimientos.
13. Slater y Narver (1995)	Mentalidad emprendedora, orientación al mercado, estructura orgánica, liderazgo facilitador, planificación estratégica descentralizada.
14. Terziovski *et al.* (2000)	Modelos mentales, dominio personal, aprendizaje en equipo, idea de sistemas, visión compartida.

Tabla 20. Dimensiones teóricas según la literatura. Fuente: Tarí et al., 2009

Estudios	Dimensiones empíricas
Creación (aprendizaje organizativo)	
15. Goh y Richards (1997)	Claridad de propósito y misión, liderazgo comprometido y capacitación, experimentación y recompensas, transferencia de conocimiento, trabajo en grupo y resolución de problemas.
16. Hult y Ferell (1997)	Orientación de equipo, orientación de sistemas, orientación de aprendizaje, orientación a la memoria.
17. Crossan y Hulland (2002)	Stocks de aprendizaje a nivel individual, stocks de aprendizaje en niveles de grupo, stocks de aprendizaje en el nivel organizativo, flujos de aprendizaje feed-forward, flujos de aprendizaje feed-back.
18. Jerez *et al.* (2004)	Compromiso directivo, visión del sistema, apertura y experimentación, transferencia e integración del conocimiento para que una organización aprenda.
19. Pérez *et al.* (2004)	Adquisición interna de conocimiento, adquisición externa de conocimiento, distribución del conocimiento, interpretación del conocimiento, memoria organizativa.
20. Prieto y Revilla (2004)	Flujos de aprendizaje, clima de aprendizaje.
21. Balbastre (2001)	Acumulación de experiencia, articulación de conocimiento y codificación de conocimiento.
22. Calantone et al (2002)	Compromiso con el aprendizaje, visión compartida, pensamiento abierto, compartir conocimiento intraorganizacional.
23. Martínez y Ruiz (2003b)	Capacidad de aprendizaje, estructura organizativa, cultura organizativa.
Transferencia y almacenamiento (conocimiento organizativo)	
24. Prieto y Revilla (2004)	Stocks de conocimiento
25. Molina *et al.* (2007)	Conocimiento interno, conocimiento de los clientes y conocimiento de los proveedores.
Aplicación y uso (organización de aprendizaje)	
26. Senge (1992)	Pensamiento sistémico, dominio personal, modelos mentales, construir una visión compartida y aprendizaje en equipo

Tabla 21. Dimensiones empíricas según la literatura. Fuente: Tarí et al., 2009

Dimensiones de la gestión del conocimiento	Estudios teóricos	Estudios empíricos
Creación (aprendizaje organizativo)		
Adquisición de información	1,6,8,9,10,11	19,23
Diseminación de la información	6,8,9,10,11	19,23
Interpretación compartida	6,8,9,10, 11	19,23
Transferencia y almacenamiento (conocimiento organizativo)		
Almacenar conocimiento	10,11	17,24
Transferencia conocimiento en la organización	2,5,10,11,12	15,17,18,19,20,21,22,25
Aplicación y uso (organización de aprendizaje)		
Trabajo en equipo	3,4,6,10,14	15,16,26
Empowerment	5,6,10,14	26
Promover el diálogo	5,6,7,10,12,14	18,22,26
Establecer sistemas para capturar y compartir el aprendizaje	6,9,10	18,26
Relación entre distintos departamentos o áreas funcionales	3,6,7,10,13,14	15,16,18, 22, 23,26
Compromiso con el aprendizaje	6,7,10,14	16,22,23

Tabla 22. Dimensiones propuestas de la gestión del conocimiento. Fuente: Tarí et al., 2009

miento tácito es convertido en conocimiento explícito para la comprensión y disposición del mismo de todos los miembros de la empresa. Bueno (2002) señala que los aspectos fundamentales de la Gestión del Conocimiento son la creación y la distribución del conocimiento.

En la Tabla 23, se puede ver un resumen de los procesos de la gestión por el conocimiento por diferentes autores, en donde se muestra algunos criterios dados por diferentes autores de los procesos de gestión del conocimiento recopilados por Quintana Fundora (2006).

Autor		
Wiig (1997)	Generación Adquisición Creación Codificación, almacenamiento o integración Transferencia Utilización	Procesos de la gestión del conocimiento
Hernan Gómez (1998)	Creación Desarrollo Difusión	
Revilla y Pérez (1998)	Creación Desarrollo Difusión Explotación	
Benjamin Ditzel (2005)	Planificación Definición del estado deseado o del que debe ser Análisis de la situación real Comparación de la situación real y la situación deseada Planificación de las acciones Desarrollo Generar Adquirir Ordenar Archivar el conocimiento Transferencia Utilización Evaluación y revisión	
Alavi y Leiden (1999)	Creación Compartir Distribución	
Grant (2000)	Generación Adquisición externa Creación interna Aplicación Identificación Medición Almacenamiento Transferencia	
LLoria (2000)	Identificación Creación Desarrollo Transformación Renovación Difusión Aplicación o utilización	

Continúa

Autor	
Pavez Salazar, A. (2000)	Detección Selección Organización Generación Codificación Transferencia Filtrado Presentación Utilización
Wensley y Verwijk-O'Sullivan (2000)	Generación Codificación Refinamiento Transmisión
Alejandro A. Pavez Salazar (2000)	Detectar y seleccionar Organizar y filtrar Presentar y usar
Alavi y Leidner (2001)	Creación Almacenar Recuperar Transferencia Aplicación
Bhatt (2001)	Creación Validación Presentación Distribución Aplicación
APQC citado por Luan/Serban (2002)	Identificación Captura Transferencia
Alavi y Tiwana (2002)	Creación Codificar Aplicación
Lai y Chu (2002)	Generación Modelar Repositorio Distribución y transferencia Uso
Lee y Hong (2002)	Captar Desarrollar Compartir Utilizar
Petrides/Nodine (2003)	Generación Almacenamiento Distribución Utilización

Procesos de la gestión del conocimiento

Continúa

Autor		
Manual ARIS (2003)	Adquisición Presentación Transferencia Utilización Eliminación	Procesos de la gestión del conocimiento
Corrêa da Silva y Agustí-Cullel (2003)	Generar y adquirir Almacenar y guardar Acceder- utilizar	
Blázquez Soriano, J.M. (2004)	Generación Captura Procesamiento Almacenamiento	
McCann y Buckner (2004)	Adquirir y construir Compartir y retener Aplicar	
Peluffo Argón, M. Beatriz (2005)	Generación Compartición o distribución Utilización	

Tabla 23. Procesos de la Gestión por el Conocimiento por diferentes autores.
Fuente: elaboración propia a partir de Quintana, 2006

Hay que definir, por la relevancia que puede tomar, el concepto de pérdida o fugas de conocimiento, en donde nos encontramos con la extensa problemática de la pérdida del personal importante en la organización (factor que se produce con gran incidencia entre el personal de oficio, debido a la gran rotación de dicho personal o por las políticas de subcontratación de las empresas). Claramente se demuestra que el abandono de los individuos clave resulta una pérdida neta de conocimiento, limitando el grado al acceso del conocimiento y al aprendizaje para los empleados que los sustituyen al no poder contratar a un nuevo trabajador igualmente rentable. Una alta tasa de abandono rompe la continuidad en la organización y provoca un entorno social en el que los trabajadores desconfían de sus compañeros (Pérez de Miguel, 2006).

5. Herramientas y tecnologías para la gestión del conocimiento

Es evidente que para la adecuada gestión del conocimiento, hace falta una serie de herramientas y tecnologías (Kim et al., 2009; Gray et al., 2006; Sher et al., 2004; Davenport, 1997; Wong et al., 2004), que produzcan un abaratamiento y confiera una evidente fiabilidad y eficiencia en la difícil tarea de capturar el conocimiento estratégico y que genera valor para la organización. Las empresas industriales japonesas fueron pioneras en el estudio y la aplicación de su gestión, sobre todo el sector del automóvil (Tabla 24), tal y como define Rivas (Rivas et al, 2007), o con la definición de Binney (Binney, 2001), del espectro de la gestión del conocimiento, para diferentes áreas de la empresa industrial (Tabla 25).

Organizaciones	Procesos existentes de Conocimiento	Origen	Tecnología de Información empleada
Nissan	Socializar el conocimiento	Necesidad de Innovar	Correo electrónico, almacenamiento de datos.
Toyota	Conocimiento tácito	Salir de un estatus de comodidad	Sistemas de comunicación de voz
Honda	Aprendizaje vivencial	Ventaja competitiva	Intranets, correo electrónico, comunicación de voz
Ford	Comunidades de práctica	Socialización del conocimiento, Conocimiento explícito	Intranet, correo electrónico, almacenamiento de datos
General Motors	Alianzas de aprendizaje	Sobrevivir /Adquisición del exterior a través de alianzas	Intranets, correo electrónico, almacenamiento de datos
Chrysler	Libros de conocimiento de ingeniería	Innovación en productos	Almacenamiento de datos, intranets
Irizar	Conocimiento Explícito	Ventaja competitiva Evitar duplicar la búsqueda de solución a problemas	Intranet, correo electrónico
Volvo	Socialización del conocimiento	Ubicar las habilidades y conocimientos del personal	Intranet, directorios electrónicos, agentes inteligentes.

Tabla 24. Prácticas de la gestión del conocimiento en la industria del automóvil. Fuente: Rivas et al., 2007

	Transaccional	Analítica	Gestión de Bienes	Proceso	Desarrollo	Innovación y Creación
Aplicaciones de la Gestión del Conocimiento	• Razonamiento basado en el caso (RBC) • Aplicaciones de ayuda en el escritorio • Aplicaciones de servicio al cliente • Aplicaciones de entrada de pedidos • Aplicaciones de Apoyo al Agente de servicio	• Almacenamiento de datos • Búsqueda de datos • Inteligencia de negocios • Sistemas de gestión de la información • Sistemas de apoyo a las decisiones • Gestión de relaciones con los clientes (GRC) *Inteligencia competitiva*	• Propiedad Intelectual • Gestión de documentos • Evaluación del conocimiento • Repositorios del conocimiento • Gestión del Contenido	• TQM • Benchmarking • Mejores prácticas • Gestión de calidad • Reingeniería del proceso de negocio • Mejoramiento del proceso • Sistematización del proceso • Lecciones aprendidas • Metodología • *SEIICMM, ISOOXXX, Seis Sigma*	• Desarrollo de habilidades • Competencias del personal • Aprendizaje • Enseñanza • Entrenamiento	• Comunidades • Colaboración • Foros de discusión • Redes • Equipos virtuales • Investigación y desarrollo • *Equipos multi-disciplinarios*
Tecnologías Facilitadotas	• Sistemas expertos • Tecnologías cognitivas • Redes semánticas • Sistemas de expertos basados en reglas • Redes de probabilidades • Inducción a las reglas-Árboles de decisiones • *Sistemas de información geoespacial*	• Agentes inteligentes • Expertos en internet • DBMS de objetos y relaciones • Cómputos neurales • Tecnologías impuestas • Análisis de datos y herramientas para los informes	• Herramientas de gestión de documentos • Motores de búsqueda • Mapas de conocimiento • Sistemas de biblioteca	• Gestión del flujo de trabajo • Herramientas de los modelos del proceso	• Entrenamiento basado en los computadores • Entrenamiento en línea	• Groupware-trabajo conjunto • Correo electrónico • Salas de chat • Video conferencias • Motores de búsqueda • Correo de voz • Carteleras • Tecnologías impuestas • Tecnologías de simulacro

Tabla 25. El espectro de la GM, sus herramientas y tecnologías. Fuente: Binney, 2001

Son numerosos los autores, que indican como valores relevantes, el conocer lo que queremos gestionar (el conocimiento), mediante las auditorias de mantenimiento, y clarificar como se distribuye dicha información-conocimiento en el seno de la organización, mediante herramientas sencillas, visuales e intuitivas, como pueden ser los mapas de información o los mapas de conocimiento.

Los mapas de conocimiento

Un primer paso a dar, por evidente que parezca, es la identificación de los conocimientos que residen en el seno de la misma así como de sus características o elementos identificativos.

Un mapa del conocimiento es una herramienta para la localización del conocimiento dentro de una organización. Es similar a un mapa de información pero orientado a conocimiento en lugar de información. Puede tener una representación pictórica en forma de una red de conocimiento (Gil et al., 2008).

Algunas de las razones para elaborar el mapa de conocimiento organizacional (Pérez, 2005), pueden ser definidas por las siguientes:

- Para encontrar fuentes claves y restricciones en la creación de conocimiento y en sus flujos.

- Para animar la reutilización y prevenir la reinvención, identificando prácticas repetitivas, ahorrando tiempo de búsqueda y reduciendo los costes de adquisición.

- Para identificar las islas de experiencia y sugerir modos de construir puentes para incrementar la compartición de conocimiento (Goh et al., 2009).

- Para descubrir las comunidades eficaces y emergentes de práctica donde sucede el aprendizaje.

- Para mejorar los tiempos de respuesta al cliente, la toma de decisiones y la solución de problemas, proporcionando acceso a la información requerida.

- Para destacar oportunidades para el aprendizaje y distribución de conocimiento distinguiendo un significado único de "conocimiento" dentro de la organización. En el ámbito organizacional esto permite informar sobre el desarrollo de una estrategia de conocimiento.

- Para desarrollar una arquitectura de conocimiento o una memoria corporativa.

El mapa del conocimiento organizacional permite el diagnóstico de cada problema en su contexto particular, lo que hace más fácil identificar las partes de la organización afectadas y que pueden ser involucradas en la búsqueda de una solución. En él se recogerán todos los conocimientos detectados, así como una descripción de su contenido y sus principales características.

Quintana (Quintana, 2006) afirma que un mapa de conocimiento es un mapa actualizado que nos indica cuál es el conocimiento existente y dónde se encuentra, pero que no contiene al mismo conocimiento, solo la referencia de donde encontrarlo. El desarrollo de un mapa de conocimiento supone localizar el conocimiento importante para la organización y, posteriormente, publicar listas o representaciones que muestren donde encontrarlo.

Según d'Alòs-Moner (d'Alos-Moner, 2003) los mapas del conocimiento permiten tener una visión gráfica de cuál es la situación de la organización en relación con su conocimiento, entendido como parte de su capital intelectual.

Para Bueno (Bueno, 2003) el mapa de conocimiento es un conjunto de información capaz de ser fácilmente asimilable, es decir, convertirse en conocimiento. Permite encontrar eficientemente información relevante para la toma de decisiones y la resolución de problemas.

Caracteristicas de los mapas del conocimiento		
Atributos	**Fuentes del mapa de conocimiento**	**Utilidades del mapa de conocimiento**
• Constituye la recopilación de los conocimientos de los que se dispone en una unidad / empresa • Enumeración de conocimiento explicitado y documentado, y también conocimiento tácito que tienen las personas relevantes • Conocimiento priorizado y agrupado • El mapa nos indica, además, cómo llegar a este conocimiento relevante: qué personas lo tienen, en qué soporte se encuentra, etc. • Permite identificar las lagunas de conocimiento • El mapa del conocimiento pretende ser la herramienta de diseño y mantenimiento del programa de gestión por el conocimiento	• Estructuradas, como por ejemplo datos de una base de datos interna o informes procedentes de proveedores externos • Información desestructurada en diferentes documentos y tipos de soporte • Conocimiento tácito localizado en la mente de un experto	• Facilita la concentración de recursos en los procesos de creación del conocimiento • Evita que las personas se dediquen a crear conocimientos que ya existen • Permite localizar la mejor fuente / experto para conseguir un conocimiento • Identificar necesidades de conocimiento, y el conocimiento que hay que desaprender • Identificación de las áreas y procesos donde la implantación de una iniciativa de gestión del conocimiento proporcionará más valor a la organización • Es la base para el diagnóstico de la gestión del conocimiento identificado y la búsqueda de acciones de mejora • Aplicación inmediata a otros procesos: de gestión de información, intranet, gestión de calidad, etc. • Indica dónde pueden establecerse las comunidades y centros de interés o de práctica • Formalización y organización de todos los inventarios de conocimiento • Percepción de las relaciones entre los conocimientos • Eficiente navegación en el inventario del conocimiento • Promoción de la socialización/externalización conectando a los expertos con los exploradores del conocimiento

Tabla 26. Características fundamentales de los mapas de conocimiento.
Fuente: elaboración propia a partir de Seeman et al. 1997

El mapa puede hacer referencia a personas, instituciones, documentos en cualquier soporte y bases de datos propias o externas. Para Vail un mapa de conocimiento es la exposición visual de información capturada mediante texto, gráficos, modelos o números, así como de las relaciones existentes dentro de dicha información (Vail, 1999).

Para Seemann (Seeman et al., 1997), los mapas de conocimiento muestran dónde encontrar fuentes importantes de conocimiento en la organización, apuntando a repositorios de documentos importantes o a personas expertas en alguna materia. De otro lado, el uso de repositorios de documentos es más beneficioso si se construyen siguiendo los principios de los mapas de conocimiento.

Un repositorio de documentos es un "almacén" de documentos que contienen conocimiento. Según Grover (Grover et al., 2001), los repositorios normalmente contienen un tipo específico de conocimiento para una función o proceso de negocio concreto. El objetivo es capturar el conocimiento para que posteriormente muchos otros miembros de la compañía puedan tener acceso a ese conocimiento. En la Tabla 26 se describen las principales características de un mapa del conocimiento.

En resumen los resultados de un mapa de conocimiento deben ser:

- La generación de conocimiento.

- La presentación

- La transferencia e intercambio del conocimiento.

La integración de este conocimiento en la organización y un medio para llegar hacia la "organización que aprende".

A modo de ejemplo se puede apreciar en la Figura 39, un mapa de conocimiento que nos muestra de manera gráfica las actividades que se requieren realizar en un proceso que se está describiendo, el responsable de dicho proceso, el conocimiento requerido, el conocimiento creado, el conocimiento faltante, los usuarios, el conocimiento proporcionado, sus usos y como fluye entre los poseedores del conocimiento y los destinatarios.

Hay que tener en cuenta en la construcción de un mapa de conocimiento se deben de realizar 4 actividades (Hansen, 2004):

1. *Dibujar todos los elementos importantes de la estructura organizacional:* Seleccionar un área de la organización para empezar y, a partir de ésta, comenzar a dibujar las unidades organizacionales, documentos, sistemas informáticos, o recurso humano. Este último elemento, se pueden indicar características adicionales como sus roles específicos e importancia. Se pueden utilizar imágenes que representen los informes escritos y utilizar sus abreviaciones formales para distinguirlos. La misma estrategia se puede utilizar para describir los sistemas informáticos. Lo importantes es que sean comprendidos por los par-

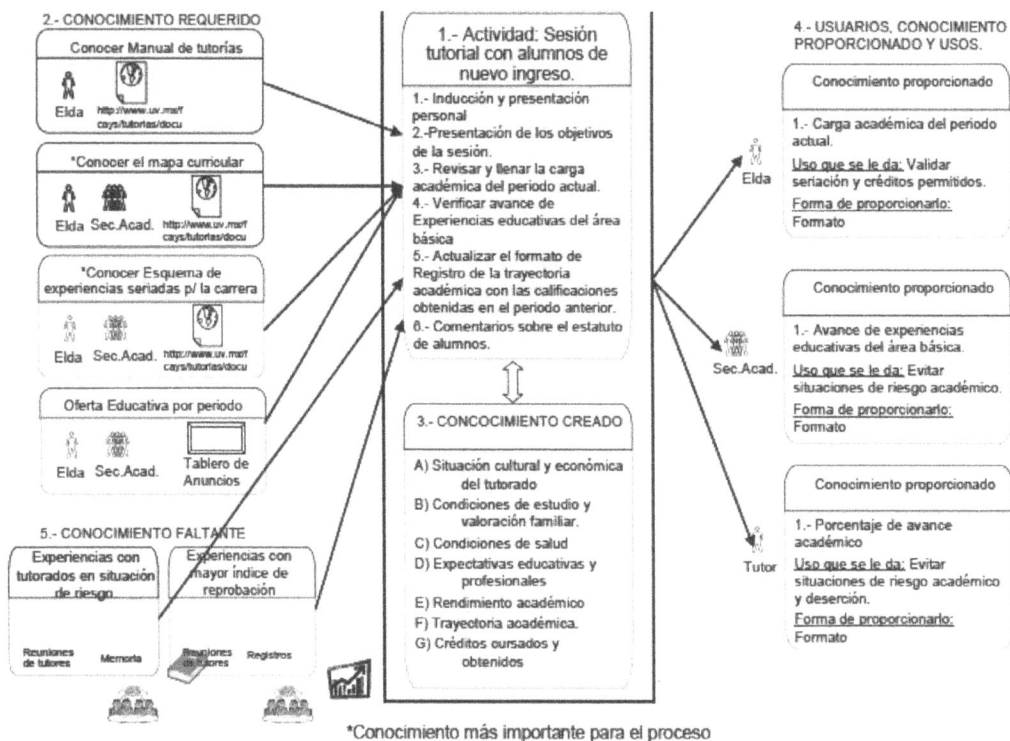

Figura 39. Ejemplo de mapa de conocimiento de una sesión tutorial. Fuente: Gil et al., 2008

ticipantes que ayudarán posteriormente a analizar el mapa en caso de que sea necesaria su validación.

2. *Describir todos los flujos de conocimiento:* Se especifica el flujo entre dos o más personas o elementos de conocimiento y se indica lo que representa ese flujo. Se pueden utilizar los diferentes para representar los flujos dependiendo el nivel del mismo.

3. *Proporcionar el contexto para los flujos de conocimiento:* Una vez que el mapa es analizado y validad por la organización, se identifican características adicionales para ser añadidas al mapa, y se identifican cuáles son los flujos problemáticos y cuáles se han omitido. Se puede utilizar otro color para destacar las áreas problemáticas, y se marcan con un signo de exclamación grande. Finalmente, este paso también puede usarse para indicar sobre el mapa donde se pueden generar nuevas ideas e iniciativas señalándolas con la imagen de un foco.

4. *Analizar los problemas identificados para entender sus orígenes y causas:* Esto se complementa en el mapa con una lista de áreas de mejoras. El mapa permite el diagnóstico de cada problema con su contexto particular en lo que concierne a la estructura y el proceso, que hace más fácil identifica qué partes de la organización están afectadas y que pueden ser involucradas en la búsqueda de una solución.

La auditoría del conocimiento

La auditoria del conocimiento es el primer paso que se debe llevar a cabo en los proyectos de gestión de conocimiento (GC).

En la literatura revisada se ha encontrado un uso de ontologías como formalismo para representar el conocimiento como apoyo a los procesos de Auditoría del Conocimiento en las organizaciones. La necesidad de aplicar ontologías en el modelado de procesos es tema de interés (Rojas et al., 2009). El modelado de procesos describe el dominio de la aplicación en términos de un sistema formado por un conjunto de elementos relacionados: objetivo, procesos, actividades (flujo de trabajo), objetos, actores, estructura organizacional, reglas de negocio y eventos. En ocasiones, el modelar cada uno de estos elementos no se apoya de un método claro que permita hacerlo. En este sentido, una ontología podría contribuir a lograr tal claridad conceptual.

Las ontologías ayudan también, a los grupos de modelado de procesos a establecer, diferenciar y relacionar objetivos, procesos, actividades, recursos, reglas, actores, tecnologías y eventos que caracterizan a los sistemas de negocios. Asimismo, facilita la comunicación entre los actores que participan en el desarrollo de software, al proporcionar una definición única y consensual de los conceptos del dominio de la aplicación.

Los resultados obtenidos de una auditoria del conocimiento, son los requisitos para desarrollar adecuadamente un proyecto de gestión del conocimiento (Paniagua, 2007).

En la Tabla 27 se pueden observar las características fundamentales que debería cumplir una auditoría del conocimiento.

Otros autores (Leibowitz, 2000) describen otros métodos de análisis que pueden ser utilizados dentro de las auditorias:

1. Identificar el conocimiento que actualmente existe en el área a analizar. Consiste en determinar fuentes, flujos y restricciones en el área, y localizar el conocimiento tácito e explicito y construir un mapa de conocimiento y flujo de conocimiento.

2. Identificar el conocimiento perdido en el área.

3. Proporcionar recomendaciones en la auditoria del conocimiento con respecto al estatus y a posibles mejoras para las actividades de gestión de conocimiento.

Con la auditoría se identifican oportunidades y ayuda a ubicar y evaluar las fuentes donde se encuentra almacenado el conocimiento, las actividades que transforman el conocimiento, y los factores que intervienen en estas actividades, y por ultimo permite establecer patrones de solución (Pérez, 2007). Además ayuda a obtener los requerimientos para el diseño de un sistema eficiente de gestión de conocimiento, con la exploración de las primeras actividades a realizar en la cadena del conocimiento (Holsapple et al., 2004).

Características fundamentales de la auditoría del conocimiento			
Los objetivos que persigue la auditoria del conocimiento (Debenham, 1994)	Resultados que debe incluir un reporte de auditoría	Debe dar respuesta a las siguientes preguntas (Pérez, 2007)	Métodos de análisis
• Obtener una visión amplia y estructurada de conocimiento contenido en una determinada sección de una organización • Identificar fuentes de conocimiento • Caracterizar cualitativa y cuantitativamente el conocimiento ubicado en las fuentes	• Descripción del proceso auditado • Análisis de sensibilidad de lo encontrado y sus respectivas conclusiones • Diagrama de bloques del conocimiento auditado, las relaciones entre los bloques y las fuentes donde reside el conocimiento • Descripción de los medios utilizados para registrar la información relacionada con las características cualitativas y cuantitativas del conocimiento	• ¿Qué conocimiento necesita la organización para apoyar su negocio? • ¿Dónde está el conocimiento en la organización? • ¿Cómo fluye el conocimiento dentro de la organización? • ¿Cómo se captura, almacena e intercambia el conocimiento? • ¿Cómo se ha hecho visible ese conocimiento? • ¿Cómo las personas mantienen actualizado dicho conocimiento? • ¿Cómo es definido el conocimiento en la organización? • ¿Cómo se crea el conocimiento en la organización?	• Cuestionarios basados en encuestas de conocimiento: estos ayudan a obtener amplias descripciones sobre el estado de operación del conocimiento • Análisis ambiental de las tareas: ayuda a entender que conocimiento está presente en roles • Análisis del protocolo verbal: identifica elementos del conocimiento • Mapeo del conocimiento: usado para desarrollar mapas conceptuales o jerárquicos • Análisis de la función crítica del conocimiento • Análisis de requerimientos y uso del conocimiento • Elaboración de un inventario de conocimiento

Tabla 27. Características fundamentales de la auditoría del conocimiento.
Fuente: elaboración propia a partir de varios autores

6. Metodología de la investigación

Dado que se trata de medir un activo intangible (los procesos de gestión de conocimiento), es de difícil medición. Es por ello que algunos autores propongan medidas para valorar el conocimiento de tipo cualitativo en lugar de cuantitativo (Edvinsson et al., 1997; Norton et al., 1996, Baez, 2007).

La presente investigación ha consistido en el estudio de diez casos de personal técnico involucrado en las áreas de mantenimiento de una empresa industrial del área agroalimentaria. Se ha elegido el estudio de casos por ser una estrategia que se orienta a comprender en profundidad las dinámicas presentes dentro de escenarios individuales y a descubrir nuevas relaciones y conceptos, cuestiones importantes de este estudio, más que verificar o comprobar proposiciones previamente establecidas (Eisenhardt, 1989; Yin, 1995; Rodríguez et al., 1996). Mediante entrevistas semi-estructuradas, observación directa y documentos, se ha permitido identificar los procesos de generación y transferencia del conocimiento y los elementos que intervienen dentro de una organización de mantenimiento de una empresa industrial, marcando las barreras y facilitadores que están presentes en dicha actividad.

Se ha seleccionado aquel diseño que permita conocer lo más posible el fenómeno de estudio y que los casos concretos ofrezcan una oportunidad de aprender. Esto se logra en la medida en que: (1) se tenga fácil acceso a los casos, (2) exista una alta probabilidad de que se dé una mezcla de procesos, programas, personas, interacciones y/o estructuras relacionadas con las cuestiones de la investigación y, (3) se asegure la calidad y credibilidad del estudio (Zapata,2001 extraído de Eisenhardt, 1989 y Rodríguez et al, 1996).

Para este estudio, se ha utilizado una población formada por técnicos y mandos de un departamento de mantenimiento de una empresa industrial del sector agro-alimentario. La muestra utilizada ha sido de 4 mandos o jefes de mantenimiento y 6 técnicos operativos de mantenimiento (Tabla 28). En la empresa seleccionada para entrevistar a diverso personal técnico de mantenimiento, se ha buscado, que tenga alta incidencia los departamentos internos de mantenimiento y explotación, que se encuentre en un sector altamente competitivo, tener una implantación a nivel nacional con factorías industriales distribuidas en diferentes puntos territoriales, y las personas seleccionadas para las entrevistas, fueron mandos de los departamentos de mantenimiento o técnicos de mantenimiento. En la selección, la experiencia mínima en el desempeño de dichas actividades que se ha buscado en las personas seleccionadas para la entrevista es de 10 años, de manera que sepan

Población y muestra de la investigación					
Personal total empresa	1137				
Sector empresa	Industria agro-alimentaria				
Personal total área mantenimiento	230				
Personal entrevistado area mantenimiento	Secciones	Instalaciones	Producción	Mecánicos	Sistemas
	Mandos o jefes	1	1	1	1
	Técnicos operativos	2	2	1	1
Total entrevistados	10				

Tabla 28. Población y muestra del estudio cualitativo. Fuente: elaboración propia

en profundidad y conocimiento el desempeño de sus funciones, así como las limitaciones normales en su puesto de trabajo. Se comienza con la recogida de datos hasta que se alcanza la saturación teórica, que es el punto donde un aumento de la muestra no aporta elementos ni categorías a los resultados (Pace, 2004).

Los instrumentos utilizados en la presente investigación han sido: La entrevista semi-estructurada y análisis por la teoría fundamentada, la observación directa y los documentos de la empresa relacionados al fenómeno de estudio, son los principales métodos de recolección de datos en esta investigación. Recolectar información de diversas fuentes, personas o sitios, utilizando una variedad de métodos reduce el riesgo de que las conclusiones reflejen solamente las predisposiciones o las limitaciones de un método específico, lo que permite obtener una mejor evaluación de la validación y generalización de los resultados (Maxwell, 1996).

La metodología seguida para este análisis se presenta en forma sintetizada en la Figura 40.

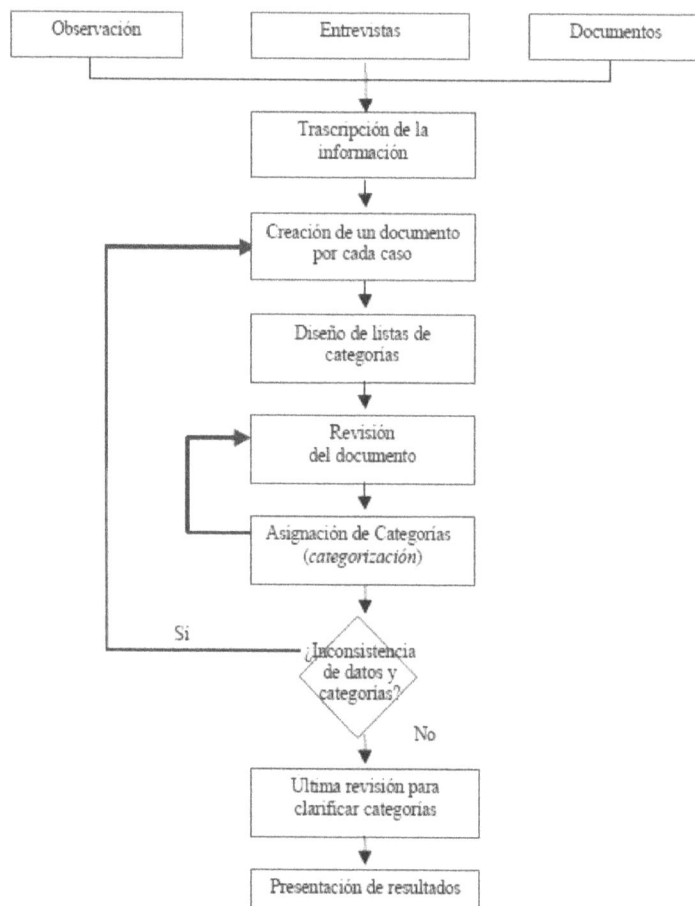

Figura 40. Metodología del análisis individual de casos. Fuente: Zapata,2001 a partir de Miles et al., 1994

La teoría fundamentada: Dentro de las técnicas cualitativas, en el análisis de los datos de la investigación, se ha utilizado la teoría fundamentada (Grounded Theory) (Hardy y Bryman, 2004; Charmaz, 2006; Glaser y Strauss, 1967; Miles et al., 1994; Douglas, 2004; Eich, 2008; Partington, 2000).

Con la teoría fundamentada a diferencia de los estudios cualitativos, la muestra que se utiliza es muy diferente, comenzándose por una muestra general del tipo de empresas o personas donde deben comenzar las entrevistas, y la muestra será ajustada conforme avanza la investigación del tema de estudio, hasta llegar a un punto de saturación teórica.

Con el fin de obtener información que no esté condicionada a las respuestas de los entrevistados, se sigue un protocolo de entrevista en profundidad semi-estructurada con un estilo flexible, para extraer y entender las experiencias desde la visión del entrevistado, todos ellos con larga trayectoria y experiencia en el sector de mantenimiento. El entrevistado es un informante, y además de proveer aspectos relevantes, sugiere fuentes adicionales que puedan corroborar la evidencia (Yin, 1995).

Observación directa: Es el examen atento de los diferentes aspectos de un fenómeno a fin de estudiar sus características y comportamiento dentro del medio en donde se desenvuelve éste. La técnica de la observación provee información adicional sobre el objeto de estudio, al permitir obtener datos sobre aspectos que son más fáciles de percibir visualmente que a través de la comunicación oral. Para efectos de esta investigación, se realizó la observación directa casual propuesta por Yin (1995), la cual se llevó a cabo sin protocolos y evitando que los sujetos observados se sintieran bajo estudio, con lo que cambiarían su conducta habitual. Esta observación se desarrolló durante la etapa de investigación, en que se tenía entrada directa por parte de la empresa en todas las áreas donde desempeña la función de mantenimiento.

Documentos: Para el estudio de casos, el uso más importante de los documentos es corroborar y aumentar la evidencia de otras fuentes. Los documentos son útiles para inferir cuestiones no evaluadas con anterioridad (Yin, 1995). Los documentos que se analizaron fueron los documentos utilizados en la práctica diaria (partes de trabajo, programas de mantenimiento), planimetría y documentos fotográficos y procesos de que disponía la propia organización.

El guión de la entrevista que se preparó fue el siguiente:

Se pretende estudiar los factores que intervienen en la Gestión del conocimiento en la ingeniería del mantenimiento dentro de la empresa industrial. Basándose en su experiencia personal, conteste a las siguientes preguntas:

1. *¿Existe alguna política de gestión del conocimiento dentro de la empresa? ¿Y dentro de las propias actividades de mantenimiento?*

2. *En su actividad diaria en el desempeño de sus funciones, ¿Cómo se crea o genera el conocimiento que utiliza normalmente en sus funciones?*

3. *¿Cómo se produce la codificación y almacenamiento, del conocimiento generado? ¿De qué manera contribuye usted?¿Y el resto de sus compañeros?*

4. ¿Cómo se produce la transferencia de ese conocimiento, que usted posee o necesita?¿En qué medida afecta el nivel del conocimiento tácito a la resolución de fallos o paradas no programadas en dichas estructuras técnica?

5. ¿De qué manera utiliza el conocimiento almacenado, y en qué repercute a la empresa?

6. ¿Qué barreras cree que existen dentro de los trabajos de mantenimiento para que se produzca una adecuada gestión del conocimiento?

7. ¿Qué facilitaría la mejora de la gestión del conocimiento en el desempeño? ¿Qué cree que podría hacer usted para mejorarlo o la empresa?

8. ¿Qué implicación existe de sus mandos superiores, en relación a la gestión del conocimiento?

9. ¿Se ha realizado alguna auditoría del conocimiento?¿Se han creado o utilizado mapas de conocimiento para clarificar los flujos de conocimiento, dentro de las actividades tácticas más importantes?

El paso previo al análisis de los datos, fue transcribir las entrevistas, las notas hechas durante la entrevista, las observaciones realizadas y la información útil de los documentos revisados. Contar con la información redactada de cada uno de los casos en un sólo documento, permitió analizar la información de una manera más clara dentro de un cúmulo de datos y compararlos desde diferentes evidencias (Eisenhardt, 1989). Los casos estudiados fueron analizados individualmente y de forma cruzada con base en las estrategias de categorización y contextualización descritas por Maxwell (Maxwell, 1996).

El análisis de los datos se realizó con la ayuda de la aplicación Atlas.ti 5.0 de la empresa Research-Talk Inc.

7. Resultados

Se construyó una lista de categorías para apoyar la consistencia de los datos en cada uno de los casos y facilitar la asignación de las categorías a analizar (Miles et al., 1994). La lista de categorías se comenzó a realizar durante la etapa de la recolección de datos, a partir de la teoría, las preguntas de investigación y los resúmenes de las entrevistas. Esta lista fue modificada a lo largo del trabajo de campo y durante el análisis de los casos. La categorización de los datos de cada uno de los casos fue un proceso iterativo en el cual inicialmente los datos fueron asignados a las siguientes categorías:

- Adquisición de conocimiento externo e interno: actividades del exterior o interior que apoyan los procesos organizativos y proporcionan un nuevo conocimiento en la actividad de mantenimiento.

- Elementos importantes de la generación del conocimiento: acciones individuales y organizativas que apoyan o limitan la generación del conocimiento.

- Transferencia del conocimiento mediante mecanismos formales e informales: Los mecanismos formales codifican o almacenan el conocimiento en bases de datos, documentos o herramientas informáticas, a los cuales se puede acceder y utilizar fácilmente por cualquier miembro de la organización (Hansen et al., 1999). Informales, mecanismos que ayudan a transferir el conocimiento a través del contacto directo de persona a persona.

- Elementos importantes de la transferencia del conocimiento: acciones individuales y organizativas que apoyan o limitan la transferencia del conocimiento.

- Utilización del conocimiento: La aplicación del conocimiento recientemente adquirido en las actividades rutinarias de mantenimiento en la empresa.

- Utilización de herramientas para la Gestión del conocimiento: Utilización de auditorías y mapas de conocimiento que mejoren los procesos en los que está involucrada la actividad de mantenimiento.

Realizado el análisis de los casos tanto en forma individual como cruzada, fue posible detectar los principales factores que intervienen en la gestión del conocimiento en la actividad de mantenimiento, las barreras y facilitadores, y la posible influencia en la operativa general de dicha actividad. La interacción de las organizaciones con su entorno, junto con los medios con los cuales éstas crean y distribuyen información y conocimientos, son más importantes cuando contribuyen a una comprensión activa y dinámica de la empresa (Nonaka, 1994).

8. Discusión

En el análisis de los datos, se han detectado los principales factores que intervienen en la gestión del conocimiento en la actividad del mantenimiento, que influyen de manera exponencial, en la propia eficiencia general de la empresa (Tabla 29), dado que afectan a su fiabilidad operativa y repercusiones económicas. Aunque los datos obtenidos indican grandes similitudes entre lo observado por parte de los técnicos y los mandos de mantenimiento, existen ciertas diferencias por el ámbito de su propia característica de los puestos de trabajo, dado que los mandos, normalmente disponen de formación universitaria, acostumbrados a utilizar herramientas informáticas, y con un componente más organizativo de su función, en comparación a los técnicos operativos.

Adquisición y generación del conocimiento

Las relaciones con empresas especialistas subcontratadas, empresas instaladoras, fabricantes de materiales y equipamiento y relaciones con departamentos de mantenimiento de otras empresas, se han manifestado como las fuentes fundamentales de la adquisición y generación del conocimiento externo. En cuanto a la generación de conocimiento por medios internos, las reuniones propias de la organización y conversaciones informales con otros compañeros, así como el auto-aprendizaje son las principales fuentes de adquisición y generación. Estas actividades

Categoria del fenómeno estudiado	Técnicos operativos de mantenimiento	Mandos o jefes de mantenimiento

Adquisición y generación del conocimiento	• **Externo:**
	  – Suministradores de material y equipamiento
	  – Catálogos y guías de fabricantes
	  – Empresas instaladoras y montadoras externas
	  – El propio cliente interno (Resto de la industria)
	
	• **Interno:**
	  – Autoaprendizaje
	  – Cursos de formación
	  – Reuniones formales en el área
	  – Reuniones informales con otros compañeros
		• **Externo:**
		  – Contacto con empresas del sector (Áreas de producción y mantenimiento)
		  – Suministradores de material y equipamiento
		  – Catálogos y guías de fabricantes
		  – Empresas instaladoras y montadoras externas
		  – El propio cliente interno (Resto de la industria)
		  – Consultas por internet
		  – Asistencias a congresos y ferias sectoriales
		
		• **Interno:**
		  – Autoaprendizaje
		  – Cursos de formación
		  – Reuniones en el área

Elementos en la adquisición y generación del conocimiento	• Actitud proactiva de la dirección • Motivación del personal • Oportunidad de aprender • Formar parte en la toma de decisiones • Formación específica en el entorno • Acceso ágil a fuentes externas	• Actitud proactiva de la dirección • Tamaño de la empresa • Motivación del personal • Oportunidad de aprender • Formar parte en la toma de decisiones de inversión • Formación específica en el entorno • Acceso ágil a fuentes externas

Transferencia del conocimiento	• **Mecanismos Formales:**
	  – Documentos
	  – Intranet
	  – Reuniones del área mantenimiento
	
	• **Mecanismos Informales:**
	  – Comunicación cara a cara
	  – Pláticas de pasillo
		• **Mecanismos Formales:**
		  – Documentos
		  – Intranet
		  – Reuniones del área mantenimiento
		  – Análisis de datos cuantitativos de indicadores
		
		• **Mecanismos Informales:**
		  – Comunicación cara a cara
		  – Pláticas de pasillo
		  – Reuniones con compañeros de otras empresas
		  – Correo electrónico
		  – Intranet

Continúa

Categoria del fenómeno estudiado	Técnicos operativos de mantenimiento	Mandos o jefes de mantenimiento
Elementos en la transferencia del conocimiento	• Ambiente de trabajo • Motivación del personal • Formar parte en la toma de decisiones • Herramientas sencillas de captación del conocimiento • Disponibilidad de tiempo	• Estilo directivo • Motivación del personal • Formar parte en la toma de decisiones • Herramientas sencillas de captación del conocimiento • Disponibilidad de tiempo
Utilización del conocimiento	• Resolución averías • Conocimiento del entorno • Ver oportunidades de acciones	• Planificación del mantenimiento • Marcar prioridades • Optimizar recursos técnicos • Optimización económica • Mejora de la fiabilidad y tiempos de respuestas

Tabla 29. Factores en la G.C. observadas según sus dimensiones. Fuente: elaboración propia

adquiridas del exterior o interior son las que en mayor medida apoyan los procesos organizativos y proporcionan un nuevo conocimiento a la organización de mantenimiento y por tanto a la empresa.

De igual manera, en la presente investigación, se ha detectado que una actitud proactiva de la dirección, la existencia de cultura organizativa en el propio departamento de mantenimiento y una motivación del personal involucrado que infunda oportunidades de aprender, son elementos importantes en la generación del conocimiento. En cuanto las barreras, la poca disponibilidad de tiempo, para utilizarlo en acciones que no sean propias de la actividad de mantenimiento, la dispersión o no actualización de la información necesaria.

Las relaciones con empresas subcontratistas, fabricantes de material y equipamiento y relaciones con departamentos de mantenimiento de otras empresas con el fin de aprender conocimientos tecnológicos específicos, necesarios para el mejor desempeño de su actividad, se han revelado como principales factores en la adquisición de conocimiento externo, que permite la creación de conocimiento individuales que posteriormente generarán conocimiento organizativo. Los mandos dan también incidencia a las consultas por internet y asistencia a congresos y ferias sectoriales, así como contactos informales con empresas del sector.

Que los empleados formen parte en la toma de decisiones, el tamaño de la empresa y una dirección participativa, influyen positivamente en la adquisición y generación del conocimiento externo, los técnicos toman decisiones en el ámbito de su trabajo diario, siendo lo valorado por los mandos formar parte de la toma de decisiones estratégicas.

En cuanto a la adquisición del conocimiento interno, la información proveniente de los clientes internos (producción y otras áreas en el caso de empresas industriales, y de clientes externos en el caso de empresas de servicios como pueden ser hoteles, etc.), permite ofrecer a éstos los servicios que realmente necesitan, y da a la organización la oportunidad de saber qué es lo que están requiriendo los clientes que hacen uso de la actividad de mantenimiento.

La creación de conocimiento interno se basa en el auto-aprendizaje del empleado y en las reuniones realizadas entre los miembros de los equipos humanos de mantenimiento. Viene en función de la motivación personal y es clave en este tipo actividad, en un entorno altamente tecnológico, que ayuda a ofrecer un mejor servicio. El auto-aprendizaje depende del conocimiento tácito individual desarrollado a través de su experiencia, del aprendizaje mediante la acción, la interacción social y la comunicación dentro de la empresa, que lo favorece un estilo directivo participativo (Zapata, 2001).

Como herramienta de socialización que apoya la creación del conocimiento organizativo, las reuniones son utilizadas de una manera fundamental. Con ello se promueve el aprendizaje entre todos los miembros y apoya que puede desencadenar en nuevas ideas. Esta forma de creación interna de conocimiento es apoyada por la cultura organizativa y la motivación personal de cada uno de los miembros de la organización de mantenimiento, detectándose entre los técnicos en mayor grado, el uso de reuniones o conversaciones informales.

Transferencia del conocimiento mediante mecanismos formales e informales

Los mecanismos formales que codifican o almacenan el conocimiento, documentos (informes, manuales, planos, bases de datos, etc.) o herramientas informáticas, a los cuales se puede acceder y utilizar fácilmente por cualquier miembro de la organización (Hansen et al., 1999). Los mecanismos Informales, ayudan a transferir el conocimiento a través del contacto directo de persona a persona.

Los documentos son los que tienen un mayor impacto en la organización al momento de transferir el conocimiento, pero desafortunadamente no existe tiempo suficiente para documentar aquellas actividades o acciones importantes para el desarrollo de los servicios que se prestan. Las reuniones son relevantes para la organización como un medio para transferir el conocimiento. Éstas se realizan con cierta frecuencia, en mayor frecuencia entre los mandos y jefes de mantenimiento, que permiten conocer las estrategias globales.

El intranet así como el uso del correo electrónico es utilizado en la transferencia del conocimiento por los mandos de mantenimiento. Los técnicos de mantenimiento, dado que normalmente ejecutan trabajos de oficios manuales, normalmente no disponen de un puesto informático individual, utilizando un servicio colectivo donde se introducen los datos de las acciones ejecutadas o partes de trabajo y con acceso a la intranet en conjunto. En muchas ocasiones no existe una clara definición de lo que alberga Intranet y para algunos empleados es más fácil acceder a sus propias fuentes de conocimiento.

Se ha observado que se hace un mayor uso de los mecanismos informales. Los mecanismos informales presenciales, como la comunicación cara a cara y las pláticas de pasillo son normalmente utilizados en mayor medida por los técnicos operativos.

La tecnología puede ampliar el acceso y simplificar el problema de llevar el conocimiento adecuado a la persona adecuada en el momento adecuado, sin embargo, desde los técnicos operativos, indican la importancia de que debe ser de una manera ágil, esquemática y sencilla en su utilización.

Utilización del conocimiento y herramientas para su gestión

La adecuada gestión del conocimiento y la aplicación del conocimiento adquirido en las actividades rutinarias de mantenimiento en la empresa, y su mejora, es asumido por todos los componentes, como un factor importante que puede influir positivamente en diversas acciones que afectan estratégicamente a toda la empresa, tales como:

- Resolución averías.

- Conocimiento del entorno.

- Ver oportunidades de nuevas acciones.

- Planificación del mantenimiento.

- Marcar prioridades de inversión, fiabilidad y eficiencia energética.

- Optimizar recursos técnicos.

- Optimización económica.

- Mejora de la fiabilidad y tiempos de respuestas.

Se reconoce, que una mejora en la gestión de la información y conocimiento, redunda positivamente en todas esas acciones, y en especial en la resolución de grandes averías, o fallos no cíclicos espaciados en el tiempo y normalmente no registrada su actuación.

En cuanto a las herramientas que pueden ser utilizadas para la recogida de información estratégica que ayude a mejorar la gestión del conocimiento, normalmente son poco utilizadas en todos los ambientes de mantenimiento. Se reconoce la poca utilización de auditorías en las acciones internas, los mapas de información y conocimiento, realizándose diagramas de criticidad sólo en determinadas instalaciones o equipamiento fundamental para la actividad de la empresa.

Facilitadores y barreras de la generación y la transferencia del conocimiento en las organizaciones de mantenimiento

Los elementos que facilitan la generación y la transferencia del conocimiento se observan a un nivel organizativo e individual (Chen et al., 2006; Goh, 2002; Ajmal et al., 2008; Geisler, 2007; Wright, 2005).

Una cultura organizativa proactiva flexible unido a un estilo participativo de la dirección, son elementos que permiten desarrollar actividades tanto de la generación como de la transferencia del conocimiento dentro de la organización. A nivel individual la motivación personal y la oportunidad de aprender facilita la generación del conocimiento que al ser compartido con otros miembros de la empresa da lugar al conocimiento organizativo. La evidencia empírica del presente estudio muestra que la cultura organizativa abierta motiva a los técnicos a generar y compartir su conocimiento de una forma más exitosa y al mismo tiempo, apoya la comunicación entre los miembros de la empresa. En los mandos de mantenimiento, una distribución física agrupada de sus puestos de trabajo facilita la transferencia del conocimiento.

Se hace presente, la necesidad de la figura de un "gestor del conocimiento", como un facilitador importante en la captación de la transferencia y utilización del conocimiento. Esta figura debería ser una persona con formación técnica, organizativa y nociones de gestión del conocimiento, con gran experiencia en el área operativa (que conozca en profundidad de primera mano los factores que influyen en su trabajo), y que aglutine todos los esfuerzos de la organización de mantenimiento para gestionar un conocimiento estratégico que pueda ser utilizado por toda la organización. Su dedicación podría ser parcial o total (según las características de la empresa), compartiéndola con la dedicación en otras facetas del área de mantenimiento, y podría cumplir al mismo tiempo un vínculo de enlace con el resto de la organización (producción, administración, etc.), que ayudaría a la mayor calidad del servicio prestado de mantenimiento. Esto sugiere que el conocimiento que se desea transferir necesita ser una prioridad dentro de la organización donde su transferencia requiere ser planeada como el resto de las actividades estratégicas de la empresa.

La poca disponibilidad de tiempo para documentar adecuadamente acciones importantes, las barreras culturales con una cultura basada en el "saber propio", no compartido, sobre todo en los técnicos operativos, así como el conseguir la total implicación del personal, son las barreras localizadas en el presente estudio.

De igual manera se ha identificado el uso masivo de mecanismos informales de transferencia del conocimiento, que hacen que la información se encuentre en "islas" dentro de la propia organización.

Los participantes en el estudio consideran que la posibilidad de aplicar sus conocimientos en las actividades de la organización los motiva en el auto-aprendizaje, aprender nuevas herramientas y crear nuevas formas de hacer las cosas. Cuando esta motivación personal se ve reforzada al saber que sus opiniones y sugerencias para adquirir un conocimiento externo pueden ser tomadas en cuenta, se potencian los procesos de transferencia y utilización del conocimiento.

En la Tabla 30 se muestra un resumen de las principales características que se han identificado en el presente estudio en cuanto a las herramientas, barreras y facilitadores e implicaciones en los procesos de gestión del conocimiento.

9. Conclusiones

Este estudio se ha enfocado en las formas en que las organizaciones de mantenimiento de las empresas generan, transfieren y utilizan su conocimiento, y los impactos que pueden producir en

Categoria del fenómeno estudiado	Técnicos operativos de mantenimiento	Mandos o jefes de mantenimiento
Herramientas para la gestión del conocimiento	• Mapas de información y conocimiento • Sistemas ágiles y sencillos para capturar las experiencias	• Auditorias de mantenimiento • Auditorías energéticas • Auditorias del conocimiento • Mapas de información y conocimiento • Diagramas de criticidad
Barreras en la gestión del conocimiento	• Poca disponibilidad de tiempo para documentar adecuadamente acciones importantes • Barreras culturales • Cultura basada en el "saber propio", no compartido • Implicación del personal • Mayor uso de mecanismos informales de transferencia del conocimiento	• Poca disponibilidad de tiempo para documentar adecuadamente acciones importantes • Barreras culturales • Implicación del personal • Mayor uso de mecanismos informales de transferencia del conocimiento
Facilitadores en la gestión del conocimiento	• Cultura organizativa proactiva abierta y flexible • Estilo participativo de la dirección • Motivación personal del empleado • Oportunidad de aprender • Cultura organizativa del área de mantenimiento • Estilo directivo • Medios de Comunicación • Utilización de un gestor del conocimiento propio de la actividad de mantenimiento	• Cultura organizativa proactiva abierta y flexible • Estilo participativo de la dirección • Motivación personal del empleado • Oportunidad de aprender • Cultura organizativa del área de mantenimiento • Espacio físico • Estilo directivo • Medios de Comunicación • Utilización de un gestor del conocimiento propio de la actividad de mantenimiento
Observaciones	• Mucha información estratégica, recogida de manera manuscrita disgregada en notas y libretas propias, anotaciones en planos, no compartidas con el resto de la organización, que dificultan la transmisión y utilización del conocimiento al resto de la organización	• Todos consideran que una concienciación y conocimiento de la dirección general es fundamental para conseguir los medios y fomentar la mejora en la gestión del conocimiento y optimización del mantenimiento, con una visión a medio y largo plazo
Implicación de una adecuada gestión del conocimiento en la actividad de mantenimiento	• Captura del conocimiento tácito estratégico de los técnicos operativos de mantenimiento • Resolución de averías críticas en menor tiempo (en especial las no cíclicas) • Reducción de los tiempos de maniobras operativas • Facilitar el cambio de área o sustituciones de personal • Disminución de los tiempos de acoplamiento de nuevo personal • Captura de información y transferencia de empresas subcontratistas • Compartir conocimiento de empleados que puede ser utilizado por otros que puedan detectar nuevas oportunidades de mejora • Mejora del conocimiento de la fiabilidad del equipo e instalaciones • Mejora del conocimiento para la detección y mejora de acciones de eficiencia energética • Optimización del tiempo, que redunda de nuevo en la gestión del conocimiento y la reducción de costes del mantenimiento	

Tabla 30. Herramientas, barreras y facilitadores en la G.C. en la actividad de mantenimiento.
Fuente: elaboración propia

toda la organización. Estos procesos se caracterizan en un proceso kantiano (personas, medios físicos y entorno).

Tanto la adquisición de conocimiento externo como la creación interna de conocimiento son actividades importantes para generar un conocimiento que ante acciones críticas (averías, emergencias, etc.) no cíclicas, pueden suponer un valor estratégico importante. Todos ellos son conscientes en que el haber una adecuada gestión del conocimiento, afecta positivamente en las siguientes acciones desempeñadas por mantenimiento:

- Captura del conocimiento tácito estratégico de los técnicos operativos de mantenimiento.

- Resolución de averías críticas en menor tiempo (en especial las no cíclicas).

- Reducción de los tiempos de maniobras operativas.

- Facilitar el cambio de área o sustituciones de personal.

- Disminución de los tiempos de acoplamiento de nuevo personal.

- Captura de información y transferencia de empresas subcontratistas.

- Compartir conocimiento de empleados que puede ser utilizado por otros que puedan detectar nuevas oportunidades de mejora.

- Mejora del conocimiento de la fiabilidad del equipo e instalaciones.

- Mejora del conocimiento para la detección y mejora de acciones de eficiencia energética.

- Optimización del tiempo, que redunda de nuevo en la gestión del conocimiento y la reducción de costes del mantenimiento.

El autoaprendizaje es clave en este tipo de actividad en un entorno tecnológico y con demanda de actuación rápida y eficiente. La gestión del conocimiento se ve potenciada por un estilo directivo proactivo y participativo que promueve el surgimiento de nueva ideas y procesos de trabajo. Así mismo, esta cultura organizativa debe ser abierta, que permita a la dirección alentar a los empleados a compartir su conocimiento y que facilite la comunicación entre los miembros de la empresa. Estos hallazgos son apoyados por estudios (O'Dell et al., 1998, Ruggles, 1998) donde se observó que las empresas con una cultura abierta que motive a generar y compartir el conocimiento tendrán más éxito en la realización de estos procesos.

Se detecta un mayor uso de las reuniones informales como medio de generación y transferencia del conocimiento, sobre todo, entre los grupos de técnicos operativos, con una menor cultura organizativa que los mandos o jefes de mantenimiento.

Las auditorias (de mantenimiento, de conocimiento, energéticas, etc.), no suelen ser utilizadas, lo que manifiesta que la aplicación de dichas técnicas potenciaría en un primer proceso en la elaboración de una estrategia global de gestión del conocimiento. Para que la organización de mantenimiento realice con éxito la réplica de su know how, por parte de los técnicos operativos, requieren mecanismos sencillos y ágiles que les permitan compartir con rapidez y eficiencia sus experiencias, que generen conocimiento.

De igual manera se ha detectado que en numerosas ocasiones, la documentación para uso en sus actividades, suele estar disgregada, y muchas veces no actualizada.

Las barreras fundamentales identificadas para la adecuada gestión del conocimiento han sido la poca disponibilidad de tiempo para documentar adecuadamente acciones importantes, las barreras culturales con una cultura basada en el "saber propio", no compartido, sobre todo en los técnicos operativos (con un alto componente de conocimiento tácito y por tanto no registrado), así como el conseguir la total implicación del personal, son las barreras localizadas en el presente estudio.

Se confirma la necesidad de la figura de un "gestor del conocimiento", como un facilitador importante en la captación de la transferencia y utilización del conocimiento. Esta figura debería ser una persona con formación técnica, organizativa y nociones de gestión del conocimiento, con gran experiencia en el área operativa de mantenimiento (que conozca en profundidad de primera mano los factores que influyen en su trabajo), y que aglutine todos los esfuerzos de la organización de mantenimiento para gestionar un conocimiento estratégico que pueda ser utilizado por toda la organización, no siendo un gestor accidental (Dorfman, 2001), sino con una dedicación parcial o total que marque la continuidad del proyecto.

Todo lo anterior sugiere que el conocimiento que se desea transferir necesita ser una prioridad en la actividad del mantenimiento industrial, es decir debe estar incluida y prevista en la planificación estratégica de la empresa.

La principal limitación de la presente investigación es la generalización de los resultados. Los resultados de la presente investigación están limitados a una organización de mantenimiento dentro de una empresa industrial en la comunidad valenciana (España), del sector agro-alimentario. Se puede inferir que las empresas similares cuentan con características afines relacionadas a la gestión del conocimiento. Los resultados puede ser extrapolados a casos similares a los aquí analizados mas no es posible hacerlo a una población en particular, ni a otro tamaño de empresa, ni a otro entorno. Al tratarse de una investigación cualitativa, la generalización de los resultados se basan principalmente en el desarrollo de una teoría que pueda ser extendida a otros casos y no en cómo estos resultados pueden ser extrapolados a una población (Maxwell, 1996).

El resultado podría ser extensible tanto a nivel nacional como internacional, dado que alguna de las empresas analizadas tiene presencia nacional como internacional.

Sería también conveniente continuar con la línea de investigación, realizando un análisis más profundo, teniendo en cuenta la relación de la gestión del conocimiento, en especial con las misiones tácticas fundamentales del mantenimiento, y el análisis cuantitativo que permitiera validar los estudios cualitativos observados.

10. Referencias

Ajmal, M.M., Koskinen, K.U. (2008). Knowledge transfer in project-based organizations: an organizational culture perspective. *Project Management Journal*, 39(1), 7-15. http://dx.doi.org/10.1002/pmj.20031

Baez, J. (2007). *Investigación cualitativa.* Madrid: Esic Editorial.

Bahoque, E., Gómez, O., & Pietrosemoli, L. (2007). Gestión del Conocimiento en la Industria de la Construcción: Estudio de un caso. *Revista Venezolana de Gerencia (RVG)*. 12(39), 393-409. Universidad del Zulia (LUZ). ISSN 1315-9984.

Barragán, A. (2009). Aproximación a una taxonomía de modelos de gestión del conocimiento. *Intangible Capital*, 5(1), 65-101. ISSN: 1697-9818. http://dx.doi.org/10.3926/ic.2009.v5n1.p65-101

Beamish, N.G., & Armmistead, C.G. (2001). Selected debate from the arena of knowledge management: New endorsements for established organizational practices. *International Journal of Management Review*, 3(2), 101-111.

Beijerse, R.P. (1999). Questions in knowledge management: Defining and conceptualising a phenomenon. *Journal of Knowledge Management*, 3(2), 94-109.

Binney, D. (2001). El espectro de la gestión del conocimiento: El entendimiento del panorama de la GC. *Diario de la Gestión del conocimiento*, 5(1), 33-42.

Bueno, E. (2003) Enfoques principales y tendencias en Dirección del conocimiento. *Knowledge Management*.

Bueno, E. (2000). La dirección del conocimiento en el proceso estratégico de la empresa: información, complejidad e imaginación en la espiral del conocimiento. *Euroforum Escorial*, 55-66.

Bueno, E. (2002a). Enfoques principales en Dirección del Conocimiento (Knowledge Management) y tendencias. En R. Hernández (Ed.). *Gestión del Conocimiento: Desarrollos teóricos y aplicaciones*. Cáceres: Ediciones La Coria, Fundación Xavier de Salas.

Bueno, E. (2002b). *La sociedad del conocimiento: un nuevo espacio de aprendizaje de las personas y organizaciones en La Sociedad del Conocimiento*. Monografía de la Revista Valenciana de Estudios Autonómicos, Presidencia de la Generalitat Valenciana, Valencia.

Bueno,E. (1999). *Gestión del conocimiento y capital intelectual. Experiencias en España.* Comunidad de Madrid-II.I Euroforum Escorial Madrid.

Bukowitz, W.R., & Williams, R.L. (1999). *The knowledge management fieldbook*. London: Financial Times/Prentice Hall.

Cegarra, J., & Moya, B. (2003). Orientadores del capital relacional. *Cuad. Adm. Bogotá (Colombia)*, julio-diciembre, 16(26), 79-97.

Chen, M.Y., & Chen, A.P. (2006). Knowledge management performance evaluation: a decade review from 1995 to 2004. *Journal of Information Science,* 32(1), 17-38.

Cheong, K.F.R., & Tsui, E. (2010a). The roles and values of personal knowledge management: an exploratory study. *VINE: The journal of information and knowledge management systems,* 40(2), 204-227.

Cheong, K.F.R., & Tsui, E. (2010b). Exploring the synergy between business process management and personal knowledge management. *Cutter IT Journal,* 23(5), 28-33.

Chua, A.Y.K., & Goh, D.H. (2008). Untying the knot of knowledge management measurement: a study of six public service agencies in Singapore. *Journal of Information Science*, 34(3), 259-274.

Colino, J., Martinez, J., & Martinez-Carrasco, F. (2010). La gestión de la innovación en la industria. El caso de la región de Murcia. *Economía Industrial*, 377, 150-158.

Colino, J., & Riquelme, P. (2000). Estructura industrial y desarrollo tecnológico en la región de Murcia. *Economía Industrial*, 335/336, 171-183.

D'Alòs-Moner, A. (2003). *El profesional de la información*, 12(4), julio-agosto.

Dataware Thechnologies. (1998). *Seven Steps to Implementing Knowledge Management in Your Organization*. Manual de trabajo.

Davenport, H. (1997). Ten principles of knowledge management and four case studies. *Knowledge and Process Management,* 4(3), 187-208. http://dx.doi.org/10.1002/(SICI)1099-1441(199709)4:3<187::AID-KPM99>3.0.CO;2-A

Debenham, J., & Clark, G. (1994). The Knowledge Audit. *Robotics and Computers Integrated Manufacturing Journal*, 11(3).

Del Moral, A. (2007). *Gestión del Conocimiento*. España: Thompson Editores.

Ditzel, B. (2005). *Desarrollo de un modelo de gestión del conocimiento para un departamento universitario*. Tesis en opción al título del Doctor en Ciencias. Campus Tecnológico de la Universidad de Navarra. Escuela Superior de Ingenieros de San Sebastián.

Dorfman, P. (2001). The accidental knowledge manager. *Knowledge Management*, 4(2), 36-41.

Douglas, D. (2004). Grounded theory and the 'And' in entrepreneurship research. *Electronic Journal of Business Research Methods*, 2(2).

Edvinsson, L., & Malone, M.S. (1997). *Intellectual Capital: Realizing Your Company's True Value by Finding its Hidden Brainpower*. New York: Harper Business.

Eich, D. (2008). A Grounded Theory of High-Quality Leadership Programs: Perspectives From Student Leadership Development Programs in Higher Education. *Journal of Leadership and Organizational Studies*, 15(2), 176-187.

Eisenhardt, K. (1989). Building theories from case studies research. *Academy of Management Review*, 14(4), 532-550.

Fahey, L., & Prusak, L. (1998). The eleven deadliest sins of knowledge management. *California Management Review*, 40(3), 265-275.

Ferrada, X., & Serpell, A. (2009). La Gestión del Conocimiento y la Industria de la Construcción. *Revista de la Construcción*, 8(1), 46-58. http://dx.doi.org/10.2307/41165954

Geisler, E. (2007). A typology of knowledge management: strategic groups and role behavior in organizations. *Journal of Knowledge Management*, 11(1), 84-96.

Gil, M., Pérez, A., & López, G. (2008). La auditoría del conocimiento como etapa previa a la gestión del conocimiento en una institución educativa Mexicana. *VI congreso internacional de análisis organizacional.* Noviembre. Nuevo Vallarta, México, .

Gil, M., Pérez, A., & López, G. (2008). La auditoría del conocimiento como etapa previa a la gestión del conocimiento en una institución educativa Mexicana. *Revista Ciencia Administrativa*, 2, 17-27.

Goh, C.H.T., & Hooper, V. (2009). Knowledge and information sharing in a closed information environment. *Journal of Knowledge Management*.

Goh, S.C. (2002). Managing effective knowledge transfer: an integrative framework and some practice implications. *Journal of Knowledge Management*, 6(1), 23-30.

Gray, P.H., & Meister, D.B. (2006). Knowledge sourcing methods. *Information Management*, 43(2), 142-156. http://dx.doi.org/10.1016/j.im.2005.03.002

Grover, V., & Davenport, T.H. (2001). General Perspectives on Knowledge Management: Fostering a Research Agenda. *Journal of Management Information Systems*, 18(1).

Hansen, B., & Kautz, K. (2004). Knowledge zapping: a technique for identifying knowledge flows in software organisations. *EuroSPI*, 126-137.

Hansen. M.T., Nohria, N., & Tierney, T. (1999). What´s your strategy for managing knowledge? *Harvard Business Review*, March-April, 106-116.

Hardy, M., & Bryman, A. (2004). *Handbook of data analysis*. London: Sage Publications.

Hedlud, O. (1994). A model of knowledge management and the N-form corporation. *Strategic Management Journal*, 15, 73-90. http://dx.doi.org/10.1002/smj.4250151006

Henric-Coll, M. (2009). *Las falacias del tecnomanagement*. Ed. Fractalteams.

Holsapple, C., & Jones, K. (2004). Exploring primary activities in the knowledge chain. *Knowledge and Process Management*, 11(3), 155-174. http://dx.doi.org/10.1002/kpm.200

Hooff, B., & Huysman M. (2009). Managing knowledge sharing: emergent and engineering approaches. *Information Management*, 46(1), 1-8. http://dx.doi.org/10.1016/j.im.2008.09.002

Kim, H., Breslin, J.G., & Decker, S. (2009). Personal knowledge management for knowledge workers using social semantic technologies. *International Journal Intelligent Information and Database Systems*, 3(1), 28-43. http://dx.doi.org/10.1504/IJIIDS.2009.023036

Kogut, B., & Zander, U. (1992). Knowledge of the firm, combinative capacities, and the replication of technology. *Organization Science*, 7(3), 502-517.

Kulkarni, U., Ravidran, S., & Freeze, R. (2007). A knowledge management success model: theoretical development and empirical validation. *Journal of Management Information Systems*, 23(3), 309-347.

Lambert, R. (1960). Coopération y compétition dans les petits groupes. *Revue française de sociologie*, 61-72.

Liebowitz, J., Rubenstein-Montano, B., McCaw, D., Buchwalter, J., Browning, C., Newman, B., et al. (2000). The Knowledge Audit. *Knowledge and Process Management*, 7(1), 3-10. http://dx.doi.org/10.1002/(SICI)1099-1441(200001/03)7:1<3::AID-KPM72>3.0.CO;2-0

Lin, H.F. (2007). A stage model of knowledge management: an empirical investigation of process and effectiveness. *Journal of Information Science*, 33(6), 643-659.

Martin, J. (2008). *Personal knowledge management: the basis of corporate and institutional knowledge management. In Managing Knowledge: Case Studies in Innovation*, Martin J and Wright K (Eds.). Spotted Cow: Alberta.

Martinez, I., & Ruiz, J. (2002). Los procesos de creación del conocimiento: El aprendizaje y la espiral de creación del conocimiento. *XVI Congreso Nacional de AEDEM*. Alicante.

Maxwell, J.A. (1996). *Qualitative Research Design. An Interactive Approach*. California: Sage Publications.

Miles, M., & Huberman, A. (1994). *Qualitative Data Analysis: A sourcebook of new methods*. California: Sage Publications.

Muñoz, J. (1999). *Sobre gestión del conocimiento, un intangible clave en la globalización. Economía Industrial*, 330, VI.

Nonaka, I. (1991. *The knowledge-creating company. Harvard Business Review*, November-December, 96-104.

Nonaka, I, & Takeuchi, H. (1995). *The knowledge-Creating Company: How Japanese Companies Create the Dynamics of Innovation*. New York: Oxford University Press.

Nonaka, I., & Konno, N. (1998). The concept of "Ba": building a foundation for knowledge creation. *California Management Review*, Spring, 40(3), 40-54.

Nonaka, I., & Takeuchi, H. (1999). *La Organización Creadora de Conocimiento*. México: Oxford.

Nonaka, I. (1994). A dynamic theory of organizational knowledge creation. *Organizatioll Saence*, 5(1), 14-37. http://dx.doi.org/10.1287/orsc.5.1.14

Norton, D., & Kaplan, R. (1996). *The Balanced Scorecard: Translating Strategy into Action*. Boston: Harvard Business School Press.

OCDE (1996). *The Knowledge-Based Economy,* Mimeo, París, OCDE, Mimeo, 1-46.

OCDE (2004). *Medición de la gestión de conocimientos en las empresas: primeros resultados*. Ed. OCDE.

O'Dell, C., & Grayson, C.J. (1998). If only we knew what we know: Identification and transfer of internal best practices. *California Management Review*, 40(3), 154-170. http://dx.doi.org/10.2307/41165948

Ordoñes de Pablos, P. (1999). *Gestión del conocimiento y medición del capital Jiztelectual en la empresa internacional*. Proyecto de Doctorado. Universidad de Oviedo.

Ordoñez de Pablos, P., & Parreños, J. (2003). Aprendizaje organizativo en el contexto internacional: Impicaciones para la gestión del conocimiento. *Investigaciones Europeas de Dirección y Economía de la Empresa*, 9(2), 205-216.

Ordoñez de Pablos, P., & Parreños, J. (2005). Aprendizage organizativo y gestión del conocimiento: Un análisis dinámico del conocimiento en la empresa. *Investigaciones Europeas de Dirección y Economía de la Empresa*, 11(1), 165-177.

Ordoñez de Pablos, P. (2001). *Capital intelectual, gestión del conocimiento y sistemas de gestión de recursos humanos: Influencia sobre los resultados organizativos*. Tesis Doctoral. Universidad de Oviedo.

Pace, S. (2004). A grounded theory of the flow experiences of Web users. *International Journal of Human-Computer Studies*, 60(3), 327-363. http://dx.doi.org/10.1016/j.ijhcs.2003.08.005

Palacios, D., & Garrigos, F. (2006). Propuesta de una escala de medida en la gestión del conocimiento en las industrias de biotecnología y telecomunicaciones. *Investigaciones Europeas de Dirección y Economía de la Empresa*, 12(1), 207-224.

Paniagua, E., et al. (2007). *La Gestión tecnológica del conocimiento*. Murcia: Universidad de Murcia, Servicio de Publicaciones.

Partington, D. (2000). Building grounded theories of management action. *British Journal of Management*, 11, 91-102. http://dx.doi.org/10.1111/1467-8551.00153

Pauleen, D. (2009). Personal knowledge management: putting the "person" back into the knowledge equation. *Online Information Review*, 33(2), 221-224. http://dx.doi.org/10.1108/14684520910951177

Pavez , AS. (2000). *Modelo de implantación de Gestión del Conocimiento y Tecnologías de Información para la Generación de Ventajas Competitivas*. Universidad Técnica Federico Santa María, Valparaíso, Chile.

Peña Vendrell, P. (2001). *To know or no to be. Conocimiento, el oro gris de las organizaciones*. Madrid: DINTEL.

Perez de Miguel, A. (2006). Hacia el Índice de Conocimiento Roto: Introducción a los coeficientes de rotura de conocimiento. *Documentos de trabajo "Nuevas tendencias en dirección de empresas".* DT 06/06.

Perez, A. (2007). *Modelo para la Auditoría del Conocimiento Considerando los Procesos Clave de la Organización y Utilizando Tecnologías Basadas en Conocimientos*. Tesis doctoral. Universidad de Murcia.

Petrides, L.A., & Nodine, T.R. (2003). *Knowledge Management in Education: Defining the Landscape*. Half Moon Bay, California, March Institute for the Study of Knowledge Management in Education.

Pitkethly, R.H. (2001). Intellectual property strategy in Japanese and UK companies: Patent licensing decisions and learning opportunities. *Research Policy*, 30(3), 425-442. http://dx.doi.org/10.1016/S0048-7333(00)00084-6

Polanyi, M. (1958). *Personal Knowledge: Towards a Post-Critical Philosophy*. University of Chicago Press.

Polanyi, M. (1966). *The tacit dimension*. London: Routledge & Kegan Paul.

Quintana Fundora, Y. (2006). *Gestión por el conocimiento en la carrera de Ingeniería Industrial. Administración de operaciones*. Tesis en opción al título de Master en Ciencias. Facultad de Industrial Economía. Universidad de Matanzas. Cuba.

Rivas, L., Flores, B. (2007). La gestión de conocimiento en la industria automovilística. *Estudios Gerenciales, enero-marzo*, 23(102), 83-100. Universidad ICESI. Cali, Colombia.

Rodríguez, G., Gil F.J., & García J.E. (1996). *Metodología de la Investigación Cualitativa*. Málaga: Ediciones Aljibe.

Rodríguez, D. (2006). Modelos para la creación y gestión del conocimiento: una aproximación teórica. *Revista Educar*, 37, 25-39.

Rojas, C.M., Montilva, C.J., & Barrios, A.J. (2009). *Revista Colombiana de Tecnologías Avanzadas*. 1(13), 72-80.

Ruggles, R. (1998). The state of the notion: Knowledge management in practice. *California Management Review*, 40(3), 80-89. http://dx.doi.org/10.2307/41165944

Sánchez, M., Chaminade, C., & Escobar, C. (1999). En busca de una teoría sobre medición y gestión de los intangibles en la empresa: Una aproximación metodológica. *Ekonomiaz*, 45, 188-213.

Seemann, P., & Cohen, D. (1997). The Geography of Knowledge: From Knowledge Maps to the Knowledge Atlas. *Knowledge and Process Management*, 4(4). http://dx.doi.org/10.1002/(SICI)1099-1441(199712)4:4<247::AID-KPM107>3.0.CO;2-1

Sher, J.P., & Lee, C.V. (2004). Information technology as a facilitator for enhancing dynamic capabilities through knowledge management. *Information Management*, 41(8), 933-945. http://dx.doi.org/10.1016/j.im.2003.06.004

Sols, A. (2000). *Fiabilidad, Mantenibilidad, Efectividad, un enfoque sistémico*. Madrid: Comillas.

Tari, J., Garcia, M. (2009). Dimensiones de la gestión del conocimiento y la gestión de la calidad: Una revisión de la literatura. *Investigaciones Europeas de Dirección y Economía de la Empresa*, 15(3), 135-148.

Tissen, R., Andriessen, D., & Deprez, F.L. (1998). *Value-based knowledge management*. Addison, Wesley, Longman.

Tiemessen, L., Lane, H.W., Crossan, M.M., & Yinkpen, A.C. (1997). Knowledge management in intemational joint ventures. En Beamish, P.W., & Kllling, J.P. *Cooperative strategies: North American perspectives*. The Cooperative Strategies Series. The New Lexington Press.

Tirpak, T.M. (2005). Five steps to effective knowledge management. *Research Technology Management*, 48(3), 15-16.

Vail, E.F. (1999). Mapping Organizational Knowledge: Bridging the business-IT communication gap. *Knowledge Management Review*, 2(8).

Vedral, V. (2010). *Decoding Reality: The Universe as Quantum Information*. Oxford university press.

Ventura, J., & Ordóñez de Pablos, P. (2007). Analisis de estrategias de conocimiento en la industria manufacturera española: Evidencia empíricas. *Tribuna de Economía*, 836 ICE, 141-161.

Ventura, J. (1996). *Análisis dinámico de la estrategia empresarial: Un ensayo interdisciplinar*. Servicio de publicaciones. Universidad de Oviedo.

Volkel M., & Abecker, A. (2008). Cost-benefit analysis for the design of personal knowledge management systems. *ICEIS 2008 - International Conference on Enterprise Information Systems*, 95-105.

Volkel, M., & Haller, H. (2009). Conceptual data structures for personal knowledge management. *Online Information Review*, 33(2), 298-315. http://dx.doi.org/10.1108/14684520910951221

Wah, L., (1999). Behind the Buzz. *Management Review*, 88(4), 16-19.

Wernerfelt, B. (1984). A resource based view ofthe firm. *Strategic Management Journal*, 5, 171-180. http://dx.doi.org/10.1002/smj.4250050207

Wiig, K.M. (1997). Integrating Intellectual Capital and Knowledge Management. *Long Range Planning*, 30(3).

Wong, K.Y., & Aspinwall, E. (2004). Knowledge management implementation frameworks: a review. *Knowledge and Process Management*, 11(2), 93-104. http://dx.doi.org/10.1002/kpm.193

Wright, K. (2005). Personal knowledge management: supporting individual knowledge worker performance. *Knowledge Management Research and Practice*, 3(3), 156-165. http://dx.doi.org/10.1057/palgrave.kmrp.8500061

Xiomara, P. (2009). La gestión del conocimiento y las Tics en el siglo xxi. *CONHISREMI, Revista Universitaria de Investigación y Diálogo Académico*, 5(1).

Yang, J. (2006). La estrategia de gestión del conocimiento y su efecto en el crecimiento corporativo. *Economía Industrial*, 362, 123-133.

Yin, R.K. (1995). *Case study research: design and methods*. California: Sage Publications.

Zapata, L. (2001). *La Gestión del Conocimiento en Pequeñas Empresas de Tecnología de la Información: Una Investigación Exploratoria*. Document de treball núm. 2001/8. Universitat Autònoma de Barcelona. Facultat de Ciències Econòmiques i Empresarials.

Capítulo III

Los modelos de Mantenimiento industrial
y sus aspectos estratégicos en relación
al conocimiento y la experiencia

Introducción al Capítulo III

Objetivo del Capítulo III

Se analizan las características fundamentales de la función de mantenimiento, describiendo sus funcionalidades y acciones tácticas principales, revisando las técnicas organizativas normalmente utilizadas en el mantenimiento industrial y marcando las formas y carencias de transmisión de conocimiento de cada una de ellas.

Artículos relacionados con el Capítulo III

Este capítulo está estructurado en dos artículos, el primero titulado *"Los modelos de mantenimiento industrial y su relación con la Gestión del Conocimiento: Un análisis teórico",* se realiza una revisión de los aspectos del mantenimiento industrial, para lo que, después de un breve descripción y análisis de los tipos y estrategias fundamentales utilizadas, se fijarán los elementos básicos que definen su naturaleza. De ahí, se extraerán algunas conjeturas sobre las carencias observables, dentro del mantenimiento industrial, en relación con el conocimiento y su transmisión. Se analizará, consiguientemente, el papel que ese conocimiento lleva a cabo en los sistemas de mantenimiento, que es tanto como preguntarse por los objetivos básicos, estructura y estrategias de mantenimiento y la función que en esos sistemas desempeñan, actualmente, los procesos relativos al conocimiento.

El segundo artículo preparado en este capítulo III se titula *"Aspectos estratégicos del mantenimiento industrial relativos al conocimiento".* En este artículo se pretende analizar los procesos ligados al conocimiento y, en concreto, los referidos a la experiencia, que interesa contemplar en relación con los aspectos estratégicos del mantenimiento industrial, en lo referente a la fiabilidad y disponibilidad, elementos que configuran la naturaleza del mantenimiento industrial, a partir de una conceptualización operativa generalmente aceptada.

3.1. Los modelos de mantenimiento industrial y su relación con la Gestión del Conocimiento: Un análisis teórico

Resumen: En la empresa industria, el mantenimiento tiene confiado un aspecto estratégico fundamental dado que afecta directamente a la fiabilidad de los procesos de producción o servicios prestados, la eficiencia energética o aumento de la vida operativa del inmovilizado o maquinaria, aspectos que sin duda afectan en la productividad y resultados económicos de la empresa. Así mismo, la gestión del conocimiento, que en otras áreas de la empresa (clientes, administración, desarrollo, investigación, etc.) se tiende a implementar, suele estar olvidado en las áreas de de mantenimiento, debido a su fuerte componente tácito y estar basado normalmente en oficios basados en un fuerte componente de experiencia (oficios mecánicos, eléctricos, etc.). En este artículo, se pretende analizar las principales técnicas organizativas de mantenimiento y marcar sus relaciones fundamentales de cada una de ellas en la gestión del conocimiento, con el fin de detectar su implicación, detectando sus virtudes o carencias.

Palabras Clave: Mantenimiento industrial, Eficiencia energética, Gestión del conocimiento.

1. Introducción

El mantenimiento industrial es una actividad estratégica dentro de los órganos tácticos de las empresas, ampliamente aceptado por todos los órganos de gestión empresarial, aunque en muchas ocasiones olvidado o relegado a una segunda posición, o considerado como un "coste económico" a asumir por los órganos de dirección (González, 2005, Tavares, 2004). La literatura actual sobre mantenimiento industrial propone multitud de modelos y sistemas para su mejora (Chien, et al., 2010; Cadini et al., 2009; Jin et a., 2009; Alardhi et al., 2007; Chen, 2006; Eti et al., 2005; Al-Najjar et al., 2003; Barata et al., 2002).

El conocimiento es la capacidad de actuar, procesar e interpretar información para generar más conocimiento o dar solución a un determinado problema. En los últimos años se ha producido un cambio transcendental, en que el crecimiento de las economías y las empresas se ve impulsado por el conocimiento y las ideas, más, que por los recursos tradicionales (Del Moral, 2007). Estamos moviéndonos hacia una sociedad impulsada por el conocimiento, donde los activos tangibles tradicionales están perdiendo valor a favor de los intangibles (Sánchez et al., 1999; Peña, 2001*).*). Es por ello que se puede considerar el conocimiento como el principal ingrediente intangible tanto en las empresas como en la economía en su conjunto (OCDE, 1996, 2004). Lo importante del conocimiento en las organizaciones de mantenimiento depende de lo que se pueda hacer con él dentro de su ámbito de actuación. Es decir, el conocimiento por sí mismo no es relevante, en tanto no pueda ser utilizado para dar origen a acciones de creación de valor (Xiomara, 2009).

Dentro del contexto táctico de mantenimiento, si definimos la gestión del conocimiento como un proceso a tener en cuenta dentro de dicha actividad, un enfoque de este proceso podría estar integrado básicamente, por la generación, la codificación, la transferencia y la utilización del conocimiento (Nonaka et al., 1999; Wiig, 1997; Bueno 2002).

- *Generación del conocimiento:* estudia los procesos de adquisición de conocimiento externo y de creación del mismo en la propia organización, poniendo en acción los conocimientos poseídos por las personas.

- *Codificación, almacenamiento o integración del conocimiento:* poner al alcance de todos el conocimiento organizativo, ya sea de forma escrita o localizando a la persona que lo concentra.

- *Transferencia del conocimiento:* analiza los espacios de intercambio del conocimiento y los procesos técnicos o plataformas que lo hacen posible. Esta fase puede realizarse a través de mecanismos formales y/o informales de comunicación.

- *Utilización del conocimiento:* la aplicación del conocimiento recientemente adquirido en las actividades rutinarias de la empresa.

Sin embargo, en numerosas ocasiones, el vacío de conocimiento que suele existir en la función de mantenimiento se debe principalmente a las siguientes causas:

- No existe una fuerte cultura de escribir y conservar el conocimiento.

- No se ha apreciado que una avería puede ser una fuente de conocimiento y que se debe capitalizar esta experiencia mediante el registro de causas, fenómenos y acciones tomadas, y normalmente, debido a la propia inercia del trabajo realizadas de manera impulsiva y bajo fuerte estrés y en numerosas ocasiones ante acciones críticas bajo la técnica de "zafarrancho de combate".

- No se emplea normalmente la información para obtener conocimiento. Las estadísticas no son entendidas como herramientas de diagnóstico. Prevalece la experiencia, la habilidad técnica, y por tanto un fuerte conocimiento tácito.

- La dirección de la empresa no le da la importancia y no estimula el trabajo con datos.

- Las técnicas de fiabilidad y mantenibilidad pueden tener algún grado de dificultad para el profesional de mantenimiento con poca práctica en estadística industrial, y que normalmente desempeña trabajos manuales.

En este artículo se pretende analizar los procesos ligados al conocimiento que interesa contemplar en relación con los aspectos estratégicos del mantenimiento industrial, a partir de una conceptualización operativa generalmente aceptada de los diferentes tipos y estrategias fundamentales normalmente usadas.

Se comenzará con la revisión de los aspectos del mantenimiento industrial, para lo que, después de un breve descripción y análisis de los tipos y estrategias fundamentales utilizadas, se fijarán los elementos básicos que definen su naturaleza. De ahí, se extraerán algunas conjeturas sobre las carencias observables, dentro del mantenimiento industrial, en relación con el conocimiento y su transmisión. Se analizará, consiguientemente, el papel que ese conocimiento lleva a cabo en los sistemas de mantenimiento, que es tanto como preguntarse por los objetivos básicos, estructura y estrategias de mantenimiento y la función que en esos sistemas desempeñan, actualmente, los procesos relativos al conocimiento.

2. Los tipos y estrategias organizativas de gestión del mantenimiento

Existe literatura abundante, sobre las diversas técnicas organizativas de mantenimiento (Sharma et al., 2011; Garg et al., 2006), como el basado en la fiabilidad (RCM) (Rausand, 1998; Kumar, 1990;

Moubray ,1991; Smith,1992; Geraghty,1996), el mantenimiento productivo total (TPM) (Nakajima, 1988, 1989; Lazim, 2008; Ahuja; 2008a, 2008b; Chan, 2005), el mantenimiento efectivo (Conde, 1999; Cárcel, 2010), proactivo (Inacio da Silva et al., 2008; Oiltech,1995; Pirret,1999), reactivo (Idhammar,1997; Mora,1999), de clase mundial WCM (Hiatt,1999), mantenimiento centrado en el riesgo (Arunraj et al., 2010; Modarres, 2006; Tavares,1999), así como otros muchos modelos teóricos. Hay que tener en cuenta, el nivel estratégico de dicha actividad, con gran dependencia sobre las áreas de producción o servicios (Rodriguez, 2001, 2003).

Hay que tener en cuenta los principales factores que determinan la confiabilidad operacional (de índole humano y técnico) de la actividad de mantenimiento (Altman, 2006; Armendola, 2002, 2004; Tavares, 2004):

- *Confiabilidad Humana:* Se requiere de un alto Compromiso de la Gerencia para liderar los procesos de capacitación, motivación e incentivación de los equipos de trabajo, generación de nuevas actitudes, seguridad, desarrollo y reconocimiento, para lograr un alto involucramiento de los talentos humanos.

- *Confiabilidad de los Procesos:* Implica la operación de equipos entre parámetros, o por debajo de la capacidad de diseño, es decir sin generar sobrecarga a los equipos, y el correcto entendimiento de los procesos y procedimientos.

- *Mantenibilidad de equipos:* es decir la probabilidad de que un equipo pueda ser restaurado a su estado operacional en un período de tiempo determinado. Depende de la fase de diseño de los equipos (Confiabilidad inherente de diseño), de la confiabilidad de los equipos de trabajo. Se puede medir a través del indicador TMPR: Tiempo Medio Para Reparar.

- *Confiabilidad de equipos:* Determinada por las Estrategias de Mantenimiento, la efectividad del Mantenimiento. Se puede medir a través del indicador TMEF: Tiempo Medio Entre Fallas.

Todos estos factores, debidamente analizados y marcada su posición estratégica, toman posiciones de gran relevancia (Kim, 2004; Sachdeva et al., 2008; Swanson, 2003; García, 2003; AFIM, 2007) , que inciden de manera sustancial, en todas las decisiones de la empresa y su adecuada eficiencia en la producción o explotación y por ello en su visión económica.

Es por ello que una definición normalmente aceptada de Mantenimiento es la de asegurar que todo activo continúe desempeñando las funciones deseadas, asegurando la competitividad de la empresa por medio de los siguientes objetivos:

- Garantizar la disponibilidad y confiabilidad planeadas de la función o servicio deseado.

- Satisfacer todos los requisitos del sistema de calidad de la empresa.

- Cumplir todas las normas de seguridad y medio ambiente, y maximizar el beneficio global.

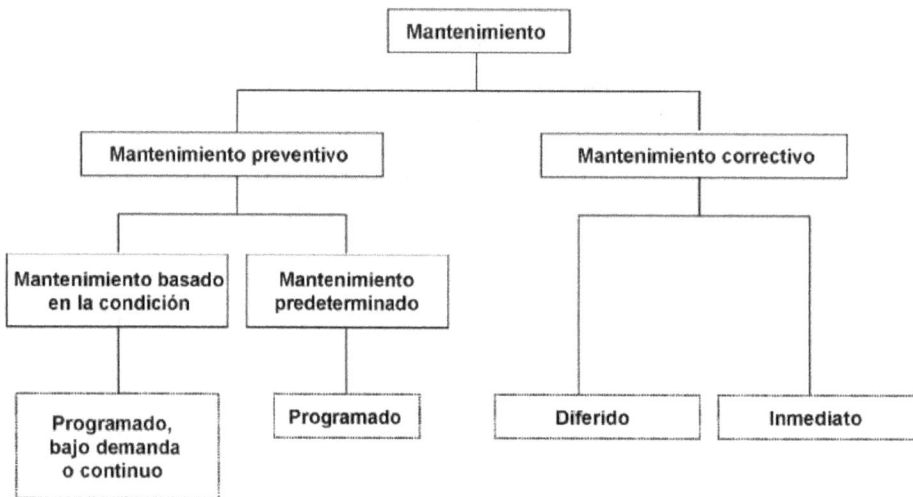

Figura 41. Visión general del mantenimiento. Fuente: UNE-EN13306, 2010

- Confiabilidad de estar funcionando sin fallas durante un determinado tiempo en unas condiciones de operación dadas.

- Mantenibilidad, entendiéndose como tal, el poder ejecutar una determinada operación de mantenimiento en el tiempo de reparación prefijado y bajo las condiciones planeadas.

- Soportabilidad en poder atender una determinada solicitud de mantenimiento en el tiempo de espera prefijado y bajo las condiciones planeadas.

Una visión general de los tipos se pueden observar en la Figura 41 (UNE-EN13306, 2010), de la cual se basan las diferentes estrategias fundamentales del mantenimiento, según la política seguida y el grado de implicación de la dirección.

Mantenimiento Correctivo

Este mantenimiento también es denominado "mantenimiento reactivo", tiene lugar después de que ocurre un fallo o avería, es decir, solo actuará cuando se presenta un error en el sistema.

En este caso si no se produce ningún fallo, el mantenimiento será nulo, por lo que se tendrá que esperar hasta que se presente el desperfecto para en ese momento tomar medidas de corrección de errores.

Este mantenimiento trae consigo las siguientes consecuencias (Cuesta, 2010):

- Paradas no previstas en el proceso productivo, disminuyendo las horas operativas.

- Afecta las cadenas productivas, es decir, que los ciclos productivos posteriores se verán parados a la espera de la corrección de la etapa anterior.

- Presenta costos por reparación y repuestos no presupuestados, por lo que se dará el caso que por falta de recursos económicos no se podrán comprar los repuestos en el momento deseado.

- La planificación del tiempo que estará el sistema fuera de operación no es predecible.

El modelo correctivo se justifica cuando los costes indirectos del fallo son mínimos, cuando las máquinas no son críticas para la producción ante paros eventuales y cuando la política de la empresa es una renovación frecuente del equipamiento (Macián et al., 2007)

- Ventajas
    - No se requiere una gran infraestructura técnica ni elevada capacidad de análisis.
    - Máximo aprovechamiento de la vida útil de los equipos.

- Inconvenientes
    - Las averías se presentan de forma imprevista lo que origina trastornos a la producción.
    - Riesgo de fallos de elementos difíciles de adquirir, lo que implica la necesidad de un "stock" de repuestos importante.
    - Baja calidad del mantenimiento como consecuencia del poco tiempo disponible para reparar.

- Aplicaciones
    - Cuando el coste total de las paradas ocasionadas sea menor que el coste total de las acciones preventivas.
    - Esto sólo se da en sistemas secundarios cuya avería no afectan de forma importante a la producción.
    - Estadísticamente resulta ser el aplicado en mayor proporción en la mayoría de las industrias.

Mantenimiento Preventivo

Este mantenimiento también es denominado "mantenimiento planificado o sistemático", tiene lugar antes de que ocurra una falla o avería, se efectúa bajo condiciones controladas sin la existencia de algún error en el sistema (Nahas et al., 2008; Crespo et al., 2006). Se realiza a razón de la experiencia y pericia del personal a cargo, los cuales son los encargados de determinar el momento necesario para llevar a cabo dicho procedimiento; el fabricante también puede estipular el momento adecuado a través de los manuales técnicos. Presenta las siguientes características (Cuesta, 2010):

- Se realiza en un momento en que no se está produciendo, por lo que se aprovecha las horas ociosas de la planta.

- Se lleva a cabo siguiendo un programa previamente elaborado donde se detalla el procedimiento a seguir, y las actividades a realizar, a fin de tener las herramientas y repuestos necesarios "a la mano".

- Cuenta con una fecha programada, además de un tiempo de inicio y de terminación preestablecido y aprobado por la directiva de la empresa.

- Está destinado a un área en particular y a ciertos equipos específicamente. Aunque también se puede llevar a cabo un mantenimiento generalizado de todos los componentes de la planta.

- Permite a la empresa contar con un historial de todos los equipos, además brinda la posibilidad de actualizar la información técnica de los equipos.

- Permite contar con un presupuesto aprobado por la directiva.

- Ventajas
  - Importante reducción de paradas imprevistas en equipos.
  - Solo es adecuado cuando, por la naturaleza del equipo, existe una cierta relación entre probabilidad de fallos y duración de vida.

- Inconvenientes
  - No se aprovecha la vida útil completa del equipo.
  - Aumenta el gasto y disminuye la disponibilidad si no se elige convenientemente la frecuencia de las acciones preventivas.

- Aplicaciones
  - Equipos de naturaleza mecánica o electromecánica sometidos a desgaste seguro
  - Equipos cuya relación fallo-duración de vida es bien conocida.

Mantenimiento Predictivo

También llamado mantenimiento condicional, y según la norma UNE-EN13306, se podría introducir dentro de la definición de la acción preventiva, y basado en la medición, seguimiento y monitoreo de parámetros y condiciones operativas de un equipo o instalación. A tal efecto, se definen y gestionan valores de pre-alarma y de actuación de todos aquellos parámetros que se considera necesario medir y gestionar (Veldman et al., 2011; Carnero, 2008, 2006, 2004). La información más importante que arroja este tipo de seguimiento de los equipos es la tendencia de los valores, ya que es la que permitirá calcular o prever, con cierto margen de error, cuando un equipo fallará; por ese motivo se denominan técnicas predictivas. En la Figura 42 se indica, por ejemplo, la gráfica de un valor de vibración correspondiente a un cojinete, y que presenta un tendencia alcista en la cual se puede detectar el fallo (García, 2009b), indicando la previsión de que cuando se alcanza un determinado valor es conveniente reemplazar el cojinete. Si no se realiza, el cojinete terminará fallando.

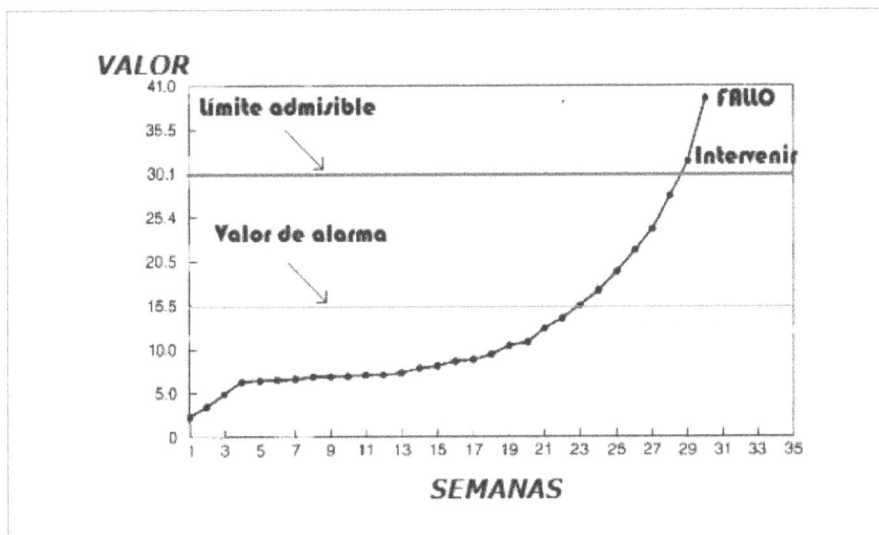

Figura 42. Grafica de tendencia de un valor de amplitud de vibración de un cojinete.
Fuente: García, 2009b

Por ello el mantenimiento predictivo, consiste en determinar en todo instante la condición técnica (mecánica, eléctrica, etc.) real de la máquina o instalación examinada, mientras esta se encuentre en pleno funcionamiento, haciendo uso de un programa sistemático de mediciones de los parámetros más importantes del equipo. El sustento tecnológico de este mantenimiento consiste en la aplicaciones de algoritmos matemáticos agregados a las operaciones de diagnóstico, que juntos pueden brindar información referente a las condiciones del equipo.

Con la aplicación de técnicas predictivas, se consigue disminuir las paradas por mantenimientos preventivos, y de esta manera minimizar los costos por mantenimiento o por no producción. La implementación de este tipo de métodos requiere de inversión en equipos, en instrumentos, y en contratación de personal cualificado. Algunas de las técnicas utilizadas para la estimación del mantenimiento predictivo podrían ser (Cuesta, 2010):

- Analizadores de Fourier (para análisis de vibraciones)

- Endoscopia (para poder ver lugares ocultos)

- Ensayos no destructivos (a través de líquidos penetrantes, ultrasonido, radiografías, partículas magnéticas, entre otros)

- Termovisión (detección de condiciones a través del calor desplegado)

- Medición de parámetros de operación (viscosidad, voltaje, corriente, potencia, presión, temperatura, etc.)

- Ventajas
  - Determinación óptima del tiempo para realizar el mantenimiento preventivo.
  - Ejecución sin interrumpir el funcionamiento normal de equipos e instalaciones.
  - Mejora el conocimiento y el control del estado de los equipos.

- Inconvenientes
  - Requiere personal mejor formado e instrumentación de análisis costosa.
  - No es viable una monitorización de todos los parámetros funcionales significativos, por lo que pueden presentarse averías no detectadas por el programa de vigilancia.
  - Se pueden presentar averías en el intervalo de tiempo comprendido entre dos medidas consecutivas.

Mantenimiento Productivo Total (TPM)

El TPM (Mantenimiento Productivo Total) surgió en Japón gracias a los esfuerzos del Japan Institute of Plant Maintenance (JIPM) en 1971, como un sistema destinado a lograr la eliminación de las llamadas seis grandes pérdidas del proceso productivo, y con el objetivo de facilitar la implantación de la forma de trabajo "Just in Time" o "justo a tiempo". TPM es una filosofía de mantenimiento cuyo objetivo es eliminar las pérdidas en producción debidas al estado de los equipos, o en otras palabras, mantener los equipos en disposición para producir a su capacidad máxima productos de la calidad esperada, sin paradas no programadas. Es un sistema gerencial de soporte al desarrollo de la industria que permite tener equipos de producción siempre listos, aunando la participación de todo el personal que compone la empresa, y centrándose fundamentalmente en el mantenimiento autónomo en el último escalón del mantenimiento (personal que utiliza la maquinaria). Permiten obtener una mejora constante en la productividad y calidad de sus productos o servicios enfocándose en la prevención de defectos, errores y fallas de sus recursos humanos, físicos y técnicos (García, 2009a).

Como lo menciona Nakajima (Nakajima, 1988, 1989) en su libro TPM Mantenimiento Productivo Total, su objetivo es lograr la eficiencia del Mantenimiento Productivo a través de un sistema comprensivo basado en el respeto a los individuos y en la participación total de los empleados.

El concepto de TPM fue definido incluyendo las siguientes metas o filosofías de trabajo:

1. Maximizar la eficacia del equipo.

2. Desarrollar un sistema de mantenimiento productivo para toda la vida del equipo.

3. Involucrar a todos los departamentos que planean, diseñan, usan o mantienen el equipo en la implementación del TPM.

4. Involucrar activamente a todos los empleados, desde la alta dirección hasta los operadores de la planta.

5. Promover el TPM a través de motivación, con actividades autónomas de pequeños grupos.

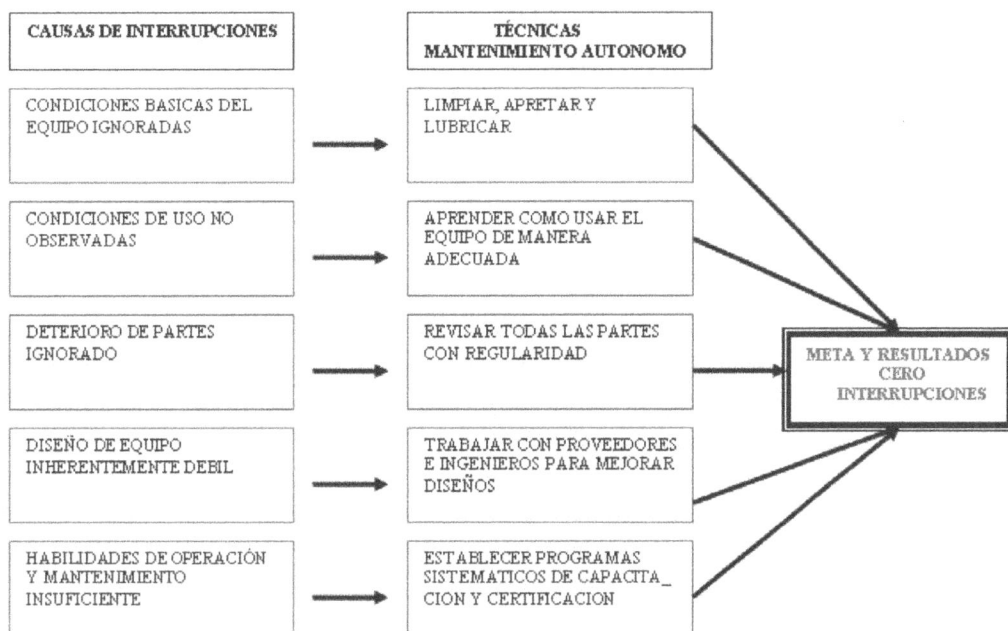

Figura 43. Identificación de averías y técnicas de mantenimiento autónomo. Fuente: google-imágenes

Dado que el entorno económico que rodea a las empresas se hace cada vez más difícil y por tanto, es necesaria la total eliminación de las pérdidas para su supervivencia, con el TPM de Amplia Cobertura, se plantea la erradicación de todas las pérdidas de la empresa (no se restringe a los equipos) y este punto incluye la identificación consciente de las pérdidas de conocimiento. De ahí que la aplicación del TPM lleva implícito la gestión y generación de conocimiento y, a fin de cuentas, fuerza a que la empresa se convierta en una organización que aprende (Sexto, 2004), identificando las causas de las interrupciones y promoviendo el mantenimiento autónomo (Figura 43).

El TPM tiene como pilares básicos: el mantenimiento planeado, la ingeniería de mantenimiento, los grupos que procuran elevar los indicadores de confiabilidad, mantenibilidad y disponibilidad, y la mejora técnica continua (Rey, 1996).

Este modelo cuenta con ocho pilares para desarrollar el programa (ver Figura 44), los cuales sirven de apoyo para la construcción de un sistema de producción ordenado.

1. Mejora Focalizada: Eliminar las grandes pérdidas ocasionadas en el proceso productivo, tales como las fallas en los equipos principales y auxiliares, cambios y ajustes no programados, ocio y paradas menores, reducción de velocidad, defectos en el proceso.

2. Mantenimiento Autónomo: Involucrar al operador respecto de las condiciones de operación, y se basa en el conocimiento que éste posee del equipamiento para detectar a tiempo fallas potenciales o realizar inspecciones preventivas y trabajos de mantenimiento.

Figura 44. Pilares básicos del TPM. Fuente: elaboración propia

3. Mantenimiento Planeado: Lograr que el equipamiento y el proceso se encuentren en las mejores condiciones, para lo que es necesario eliminar las fallas a través de acciones de mejora, prevención y predicción

4. Capacitación: Aumentar las habilidades del personal para interpretar y actuar de acuerdo a condiciones establecidas, siendo entonces necesario definir quién hace qué y de la mejor forma posible.

5. Control Inicial: Actividades de mejora que se realizan durante la fase de diseño, construcción y puesta en servicio de los equipos, con el objeto de reducir los futuros costos de mantenimiento.

6. Mantenimiento para la Calidad: Acciones preventivas para evitar la variabilidad del proceso, mediante el control tanto de los componentes, como de los equipos, evitando así el cambio de las características del producto final y, por consiguiente, cuidando así su calidad, ofreciendo un producto cero defectos como consecuencia de un proceso cero defectos.

7. Departamento de Apoyo: Aumentar la eficiencia, con la participación de planificación, desarrollo, administración y ventas, ofreciendo el apoyo necesario para que el proceso productivo funcione con los menores costos, oportunidad solicitada y con la más alta calidad.

8. Seguridad, Higiene y Medioambiente: Está comprobado que el número de accidentes crece en proporción al número de pequeñas paradas. También está el hecho de asumir la responsabilidad de que al identificar los riesgos se mejora la salud y seguridad.

El TPM, como estrategia marca grandes bondades para la realización de los procesos de gestión del conocimiento, aunque hay que tener en cuenta los recursos necesarios para su puesta en marcha y mantenimiento en un largo plazo, y muy pocas veces asumido por las pequeñas empresas.

Mantenimiento Centrado en la Fiabilidad (RCM)

El Mantenimiento Centrado en la Fiabilidad (Reliability Centered Maintenance RCM) es una metodología de análisis sistemático, objetivo y documentado, aplicable a cualquier tipo de instalación industrial, muy útil para el desarrollo u optimización de un plan eficiente de mantenimiento preventivo.

La filosofía RCM plantea, como criterio general, el mantenimiento prioritario de los componentes considerados como críticos para el correcto funcionamiento de la instalación, dejando operar hasta su fallo a los componentes no críticos, instante en el que se aplicaría el correspondiente mantenimiento correctivo.

Inicialmente fue desarrollada para el sector de aviación, donde los altos costes derivados de la sustitución sistemática de piezas amenazaban la rentabilidad de las compañías aéreas. Posteriormente fue trasladada al campo industrial, después de comprobarse los excelentes resultados que había dado en el campo aeronáutico.

RCM se basa en analizar los fallos potenciales que puede tener una instalación, sus consecuencias y la forma de evitarlos. Desde el origen en su definición en 1978, el RCM ha sido usado para diseñar el mantenimiento y la gestión de activos en todo tipo de actividad industrial y en prácticamente todos los países industrializados del mundo. Este proceso (Nowlan et al.,1978) ha sido mejorado y refinado con su uso y con el paso del tiempo. Muchas de las posteriores evoluciones de la idea original conservan los elementos clave del proceso ideado por Nowlan y Heap. Sin embargo el uso extendido del nombre "RCM" ha llevado a que surjan un gran número de metodologías de análisis de fallos que difieren significativamente del original, pero que sus autores también llaman "RCM". Muchos de estos otros procesos no alcanzan los objetivos definidos por Nowlan y Heap, y algunos son incluso contraproducentes. En general tratan de abreviar y resumir el proceso, lo que lleva en algunos casos a desnaturalizarlo completamente (García, 2009a).

El Mantenimiento Centrado en la Confiabilidad se define como "un proceso usado para determinar lo que se debe hacer para asegurar que cualquier activo físico continúe haciendo lo que sus usuarios desean que haga en su contexto operacional actual". Involucra hacerse las siguientes siete preguntas sobre el activo que está siendo examinado, a saber:

- ¿Cuáles son las funciones y los estándares de funcionamiento asociados del activo en su actual contexto operacional?

- ¿De qué manera falla en el cumplimiento de sus funciones?

- ¿Qué es lo que causa cada falla funcional?

- ¿Qué sucede cuando ocurre la falla?

- ¿Hasta qué punto y de qué forma importa si ocurre cada falla?

- ¿Qué puede hacerse para predecir o prevenir cada falla?

- ¿Qué pasa si no se puede encontrar una tarea proactiva apropiada?

El Mantenimiento RCM pone tanto énfasis en las consecuencias de las fallas como en las características técnicas de las mismas, mediante:

- Integración de una revisión de las fallas operacionales con la evaluación de aspecto de seguridad y amenazas al medio ambiente, esto hace que la seguridad y el medio ambiente sean tenidos en cuenta a la hora de tomar decisiones en materia de mantenimiento.

- Manteniendo mucha atención en las tareas del Mantenimiento que más incidencia tienen en el funcionamiento y desempeño de las instalaciones, garantizando que la inversión en mantenimiento se utiliza donde más beneficio va a reportar.

El objetivo principal de RCM está en reducir el costo de mantenimiento, para enfocarse en las funciones más importantes de los sistemas, y evitando o quitando acciones de mantenimiento que no son estrictamente necesarias. Las ventajas que puede introducir el RCM, se podrían resumir:

- Puede reducir la cantidad de mantenimiento rutinario preventivo realizado habitualmente.

- Si se aplicara para desarrollar un nuevo sistema de Mantenimiento Preventivo en la empresa, el resultado será que la carga de trabajo programada sea mucho menor que si el sistema se hubiera desarrollado por métodos convencionales.

- Su lenguaje técnico es común, sencillo y fácil de entender para todos los empleados vinculados al proceso RCM, permitiendo al personal involucrado en las tareas saber qué pueden y qué no pueden esperar de ésta aplicación y quien debe hacer qué, para conseguirlo.

Los procesos para la implantación de un Plan de Mantenimiento RCM:

- Selección del sistema y documentación.

- Definición de fronteras del sistema.

- Diagramas funcionales del sistema.

- Identificación de funciones y fallas funcionales.

- Construcción del análisis modal de fallos y efectos.

- Construcción del árbol lógico de decisiones.

- Identificación de las tareas de mantenimiento más apropiadas.

- Implantación de recomendaciones y seguimiento de resultados.

El programa de mantenimiento inicial, que a menudo resulta de la colaboración entre el suministrador y el usuario, se define con anterioridad a la operación y está basado en la metodología del RCM. El programa de seguimiento y actualización del mantenimiento, que se desarrolla a partir del programa inicial, lo inicia el usuario tan pronto como sea posible y una vez que ha comenzado la operación. Dicho programa podría basarse en datos reales de fallos o degradación y en los avances de la tecnología, los materiales, las técnicas de mantenimiento y los métodos (Figura 45).

Un programa inicial de RCM puede comenzarse cuando el producto está en servicio para renovar y mejorar el programa existente de mantenimiento que ha sido preparado a partir de la experiencia o de las recomendaciones del fabricante, sin el beneficio que proporciona un enfoque normalizado como el del RCM (EN200001-3-11, 2003).

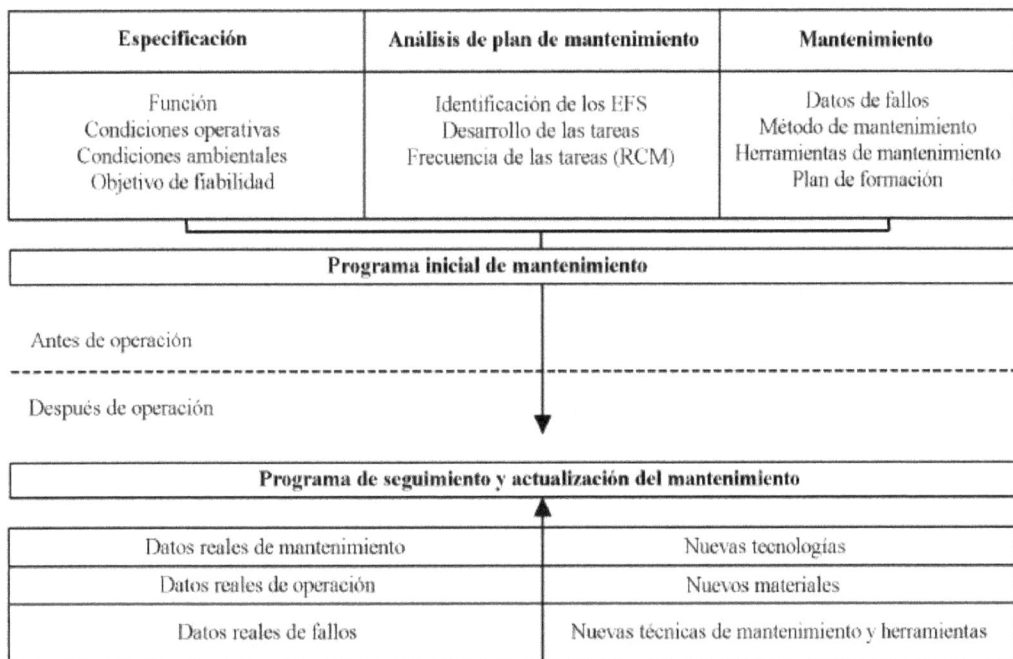

Especificación	Análisis de plan de mantenimiento	Mantenimiento
Función Condiciones operativas Condiciones ambientales Objetivo de fiabilidad	Identificación de los EFS Desarrollo de las tareas Frecuencia de las tareas (RCM)	Datos de fallos Método de mantenimiento Herramientas de mantenimiento Plan de formación

Programa inicial de mantenimiento

Antes de operación

- -

Después de operación

Programa de seguimiento y actualización del mantenimiento

Datos reales de mantenimiento	Nuevas tecnologías
Datos reales de operación	Nuevos materiales
Datos reales de fallos	Nuevas técnicas de mantenimiento y herramientas

Figura 45. Evolución de un programa dinámico de mantenimiento RCM, e información requerida.
Fuente: UNE-EN200001-3-11, 2003

La implantación de técnicas en las empresas, conlleva un profundo conocimiento en los activos mantenidos, se debe gestionar el conocimiento acumulado para que sea útil a toda la organización, así como la entrada de nuevo personal operativo de mantenimiento. En empresas pequeñas es difícil de implementar en su totalidad, ciñéndose a los activos más críticos.

Mantenimiento Proactivo

Esta estrategia de mantenimiento, está dirigida fundamentalmente a la detección y corrección de las causas que generan el desgaste y que conducen a la falla de la maquinaria o instalaciones.

Es una metodología en la cual el diagnóstico y las tecnologías de orden predictivo son empleados para lograr aumentos significativos de la vida de los equipos y disminuir las tareas de mantenimiento, con el fin de erradicar o controlar las causas de fallas de las máquinas. Mediante este mantenimiento lo que se busca es la causa raíz de la falla, no sólo el síntoma (Goel et al., 2003;

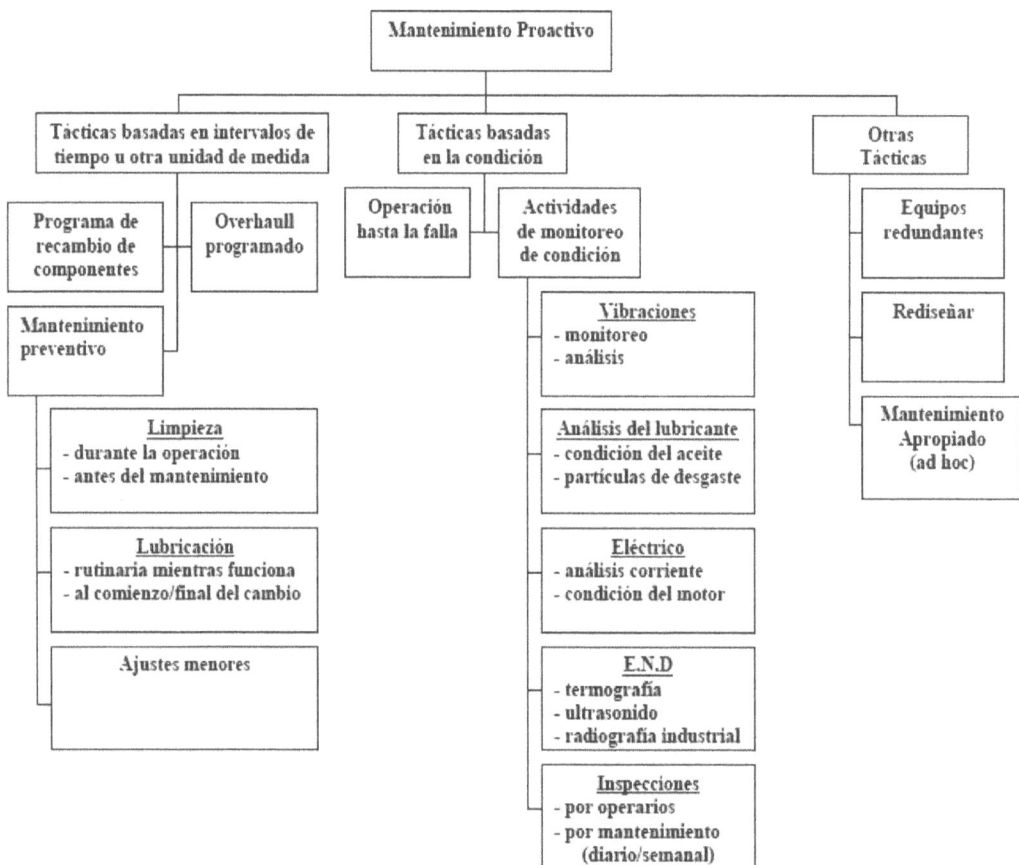

Figura 46. Tácticas mantenimiento proactivo. Fuente: Bottini, 2010

Mora, 2005), buscando un mayor rendimiento en el servicio (Bourne et al., 2005; Oke, 2005) y una fiabilidad aceptable (Sun et al, 2007).

Este mantenimiento tiene como fundamento los principios de solidaridad, colaboración, iniciativa propia, sensibilización, trabajo en equipo, de modo tal que todos los involucrados directa o indirectamente en la gestión del mantenimiento deben conocer la problemática del mantenimiento, es decir, que tanto técnicos, profesionales, ejecutivos, y directivos deben estar conscientes de las actividades que se realizan para desarrollar las labores de mantenimiento (Cuesta, 2010).

Cada individuo desde su cargo o función dentro de la organización, actuará de acuerdo a este cargo, asumiendo un rol en las operaciones de mantenimiento, bajo la premisa de que se debe atender las prioridades del mantenimiento en forma oportuna y eficiente. El mantenimiento proactivo implica contar con una planificación de operaciones, la cual debe estar incluida en el plan estratégico de la organización. Este mantenimiento a su vez debe brindar indicadores (informes) hacia la gerencia, respecto del progreso de las actividades, los logros, aciertos, y también errores, y basado en tácticas tanto preventivas como predictivas (Figura 46).

Mantenimiento de clase mundial (WCM)

Se define como el mantenimiento sin desperdicio, donde este es la diferencia entre cómo se realizan las diferentes acciones en la actualidad y el deber ser óptimo de las mismas. Se basa en anticiparse a lo que suceda en el futuro, su función básica es convertir cualquier clase de reparación o modificación en actividades planeadas que eviten fallas a toda costa. Una organización de clase mundial no sólo se basa en el hacer, también en el pensar (Idhammar,1997b).

Los pasos fundamentales para implementar una táctica de clase mundial son: planeación, prevención, programación, anticipación, fiabilidad, análisis de pérdidas de producción y de repuestos, información técnica y cubrimientos de los turnos de operación, todo ello soportado en una organización adecuada y apoyada por sistemas de información computarizado, con un cambio de actitud y cultura hacia el cliente (producción o cualquier departamento interno o externo que añada valor agregado) (Idhammar,1997a).

El Centro Internacional de Educación y Desarrollo (CIED), filial de PDVSA, define esta filosofía como "el conjunto de las mejores prácticas operacionales y de mantenimiento, que reúne elementos de distintos enfoques organizacionales con visión de negocio, para crear un todo armónico de alto valor práctico, las cuales aplicadas en forma coherente generan ahorros sustanciales a las empresas". La categoría Clase Mundial, exige la focalización de los siguientes aspectos:

- Excelencia en los procesos medulares.

- Calidad y rentabilidad de los productos.

- Motivación y satisfacción personal y de los clientes.

- Máxima confiabilidad.

- Logro de la producción requerida.

- Máxima seguridad personal.

- Máxima protección ambiental.

Las prácticas que sustentan el Mantenimiento Clase Mundial, se pueden resumir en las siguientes:

1. Organización centrada en equipos de trabajo: Análisis de procesos y resolución de problemas a través de equipos de trabajo multidisciplinarios y a organizaciones que evalúan y reconocen formalmente esta manera de trabajar.

2. Contratistas orientados a la productividad: Se debe considerar al contratista como un socio estratégico, donde se establecen pagos vinculados con el aumento de los niveles de producción, con mejoras en la productividad y con la implantación de programas de optimización de costos. Todos los trabajos contratados deben ser formalmente planificados, con alcances bien definidos y presupuestados, que conlleven a no incentivar el incremento en las horas utilizadas.

3. Integración con proveedores de materiales y servicios: Considera que los inventarios de materiales sean gerenciados por los proveedores, asegurando las cantidades requeridas en el momento apropiado y a un costo total óptimo. Por otro lado, debe existir una base consolidada de proveedores confiables e integrados con los procesos para los cuales se requieren tales materiales.

4. Apoyo y visión de la gerencia: Involucramiento activo y visible de la alta Gerencia en equipos de trabajo para el mejoramiento continuo, adiestramiento, programa de incentivos y reconocimiento, evaluación del empleado, procesos definidos de selección y empleo y programas de desarrollo de carrera.

5. Planificación y Programación Proactiva: La planificación y programación son bases fundamentales en el proceso de gestión de mantenimiento orientada a la confiabilidad operacional. El objetivo es maximizar efectividad / eficacia de la capacidad instalada, incrementando el tiempo de permanencia en operación de los equipos e instalaciones, el ciclo de vida útil y los niveles de calidad que permitan operar al más bajo costo por unidad producida. El proceso de gestión de mantenimiento y confiabilidad debe ser metódico y sistemático, de ciclo cerrado con retroalimentación. Se deben planificar las actividades a corto, mediano y largo plazo tratando de maximizar la productividad y confiabilidad de las instalaciones con el involucramiento de todos los actores de las diferentes organizaciones bajo procesos y procedimientos de gerencia documentados.

6. Procesos orientados al mejoramiento continuo: Consiste en buscar continuamente la manera de mejorar las actividades y procesos, siendo estas mejoras promovidas, seguidas y reconocidas públicamente por las gerencias. Esta filosofía de trabajo es parte de la cultura de todos en la organización.

7. Gestión disciplinada de adquisición de materiales: Procedimiento de adquisición de materiales homologado y unificado en toda la corporación, que garantice el servicio de los mejores proveedores, balanceando costos y calidad, en función de convenios y tiempos de entrega oportunos y utilizando modernas tecnologías de suministro.

8. Integración de sistemas: Uso de sistemas estándares en la organización, alineados con los procesos a los que apoyan y que faciliten la captura y el registro de datos para análisis.

9. Gerencia disciplinada de paradas de plantas: Paradas de plantas con visión de gerencia de proyectos con una gestión rígida y disciplinada, liderada por profesionales. Se debe realizar adiestramiento intensivo en paradas tanto al personal propio como a los contratistas y proveedores, y la planificación de las paradas de planta bajo procedimientos y prácticas de trabajo documentadas y ensayadas.

10. Producción basada en confiabilidad: Grupos formales de mantenimiento predictivo / confiabilidad (ingeniería de mantenimiento) deben aplicar sistemáticamente las más avanzadas tecnologías y metodologías existentes del mantenimiento predictivo como: vibración, análisis de aceite, ultrasonido, alineación, balanceo y otras.

Es por ello que el mantenimiento de clase mundial satisface los requisitos y expectativas, relacionadas con la seguridad, el medio ambiente, la calidad y la economía. El punto de partida, seguirá siendo, esencialmente, la identificación de las necesidades propias y la evaluación de la capacidad que se tiene para satisfacer dichas necesidades. No podrá ser sostenible un desempeño, clase mundial, de un proceso aislado en la empresa si el resto de los procesos de la organización no se orientan y trabajan igualmente por ser mejores en el tiempo.

Lean maintenance

Es una táctica proactiva que utiliza la planificación y programación como estrategias fundamentales, para eliminar las perdidas o desperdicios en la actividad de mantenimiento. En la Fabricación tradicional de "Lean", varias áreas de desperdicio son identificadas. Plantea aumentar la confiabilidad operacional y disponibilidad de los activos e implantar métodos de mejora continua que mejoren los procesos y reduzcan los gastos de mantenimiento. La reducción que plantea se basa en siete despilfarros fundamentales:

- Tiempos de espera.

- Transportes.

- Perdidas de disponibilidad.

- Inventario.

- Sobre-mantenimiento o sub-mantenimiento.

137

- Movimientos innecesarios.

- Defectos repetitivos.

Es por ello que esta táctica pretende obtener una actividad de mantenimiento correcta en el momento adecuado, lugar correcto y con la eficiencia precisa, captando todas las oportunidades para cortar el desperdicio y hacer mejoras en cada operación de mantenimiento.

La terotecnología

Es una combinación de management (gestión) de la economía y del engineering (tecnología), con vistas a la fiabilidad y mantenibilidad de los equipos, sus comportamientos y precio de coste; su instalación, entretenimiento, modificación y durabilidad.

Al enfoque clásico del mantenimiento basado en los conceptos económicos básicos de la Teoría Económica, para determinar la rentabilidad de la reparación, y en consecuencia la fijación de políticas de mantenimiento, en relación, por ejemplo, con la renovación de la maquinaria, Kelly (Kelly et al., 1978) aporta en 1975 el de la terotecnología, que contempla el estudio del coste del ciclo de vida (LCC o "life cycle costing"), como necesario a la hora de concluir estrategias de inversión, operación y eliminación en mantenimiento (Figura 47).

El término de terotecnología fue definido en 1970 por la British Standard Institución con esta definición:

"La terotecnología es una combinación de gestión, finanzas, ingeniería y otras disciplinas, se aplica a bienes físicos para llevar a cabo una vida económica del coste del ciclo en relación a ellos. Este

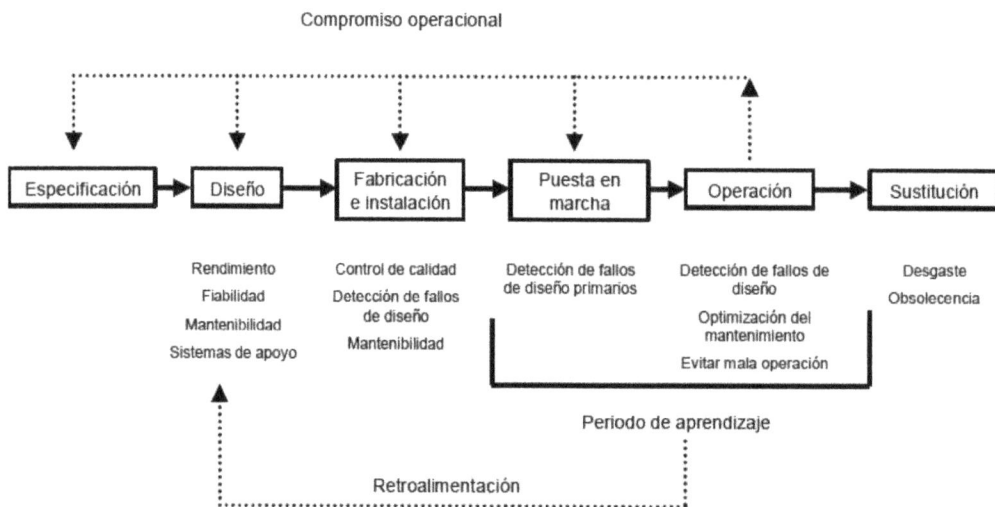

Figura 47. Etapas de la terotecnología. Fuente: Mora, 2005

objetivo se alcanza con el proyecto y la disponibilidad de las aplicaciones y los servicios de mantenimiento, maquinaria, equipo, edificios y estructuras en general, teniendo en cuenta su diseño, instalación, mantenimiento, mejora, sustitución con todos los consiguientes retornos para información, sobre el diseño, ejecución y costos".

Es la ciencia integradora de todos los aspectos del enfoque kantiano de mantenimiento, a través de ella se logran integrar todos los niveles del mantenimiento junto con sus elementos estructurales y sus relaciones (Mora, 2005). Es en la terotecnología donde se apoya el concepto del costo económico integral del ciclo de vida LCC y a partir de allí donde se establecen los indicadores magnos de mantenimiento: efectividad, LCC y confiabilidad, mantenibilidad y disponibilidad (Evans,1975). La terotecnología consiste en (Wakefield,1985; Evans,1975):

- Obtener información acerca de los activos físicos y su desempeño, esto debe incluir hechos y tendencias sobre la productividad, costos, disponibilidad, causas de fallas, funcionamiento, frecuencia y severidad de los tipos de falla, piezas de repuesto usadas, frecuencia de trabajo de los niveles de mantenimiento.

- Análisis de la información para determinar la causa de los problemas; estos pueden ser por diferentes causas de falla, debido a malos estándares de mantenimientos, diseños de mala calidad, operaciones inadecuadas, falta de lubricación, repuestos de mala calidad, sobrecarga de los equipos, materiales incorrectos durante el proceso, entre otros.

- Adoptar acciones apropiadas para eliminar o reducir las causas de los problemas en los procesos.

Enfoca una aproximación sistémica integrando, equipos, usuarios y fabricante de los equipos o instaladores (Figura 48).

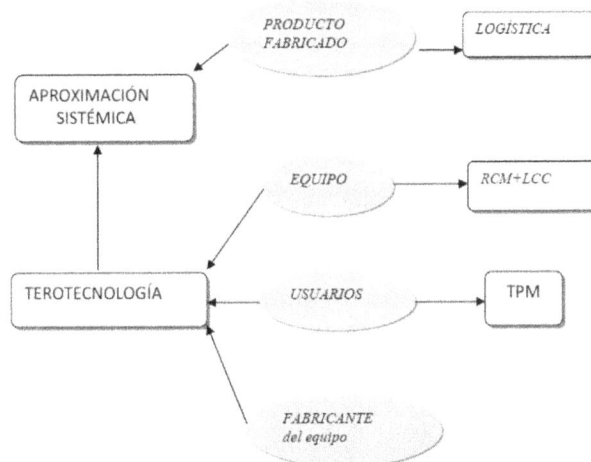

Figura 48. Tecnologías organizativas del mantenimiento y sus enfoques hacia la terotecnología.
Fuente: elaboración propia

Las normas UNE sobre mantenimiento y el manejo de la información-conocimiento

Las normativas técnicas reglamentarias específicas en referencia a diferentes tipos de instalaciones de numerosos países (electricidad, climatización, gas, seguridad en máquinas, etc.), conllevan en si la captación de información y obligatoriedad en la realización de acciones de mantenimiento, en lo referente en la seguridad de su utilización. Sin embargo dicha información, en numerosas ocasiones, es convertida en datos no gestionados y por tanto reduciéndose las fases de generación y utilización del conocimiento

Más específicas en relación con la actividad general de mantenimiento, las normas UNE, tratan de homogenizar dichas actividades, describiendo los procesos de captación y manejo de información, aunque sin centrarse en cómo conseguir que dichos datos se transformen en conocimiento por parte de la organización, aunque marcando en gran medida los procesos de recogida de información para el mejor desempeño de la función de mantenimiento. En la Figura 49 se muestra los recursos de información, para la identificación, análisis y recursos para la realización de un modelo de plan de mantenimiento.

Sin entrar en normas UNE sobre confiabilidad, equipos, fiabilidad, etc., que afectan directamente a la funcionalidad de las técnicas de mantenimiento, las normas generales que inciden sobre la información y datos se podrían indicar las UNE-EN 13306, UNE-EN 13460, UNE-EN 15341, UNE-EN 200001-3-11, UNE-EN 20464, UNE-EN 60706-2:

- *UNE-EN 13306 (2010). Terminología de mantenimiento:* Define los términos y datos e información necesarios en todas las actividades de mantenimiento, homogenizando los términos normalmente usados en esta actividad.

- *UNE-EN 13460 (2009). Documentos para el mantenimiento:* Marca el flujo de información adecuado entre los diferentes puntos de su organización interna y con el resto de las unidades funcionales y de organización del negocio, para cubrir sus objetivos alcanzando un desempeño aceptable.

- *UNE-EN 15341 (2007). Indicadores clave de rendimiento del mantenimiento:* Relación de información y datos necesarios para gestionar los Indicadores Clave destinados a medir el rendimiento del mantenimiento en el marco de los factores que influyen en el mismo, tales como los aspectos económicos, técnicos y organizativos, con objeto de evaluar y mejorar la eficiencia y la eficacia para conseguir la excelencia en el mantenimiento de los Activos Técnicos.

- *UNE-EN 200001-3-11(2003). Mantenimiento centrado en la confiabilidad:* Muestra el camino para la identificación de información, datos y los requisitos aplicables y eficaces de mantenimiento preventivo que deben cumplir los equipos y las estructuras teniendo en cuenta las consecuencias operativas, económicas y sobre la seguridad que se puedan derivar de los fallos identificables y de los mecanismos de degradación causantes de los mencionados fallos. El resultado final obtenido con la aplicación del árbol lógico de decisión es un criterio sobre la conveniencia de realizar alguna tarea de mantenimiento, que se puede transformar en conocimiento generado y utilizable en toda la organización.

```
┌─────────────────┐   ┌─────────────────┐   ┌─────────────────┐
│ Estudios de     │   │ Análisis de     │   │ Mantenimiento   │
│ fiabilidad y    │   │ modos de fallo  │   │ centrado en la  │
│ mantenibilidad  │   │ y de sus        │   │ fiabilidad      │
│ del diseño      │   │ efectos         │   │                 │
└─────────────────┘   └─────────────────┘   └─────────────────┘
```

Identificación de las tareas de mantenimiento

- preventivas
- correctivas
- de servicio

Concepto de mantenimiento
- Análisis del nivel de reparación

Análisis de las tareas de mantenimiento

Recursos para la logística de mantenimiento

- Niveles de aptitud del personal y formación
- Manuales técnicos y de soporte lógico (software)
- Equipos de ensayo y soporte
- Aprovisionamiento de piezas de repuesto
- Instalaciones

Plan de mantenimiento

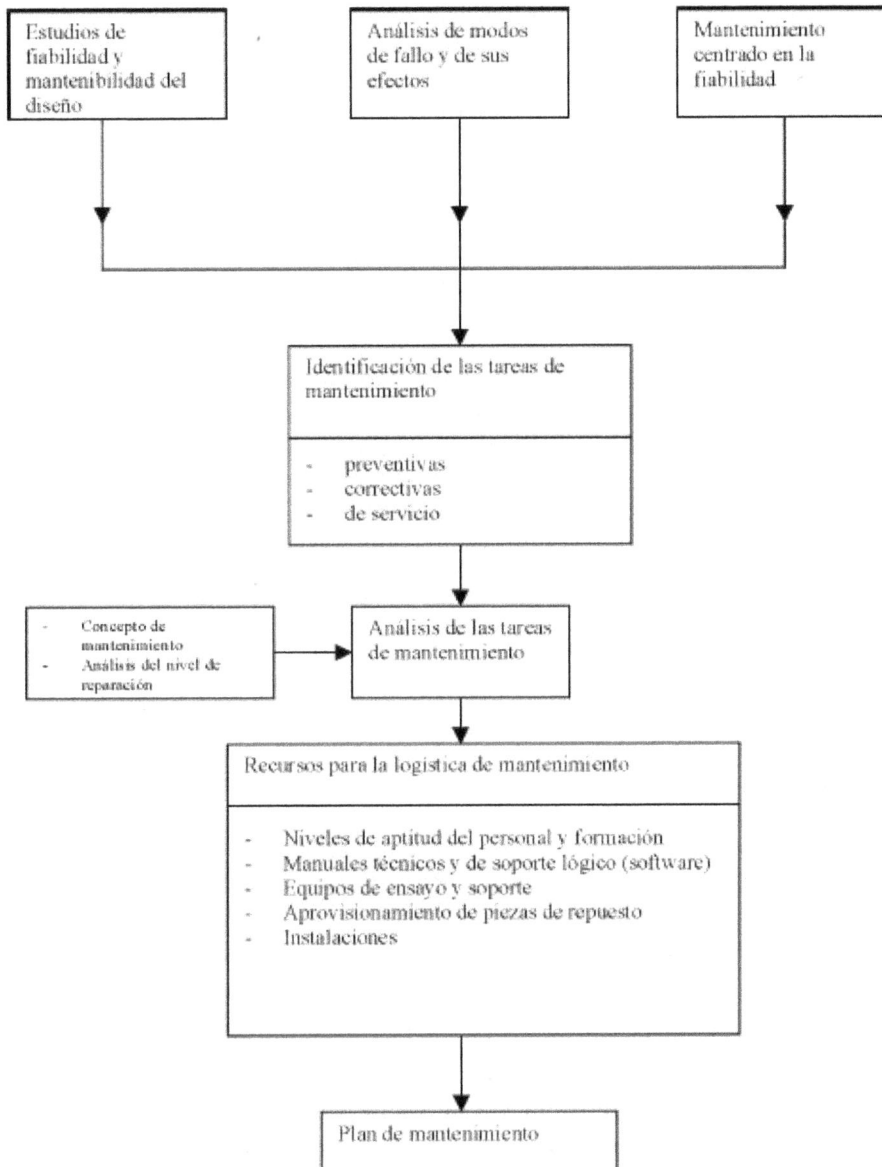

Figura 49. Información y datos para Desarrollo del plan de mantenimiento. Fuente: UNE-EN20464-4, 2002

- *UNE-EN 20464 (2002). Planificación del mantenimiento y de la logística de mantenimiento:* Describe la información necesaria para realizar las tareas exigidas para la planificación del mantenimiento y de la logística de mantenimiento. Deben realizarse durante la fase de adquisición del sistema para cumplir con los objetivos de disponibilidad de la fase operativa. También se describen las interfaces entre fiabilidad, mantenibilidad, y programa de planificación de la logística de mantenimiento, así como sus tareas asociadas.

- *UNE-EN 60706-2 (2006). Requisitos y estudios de mantenibilidad durante la fase de diseño y desarrollo:* Datos, información necesarios para la realización de una guía sobre cómo puede incorporarse la mantenibilidad en las especificaciones y contratos y cómo debería considerarse la mantenibilidad como parte del proceso de diseño, que sin duda potenciaran el conocimiento general de operación de equipos e instalaciones en su proceso de utilización y explotación.

3. Los modelos de mantenimiento y la gestión del conocimiento en relación a la empresa

En la misma naturaleza del mantenimiento industrial aparecen elementos ligados al conocimiento, ya que la técnica puede ser definida como la forma o manera de realizar una actividad, implicando, en consecuencia, la presencia de capital intelectual incorporado o no a los activos industriales o al personal. La especial acción o actividad del mantenimiento exige técnicas o conocimientos muy específicos y contingentes, de alto valor estratégico, que implican complejidad y elevados esfuerzos en su registro, transmisión y aplicación (Matsuoka et al., 2007; Karim et al., 2009; Carrillo et al., 2004; Hui et al., 2004; Ferdows et al., 2006).

Los procesos de gestión del conocimiento al igual que las estrategias tácticas de mantenimiento requieren de unos recursos organizativos y formativos bien estructurados, que evidentemente deben contar con los medios necesarios mantenidos en largo plazo. Sin embargo, esto muchas veces sólo se logra en grandes empresas, relegando las pequeñas y medianas empresas a estrategias de supervivencia o de corto plazo, siendo estas últimas la que concentra la mayor proporción de producción y empleo a nivel de cualquier país (En el caso de España, el 95% de las empresas tienen menos de 9 empleados, y entre las pequeñas y medianas empresas concentran casi el 75% de los empleados). Es por ello que cualquier estrategia o medida adoptada para mejorar entre las pequeñas y medianas empresas, conllevará una mejora sustancial a nivel nacional de la eficiencia de los procesos de mantenimiento y con ello una mayor eficacia productiva con mejor resultado económico.

Según datos publicados por el Instituto Nacional de Estadística (INE), recogidos en el Directorio Central de Empresas (DIRCE 2010), el número total de empresas en España alcanza los 3.291.263, de las cuales el 95% tiene un máximo de 9 empleados. Las pequeñas empresas (de 10 a 49 empleados) representan un 4,2 % del total de empresas españolas (Figura 50), seguidas de las medianas (de 50 a 199 empleados) con un 0,6% y por último las grandes compañías (de 200 o más empleados) con un peso del 0,2%. Entre las empresas de menos de 10 empleados, denominadas microempresas, destacan aquellas que tienen de 0 a 2 trabajadores con más de 2,6 millones contabilizadas en este estrato (85% del total de microempresas) (MITC 2011).

Si bien las microempresas representan el 94,5% del tejido empresarial español, las compañías de 1 a 10 empleados concentran alrededor del 26,7% de los trabajadores de nuestro país, mientras que las grandes empresas (más de 250 empleados), que son el 0,2% del total, cuentan con el 26,9% de los trabajadores. Les siguen las empresas pequeñas (de 11 a 50 empleados) con el 24,5% de los trabajadores y las empresas medianas (de 51 a 250 empleados), con el 21,9% (MITC 2011).

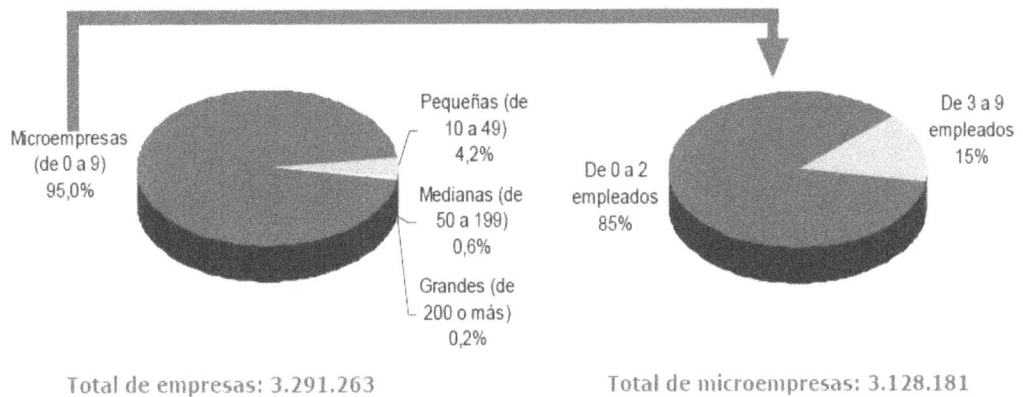

Total de empresas: 3.291.263   Total de microempresas: 3.128.181

Figura 50. Distribución de empresas en función número de empleados en España. Fuente: MITC, 2011

Es por todo ello y la realidad de los tamaños y recursos de las empresas en la mayoría de los países industrializados, en que predominan las pequeñas y medianas empresas en el proceso productivo del país, que la mayoría de las grandes filosofías tácticas de mantenimiento, no son aplicadas por falta de medios, concienciación o conocimiento de las bondades que se pueden conseguir en un medio y largo plazo. Con ello se pierde capacidad productiva latente por la falta de disponibilidad en momentos determinados, que sumados en una economía de escala, conllevan perdidas de eficiencia globales en la productividad de un país.

La disponibilidad es la aptitud de un elemento o sistema para encontrarse en un estado en que pueda realizar su función, cuándo y cómo se requiera, bajo condiciones dadas, asumiendo que se dispone de los recursos externos necesarios (UNE-EN13306, 2010).

En cuanto a la expresión de su meta en las empresas: la consecución de requerimientos de disponibilidad en equipos e instalaciones, implica la ubicación de las actividades de mantenimiento en escenarios de elevada contingencia e incertidumbre, dónde contenidos informativos muy dinámicos, perecederos y específicos, y sus procedimientos de aplicación, se revelan como imprescindibles para una marcha eficiente de la planta. En otro caso, el mantenimiento de la planta debería responder de elevados costes de intervención, basados en una búsqueda repetitiva e inconsistente de información en las fases de detección, diagnóstico, prevención y reparación del fallo.

Se puede observar en la Figura 51, en el proceso ante una in-disponibilidad, que existen unos tiempos no requeridos, alargados en muchas ocasiones por la no adecuada gestión del conocimiento (no extrapolación del conocimiento de experiencias anteriores, tiempos en recolectar la información para actuar ante una situación crítica, no estar documentado el conocimiento de compañeros con la experiencia adecuada, etc.). Dicha ineficiencia en la gestión del conocimiento para la resolución de averías criticas o no cíclicas, que alargan los tiempos de indisponibilidad, es sin duda uno de los factores más acusados en las pequeñas empresas, que redundan en el tiempo improductivo y como consecuencia unas pérdidas económicas palpables.

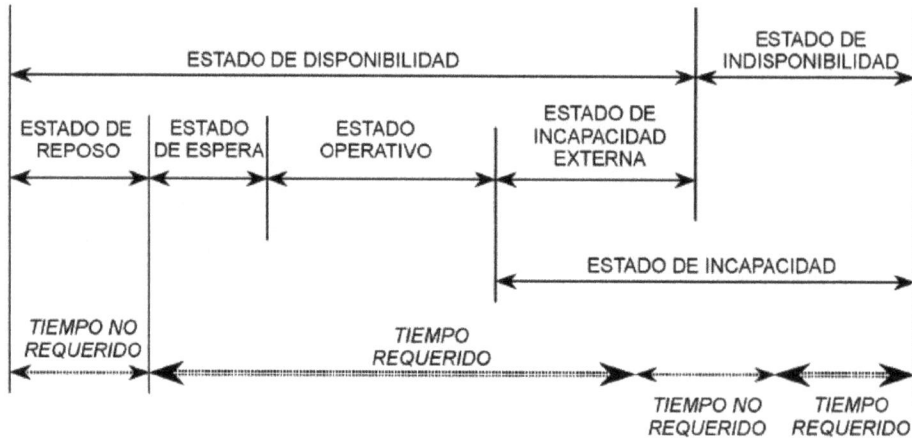

Figura 51. Estados de un elemento o instalación en función de su disponibilidad.
Fuente: UNE-EN13306, 2010

4. Barreras y facilitadores para la gestión del conocimiento en las estrategias de mantenimiento

En el proceso de gestión del conocimiento integrado básicamente, por la generación, la codificación, la transferencia y la utilización del conocimiento (Nonaka et al., 1999), aplicado a la actividad táctica del mantenimiento, puede tener un enfoque kantiano en el cual interactúan personas, instalaciones y entorno (Figura 52), en el cual deben ser estudiadas todas las variables en conjunto.

Teniendo en cuenta los problemas más frecuentes y críticos, en relación al conocimiento tácito y la gestión del conocimiento, con los que los especialistas y técnicos de mantenimiento se encuentran son:

- Cambios de personal de la plantilla (Perdida del conocimiento de la persona que causa baja).

- Poca experiencia de los operarios (Tiempo en formar conocimiento para ser operativo en el entorno).

- Falta de información de medidas a tomar y pasos a seguir ante ciertas averías o incidencias (Conocimiento ante actuaciones no registradas).

- Dependencia del conocimiento y experiencia tácita de los operarios (Conocimiento que hace cautiva a la empresa).

- Históricos de avería y análisis de causas imperfectos (Conocimiento incompleto o mal documentado).

- Desorganización de la información acerca de las instalaciones (Conocimiento explícito mal organizado o no actualizado (planimetría, manuales, procedimientos).

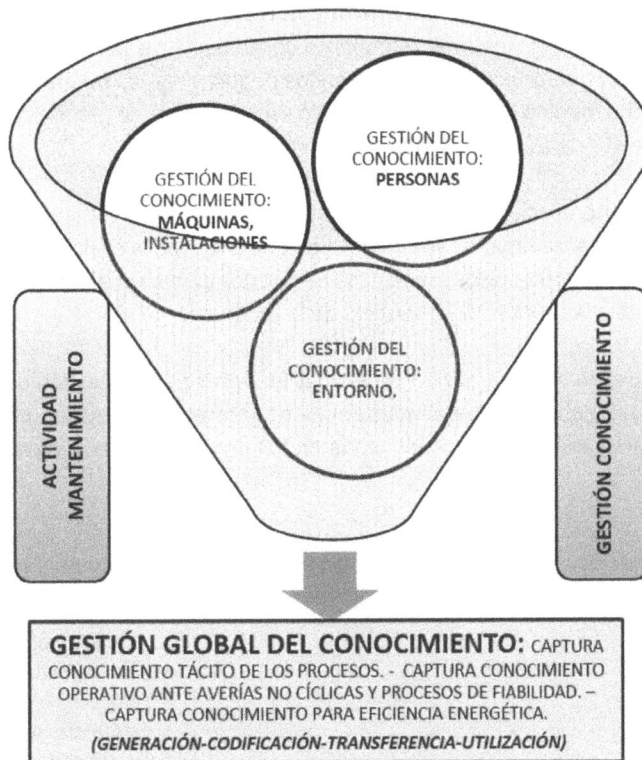

Figura 52. Enfoque kantiano de la actividad de mantenimiento. Fuente: elaboración propia

- Carencia de sistemas de aprendizaje y reciclaje del personal (Adquisición del conocimiento útil y aplicado).

- Actuación ante averías críticas, de emergencia o no cíclicas (conocimiento crítico de graves efectos económicos).

Todos estos problemas fundamentales, aunque simples en definición y de apariencia banal, pueden tener graves consecuencias en el proceso productivo que afectarán sin duda a la empresa, aunque muchas veces asumidos. Son problemas complejos de tratar y procesar, dada la alta dependencia del factor humano, requiere de un compromiso global con unas dotaciones de medios y un seguimiento a largo plazo, mostrando con ello la dificultad de las empresas (más especialmente en las pequeñas) en la aplicación de estrategias globales de gestión del mantenimiento y su conocimiento estratégico.

La realidad de las empresas, en que el componente de pequeñas y medianas empresas conlleva hasta un 75% de la producción nacional, su limitación de recursos y la poca concienciación de las gerencias, hace que los problemas comentados se mantengan de manera cíclica en el tiempo, con la pérdida de productividad global que supone al tejido industrial nacional.

145

Así mismo en estudios sectoriales realizados a empresas sobre la actividad de mantenimiento (AEM, 2010), se contempla que el mantenimiento correctivo (tras la avería), representa entre el 50 y el 70% de la actividad principal realizada en los departamentos de mantenimiento, contemplándose en pequeña medida (y normalmente sólo en el entorno de grandes empresas), técnicas organizativas más elaboradas como el TPM, RCM, etc.

Tras la revisión de la literatura, marcando las características fundamentales de los tipos y estrategias organizativas del mantenimiento industrial, se denota en todas ellas la gran incidencia del conocimiento por los procesos técnicos específicos necesarios para su implementación, y que pueden afectar directamente a la producción o servicio de la empresa.

En la Tabla 31 se pueden observar las barreras y facilitadores para la gestión del conocimiento en relación a sus tipos. Se observa que el mantenimiento correctivo, denota una falta de organización, una importante variabilidad no controlada en los procesos de fallo y gran dependencia del

Tipos	Tipos de técnicas mantenimiento	Facilitadores para la gestión del conocimiento	Barreras para la gestión del conocimiento
	Correctivo		• Actuación por impulsos • Alta improvisación • Falta concienciación • Estrategias de la dirección • Fuerte conocimiento tácito y dependencia del personal
	Preventivo	• Existe una planificación, reflejada en planes • Existe una conciencia en la dirección de la función del mantenimiento	• Normalmente se refleja la realización, pero no el conocimiento del proceso completo, para utilizarse en auto-aprendizaje • El conocimiento en los procesos se suele realizar basándose en la experiencia • Las empresas tienden a la subcontratación, estando el conocimiento de las acciones fuera del ámbito de la empresa
	Predictivo	• Existe una planificación, reflejada en planes • Buen conocimiento de los sistemas • Conocimiento de fallos típicos y su prevención • Personal cualificado	• Inversión de tiempo para conseguir la capacitación necesaria que redunde en la generación del conocimiento • En pequeñas empresas, difícil de implementar o aplicación parcial normalmente subcontratada

Tabla 31. Barreras y facilitadores para la aplicación de la GC en relación a los tipos mantenimiento.
Fuente: elaboración propia

conocimiento tácito de los operarios, que denotan que cualquier actuación para la transferencia y utilización del conocimiento, implicarían acciones de mejora inmediatas. El mantenimiento preventivo, lleva implícito una planificación (muchas veces mal analizada y sólo basada en el tiempo), que marcan un camino para la gestión del conocimiento, aunque muchas empresas tienden a subcontratar dichos servicios, con lo cual dicho conocimiento pasa a la empresa subcontratista, perdiendo la empresa el control sobre el "saber" qué interactúa en sus propias instalaciones. El mantenimiento predictivo, denota un mayor compromiso del conocimiento, con la captura de información sobre las características de fiabilidad de los procesos, requiere una formación más especializada, y normalmente una mayor concienciación en documentar las actuaciones que puede conllevar un conocimiento generado y transmitido.

En cuanto a las filosofías o estrategias normalmente usadas en el mantenimiento industrial, están todas basadas en la combinación de los tipos fundamentales de mantenimiento, en conjunto con técnicas organizativas con proyección hacia una estrategia fundamental que es la eficiencia productiva o del servicio realizado por la empresa. Sin embargo, aunque todas ellas bien intencionadas, requieren de un alto compromiso de la alta dirección, de todo el personal (no sólo de mantenimiento), unos medios temporales y económicos, para conseguir unos resultados favorables en un medio plazo. Estas estrategias marcan un camino adecuado para realizar procesos de gestión del conocimiento, por la alta capacidad de gestión y conocimiento del equipamiento que conlleva la adquisición de información necesaria para la eficiencia de los procesos.

Las barreras para la gestión del conocimiento en las grandes estrategias de mantenimiento (Tabla 32), son precisamente en la continuidad de los facilitadores que en su propia definición están implícitos, dado que todos ellos deben ser mantenidos en el tiempo, con una fuerte disciplina corporativa, y una dotación que debe ser asumida ante diferentes incertidumbres económicas.

Hay que tener en cuenta, que todos los procedimientos planteados por las estrategias de mantenimiento, no sólo deben tener en cuenta "qué hay que hacer", sino también "cómo se debe hacer", parte esta última normalmente olvidada, que conlleva sin duda la captación del conocimiento tácito operativo del mantenimiento, su registro y documentación, y con ello su transmisión al resto de la organización, que redundará ante acciones no cíclicas, fallos complejos no periódicos y actuación ante emergencias operativas

En empresas de mayor tamaño, y en consecuencia en las economías de escala, cualquier acción de mejora de la gestión del conocimiento de dichas actividades estratégicas, conllevarán una mayor eficiencia y retorno de la inversión de aplicar técnicas más complejas. El reto se plantea en las pequeñas y medianas empresas, donde no se observa un retorno inmediato de la inversión por las utilización de estrategias fundamentales de mantenimiento y su gestión del conocimiento, asumiendo las perdidas redundantes como parte de los gastos que se deben tener en cuenta en la producción, repercutidas en el precio final, con alta variabilidad (no se sabe cuantificar el gasto repercutido por esos procesos improductivos aleatorios).

No obstante, todas los tipos y estrategias de mantenimiento pueden ser adaptados al propio entorno de la empresa, y marcado un compromiso aunque sea de forma parcial en el proceso pro-

	Estrategias de mantenimiento	Facilitadores para la gestión del conocimiento	Barreras para la gestión del conocimiento
Estrategias	**TPM**	• Estrategia global • Implicación de la dirección • Involucra aprendizaje y mejora continua • Aúna esfuerzos del personal de producción alrededor del mantenimiento • Trabajo en equipo	• RNormalmente se centra en el último escalón (mantenimiento autónomo) • REs un proceso a largo plazo, que debe dotarse de continuidad
	RCM	• Identificación de los componentes críticos • Integra las tareas de mantenimiento con el contexto operacional • Fomenta el trabajo en grupo	• REs necesario un equipo de trabajo multidisciplinario • RLas técnicas RCM pueden ser complejas para el personal operario en contornos de pequeñas empresas
	WCM	• Estrategia corporativa • Conocimiento de las metas y objetivos fijados • Mejoramiento continuo • Normalmente utilizadas en empresas multinacionales, con grandes recursos	• Requiere de un alto compromiso mantenido a largo plazo por toda la organización • Requiere que se tenga un alto nivel de prevención y planeación, soportado en un adecuado sistema gerencial de información de mantenimiento • Es un proceso de largo plazo • Debe haber un alto compromiso de los empleados y los proveedores • Dependencia de subcontratación en mantenimiento • Requiere buen clima organizacional y un excelente recurso humano motivado hacia el aprendizaje individual y colectivo • Alta complejidad para pequeñas y medianas empresas
	Proactivo	• Conocimiento de la economía en los costos de maquinaria • Busca fortalecer el entrenamiento y capacitación del personal	• Requiere que el personal tenga un alto nivel de conocimiento y familiarización con la máquina • La rotación de personal • Deben realizarse estrategias de motivación • Sólo se actúa principalmente sobre la maquinaria involucrada en la producción, no sobre el resto de instalaciones con un conocimiento crítico más complejo

Continúa

	Estrategias de mantenimiento	Facilitadores para la gestión del conocimiento	Barreras para la gestión del conocimiento
Estrategias	Lean maintenance	• Estrategia hacia la eficiencia total en la producción • Compromiso global de la organización	• Requiere una planificación estricta, mantenida en el tiempo • En la reducción de costes puede influir los tiempos necesarios para formación y gestión del conocimiento
	Terotecnología	• Conlleva el conocimiento de todo el ciclo de vida del equipamiento • Estrategia global de la empresa en combinación con proveedores • Conocimiento profundo de las propias actividades, procesos y el de los proveedores • Análisis de la información para determinar la causa de los problemas	• Los proveedores deben tomar las mismas estrategias y gestión de la información • La captación y manejo de la información requiere de sistemas complejos integrados con lo de los proveedores • Alta complejidad para pequeñas y medianas empresas

Tabla 32. Barreras y facilitadores para la aplicación de la GC en relación a estrategias de mantenimiento.
Fuente: elaboración propia

ductivo, permite la entrada de la mejora de la eficiencia, la gestión del conocimiento, y con ello el aumento de la productividad general.

5. Conclusión

El aplicar en las empresas sólo técnicas básicas de mantenimiento (correctivo, preventivo), conlleva una importante barrera hacia una eficiente gestión del conocimiento de la actividad. En esta situación el adoptar técnicas de gestión del conocimiento, aunque sólo en las actividades muy críticas operativas, permite una puerta de entrada a la mejora de su utilización, unos beneficios valorados a corto plazo (reducción de paradas de producción o el tiempo de esas paradas), y es el punto de comienzo de estrategias de mantenimiento más complejas para las empresas, con dotación económica-tiempo en sus comienzos.

Las estrategias globales de mantenimiento son normalmente utilizadas por grandes empresas, siendo su barrera fundamental la propia disciplina empresarial que debe ser mantenida de manera continua, la dotación de medios en sus comienzos en grande y debe estar involucrada toda la organización.

De todo lo argumentado se extrae la necesidad de capturar, administrar, almacenar, transferir y difundir el conocimiento de la organización de mantenimiento y el entorno que la rodea para que la organización sea capaz de integrar eficazmente la percepción, la creación de conocimiento y la toma de decisiones se pueda describir como una organización inteligente [Choo, 1999]. Es en la organización de mantenimiento, por sus propias características de funcionamiento y experiencia requerida, donde se haga más acuciante analizar los efectos de su gestión del conocimiento, y en especial el tácito.

La realidad empresarial y los estudios sectoriales sobre la actividad de mantenimiento (AEM, 2010), denotan la dificultad de las empresas pequeñas en adoptar estrategias complejas de mantenimiento. Es por ello, que con la adopción de técnicas de gestión del conocimiento, aunque sea de manera primaria, se pueden conseguir mejorar los valores de disponibilidad, que sin duda conllevará el comienzo de otras estrategias superiores.

6. Referencias

AEM (Asociación Española de Mantenimiento) (2010). *Encuesta sobre la evolución y situación del mantenimiento en España*.

AFIM (Association Française des Ingénieurs et techniciens de Maintenance). (2007). *Guide national de la maintenance*. Paris.

Ahuja, I.P.S., & Khamba, J.S. (2008a). Assessment of contributions of successful TPM initiatives towards competitive manufacturing. *Journal of Quality in Maintenance Engineering*, 14(4), 356-374. http://dx.doi.org/10.1108/13552510810909966

Ahuja, I.P.S., & Khamba, J.S. (2008b). Total productive maintenance: literature review and directions. *International Journal of Quality & Reliability Management*, 25(7), 709-756. http://dx.doi.org/10.1108/02656710810890890

Alardhi, M., & Hannam, R.G. (2007). Preventive maintenance scheduling for multi-cogeneration plants with production constraints. *Journal of Quality in Maintenance Engineering*, 13(3), 276-292. http://dx.doi.org/10.1108/13552510710780294

Al-Najjar, B., & Alsyouf, I. (2003). Selecting the most efficient maintenance approach using fuzzy multiple criteria decision making. *International Journal of Production Economics*, 84(1), 85-100. http://dx.doi.org/10.1016/S0925-5273(02)00380-8

Altmann, C. (2006). El Análisis de Causa Raíz, como herramienta en la mejora de la Confiabilidad. *2do Congreso Uruguayo de Mantenimiento, Gestión de Activos y Confiabilidad*. 16, 17 y 18 de Agosto. Montevideo, Uruguay.

Armendola, L. (2002). *Modelos mixtos de Confiabilidad*. Projet Managament. Edición Prentice Hall.

Armendola, L. (2004). *Estrategias y Técnicas en la Dirección y Gestión de Proyectos*. Projet Managament. Edición Prentice Hall.

Arunraj, N.S., & Maiti, J. (2010). Risk-based maintenance policy selection using AHP and goal programming. *Safety Science*, 48(2), 238-247. http://dx.doi.org/10.1016/j.ssci.2009.09.005

Barata, C.J., Guedes, S., Marseguerra, M., & Zio, E. (2002). Simulation modelling of repairable multicomponent deteriorating systems for on condition maintenance optimisation. *Reliability Engineering & System Safety*, 76(3), 255-264. http://dx.doi.org/10.1016/S0951-8320(02)00017-0

Bottini, R. (2010). *Modelos matemáticos para Optimización de Reemplazo Preventivo e Inspecciones Preventivas*. Universidad Austral.

Bourne, M. (2005). Researching performance measurement system implementation: the dynamics of success and failure. *Production Planning & Control*, 16(2), 101-113. http://dx.doi.org/10.1080/09537280512331333011

Bueno, E. (2002). *La sociedad del conocimiento: un nuevo espacio de aprendizaje de las personas y organizaciones en La Sociedad del Conocimiento*. Monografía de la Revista Valenciana de Estudios Autonómicos. Presidencia de la Generalitat Valenciana, Valencia.

Cadini, F., Zio, E., & Avram, D. (2009). Model-based Monte Carlo state estimation for condition-based component replacement. *Reliability Engineering & System Safety*, 94(3), 752-758. http://dx.doi.org/10.1016/j.ress.2008.08.003

Cárcel, J. (2010). Aspectos estratégicos del mantenimiento industrial relativos a la eficiencia energética. *Articulo 1er Congreso de dirección de operaciones en la empresa.* 25 y 26 de Junio, Madrid.

Carnero Moya, M. (2006). An evaluation system of the setting up of predictive maintenance programmes. *Reliability Engineering & System Safety*, 91(8), 945-63. http://dx.doi.org/10.1016/j.ress.2005.09.003

Carnero, C., & Delgado, S. (2008). Maintenance audit by means of value analysis technique and decision rules. *Journal of Quality in Maintenance Engineering*, 14(4), 329-342. http://dx.doi.org/10.1108/13552510810909948

Carnero, M.C. (2004). The control of the setting up of a Predictive Maintenance Programme using a system of indicators. *Omega*, 32, 57-75. http://dx.doi.org/10.1016/j.omega.2003.09.009

Carrillo, J., & Gaimon, C. (2004). Managing knowledge-based resource capabilities under uncertainty. *Management Science*, 50(11), 1504-1518. http://dx.doi.org/10.1287/mnsc.1040.0234

Chan, F.T.S. (2005). Implementation of total productive maintenance: a case study. *International Journal of Production Economics*, 95(1), 71-94. http://dx.doi.org/10.1016/j.ijpe.2003.10.021

Chen, J. (2006). Optimization models for the machine scheduling problem with a single flexible maintenance activity. *Engineering Optimization*, 38(1), 53-71. http://dx.doi.org/10.1080/03052150500270594

Chien, Y.H., & Chen, J.-A. (2010). Optimal spare ordering policy for preventive replacement under cost effectiveness criterion. *Applied Mathematical Modeling*, 34(10), 716-724. http://dx.doi.org/10.1016/j.apm.2009.06.017

Choo, C.W. (1999). *La Organización Inteligente*. México: Oxford University Press.

Conde, J. (1999). *El Mantenimiento efectivo: principios y métodos*. Working paper, GIO-0500-UCLM. Ciudad Real.

Cortés, J. (2007). *Seguridad e higiene del trabajo: técnicas de prevención de riesgos laborales*. 9th edición. Madrid: Tébar.

Crespo Marquez, A., & Gupta, J. (2006). Contemporary maintenance management: process, framework and supporting pillars. *Omega*, 34(3), 313-326. http://dx.doi.org/10.1016/j.omega.2004.11.003

Cuesta, F. (2010). *Manual y contrato de mantenimiento de la infraestructura eléctrica de una fábrica*. PFC. Universidad Carlos III. Madrid.

Del Moral, A. (2007). *Gestión del Conocimiento*. España: Thompson Editores.

DIRCE. (2010). *Directorio central de empresas.* Instituto nacional de estadística. Madrid, España.

Eti, M.C., Ogaji, S.O.T., & Probert, S.D. (2005). Strategic maintenance-management in Nigerian industries. *Applied Energy*, 83, 211-227. http://dx.doi.org/10.1016/j.apenergy.2005.02.004

Evans, D. (1975). *Terotechnology. How can it work*. Inglaterra.

Ferdows, K. (2006). Transfer of changing production know-how. *Production and Operations Management*, 15(1), 1-9. http://dx.doi.org/10.1111/j.1937-5956.2006.tb00031.x

García, S. (2003). *Organización y gestión integral de mantenimiento: manual práctico para la implantación de sistemas de gestión avanzados de mantenimiento industrial*. Madrid: Díaz de Santos.

García, S. (2009a). *Ingeniería del mantenimiento*. Colección Mantenimiento Industrial, 6. Editorial Renovetec.

García, S. (2009b). *Mantenimiento predictivo*. Colección Mantenimiento Industrial, 3. Editorial Renovetec.

Garg, A., & Deshmukh, S.G. (2006). Maintenance management: literature review and directions. *Journal of Quality in Maintenance Engineering*, 12(3), 205-238. http://dx.doi.org/10.1108/13552510610685075

Geraghty, T. (1996). R.C.M. and T.P.M. complementary rather than conflicting techniques. Article. *Journal*, 63. USA.

Goel, H.D., Grievink, J., & Weijnen, M.P.C. (2003). Integrated optimal reliable design, production, and maintenance planning for multipurpose process plants. *Computers & Chemical Engineering*, 27(11), 1543-1555. http://dx.doi.org/10.1016/S0098-1354(03)00090-5

González, F.J. (2005). *Teoría y práctica del mantenimiento industrial avanzado*. Fundación confemetal. Madrid.

Hiatt, B. (1999). *Best Practices Maintenance. A 13 Step Program in Establishing a World Class Maintenance Organization*. USA.

Hui, E., & Tsang, A. (2004). Sourcing strategies of facilities management. *Journal of Quality in Maintenance Engineering*, 10(2), 85-92. http://dx.doi.org/10.1108/13552510410539169

Idhammar, C. (1997a). Maintenance management: moving from reactive to results-oriented. *Journal Review Pima's Papermaker*. USA.

Idhammar, C. (1997b). Results Oriented Maintenance TM Management Book, 195. USA.

Inacio da Silva, C., Pereira, C., & Oliveira, C. (2008). Proactive reliability maintenance: a case study concerning maintenance service costs. *Journal of Quality in Maintenance Engineering*, 14(4), 343-355. http://dx.doi.org/10.1108/13552510810909957

Jin, X., Li, L., & Ni, J. (2009). Option model for joint production and preventive maintenance system. *International Journal of Production Economics*, 119(2), 347-353. http://dx.doi.org/10.1016/j.ijpe.2009.03.005

Karim, R., & Soderholm, P. (2009). Application of information and communication technology for maintenance support information services. *Journal of Quality in Maintenance Engineering*, 15(1), 78-91. http://dx.doi.org/10.1108/13552510910943895

Kelly, A., & Harris, M.J. (1978). *Management of Industrial Maintenance*. Oxford: Butterworths.

Kim, C.S., Djamaludin, I., & Murthy, D.N.P., (2004). Warranty and discrete preventive maintenance. *Reliability Engineering & System Safety*, 84(3), 301-309. http://dx.doi.org/10.1016/j.ress.2003.12.001

Kumar, U. (1990). Application of reliability-centered maintenance: a tool for higher profitability. *Maintenance*, 5(3), 23-26.

Lazim, H.M., Ramayah, T., & Ahmad, N. (2008). Total productive maintenance and performance: a Malaysian SME experience. *International Review of Business Research Papers*, 4 (4), 237-250.

Macián, V., Tormos, B., & Olmeda P., (2007). *Fundamentos de Ingeniería del Mantenimiento*. Servicio de Publicaciones. Universidad Politécnica de Valencia.

Matsuoka, S., & Muraki, M. (2007). Short-term maintenance scheduling for utility systems. *Journal of Quality in Maintenance Engineering*, 13(3), 228-240. http://dx.doi.org/10.1108/13552510710780267

MITC, (2011). *Tecnologías de la Información y las Comunicaciones en las PYMES y grandes empresas españolas*. Ministerio de Industria, turismo y comercio de España. Madrid.

Modarres, M. (2006). *Risk Analysis in Engineering: Techniques, Tools, and Trends*. New York, NY: Taylor & Francis.

Monchy, F. (1990). *Teoría y Práctica del Mantenimiento Industrial*. Versión castellana Manuel Fraxanet de Simón, Masson S. A., Barcelona.

Mora, A. (1999). *Selección y jerarquización de las variables importantes para la gestión de mantenimiento en empresas usuarias o generadoras de tecnologías avanzadas*. Tesis doctoral. Universidad Politécnica de Valencia. Valencia. España.

Mora, A. (2005). *Mantenimiento estratégico para empresas de servicios o industriales*. Medellín, Colombia: Ed. AMG.

Moubray, J. (1991). *Reliability-Centered Maintenance*. Oxford: Butterworth-Heinemann.

Nahas, N., Khatab, A., Ait-Kadi, D., & Nourelfath, M. (2008). Extended great deluge algorithm for the imperfect preventive maintenance optimization of multi-state systems. *Reliability Engineering & System Safety*, 93(11), 1658-1672. http://dx.doi.org/10.1016/j.ress.2008.01.006

Nakajima, S. (1988). *Introduction to TPM*. Cambridge, MA: Productivity Press.

Nakajima, S. (1989). *TPM Development Program*. Cambridge, MA: Productivity Press.

Nonaka, I., & Takeuchi, H. (1999). *La Organización Creadora de Conocimiento*. México: Oxford

Nowlan, F., & Heap, H. (1978). *Reliability Centered Maintenance*. U.S: Departament of commerce national technical information service. Spriengield. USA.

OCDE (1996). *The Knowledge-Based Economy,* Mimeo, París, OCDE, Mimeo, 1-46.

OCDE (2004). *Medición de la gestión de conocimientos en las empresas: primeros resultados*. Ed. OCDE.

Oiltech Analisys S.L. (1995). Mantenimiento Proactivo de sistemas mecánicos lubricados. *Fluidos oleohidráulica neumática y automación*, 24, 208-209. España.

Oke, S.A. (2005). An analytical model for the optimization of maintenance profitability. *International Journal of Productivity and Performance Management*, 54(2), 113-136. http://dx.doi.org/10.1108/17410400510576612

Peña, P. (2001).*To know or no to be. Conocimiento, el oro gris de las organizaciones*. Madrid: Dintel.

Pirret, R. (1999). *Proactive calibration helps drive productivity higher*. I&CS. Everett, WA.

Rausand, M. (1998). Reliability centered maintenance. *Reliability Engineering and System Safety*, 60, 121-132. http://dx.doi.org/10.1016/S0951-8320(98)83005-6

Rey, S.F. (1996). *Hacia la excelencia en mantenimiento*. Editorial Tecnologías de Gerencia y Producción SA. TGP Hoshin SL. Madrid. España.

Rodríguez Méndez, M. (2001). *Aportaciones al Análisis de Cambios de Formato en Líneas de Envasado*. Tesis Doctoral. Universidad de Castilla-La Mancha. Ciudad Real.

Rodríguez Méndez, M. (2003). *El Proceso de Cambio de Útiles*. Madrid: Editorial Fundación Confemetal.

Sachdeva, A., Kumar, D., & Kumar, P. (2008). Planning and optimising the maintenance of paper production systems in a paper plant. *Computers and Industrial Engineering*, 55(4), 817-829. http://dx.doi.org/10.1016/j.cie.2008.03.004

Sánchez,M., Chaminade, C., & Escobar, C. (1999). En busca de una teoría sobre medición y gestión de los intangibles en la empresa: Una aproximación metodológica. *Ekonomiaz*, 45, 188-213.

Sexto, L. (2004). *El TPM y la gestión del conocimiento*. Centro de Estudio de Innovación y Mantenimiento. Campus CUJAE. La Habana, Cuba.

Sharma, A., & Yadava, G. (2011). A literature review and future perspectives on maintenance optimization. *Journal of Quality in Maintenance Engineering*, 17(1), 5-25. http://dx.doi.org/10.1108/13552511111116222

Sun, Y., Ma, L., & Mathew, J. (2007). Prediction of system reliability for component repair. *Journal of Quality in Maintenance Engineering*, 13(2), 111-124. http://dx.doi.org/10.1108/13552510710753023

Swanson, L. (2003). An information-processing model of maintenance management. *International Journal of Production Economics*, 83(1), 45-64. http://dx.doi.org/10.1016/S0925-5273(02)00266-9

Tavares L. (2004). *Administración moderna de Mantenimiento*. Editorial Interamericana S.A.

Tavares, L.A. (1999). *Administración Moderna de Mantenimiento*. Río de Janeiro. Brasil: Novo Polo Publicações.

UNE-EN 13306. (2010). *Mantenimiento: Terminología de mantenimiento*. Aenor.

UNE-EN 13460. (2009). *Terminología de mantenimiento*. Aenor.

UNE-EN 15341. (2007). *Indicadores clave de rendimiento del mantenimiento*. Aenor.

UNE-EN 200001-3-11. (2003). *Gestión de la confiabilidad: Parte 3-11: Guía de aplicación Manteni-miento centrado en la fiabilidad*. Aenor.

UNE-EN 20464. (2002). *Planificación del mantenimiento y de la logística de mantenimiento*. Aenor.

UNE-EN 20654-4. (2002). *Guía de mantenibilidad de equipos: Parte 4-8: Planificación del manteni-miento y de la logística de mantenimiento*. Aenor.

UNE-EN 60706-2. (2006). *Requisitos y estudios de mantenibilidad durante la fase de diseño y de-sarrollo*. Aenor.

Veldman, J., Klingenberg, W., & Wortmann, H. (2011). Managing condition-based maintenance technology. A multiple case study in the process industry. *Journal of Quality in Maintenance Engi-neering*, 17(1), 40-62. http://dx.doi.org/10.1108/13552511111116240

Wakefield, C. (1985). Quality assurance in maintenance. *The South African Mechanical Engineer*, 35.

Wiig, K.M., (1997). Integrating Intellectual Capital and Knowledge Management. *Long Range Plan-ning*, 30(3).

Xiomara, P. (2009). La gestión del conocimiento y las Tics en el siglo xxi. *CONHISREMI, Revista Uni-versitaria de Investigación y Diálogo Académico*, 5(1).

3.2. Aspectos estratégicos del mantenimiento industrial relativos al conocimiento

Resumen: En este artículo, se pretende analizar la situación actual de los procesos ligados al conocimiento y, en concreto, los referidos a la experiencia, que interesa contemplar en relación con los aspectos estratégicos del mantenimiento industrial, en lo referente a la fiabilidad y disponibilidad. Al abordar el estado de la cuestión, se comenzará con la revisión de la naturaleza del mantenimiento industrial, para lo que, después de un breve análisis de la evolución del mantenimiento, se fijarán los elementos básicos que definen su naturaleza. De ahí, se extraerán algunas conjeturas sobre las carencias observables, dentro del mantenimiento industrial, en relación con el conocimiento y su transmisión. Se analizará, consiguientemente, el papel que ese conocimiento lleva a cabo en los sistemas de mantenimiento, que es tanto como preguntarse por los objetivos básicos, estructura y estrategias de mantenimiento y la función que en esos sistemas desempeñan, actualmente, los procesos relativos al conocimiento.

Palabras Clave: Mantenimiento industrial, Gestión del conocimiento, Proceso del fallo, Disponibilidad operativa.

1. Introducción

Que el mantenimiento industrial es una actividad estratégica dentro de los órganos tácticos de las empresas (Sharma et al., 2011; Veldman et al., 2011; Garg et al., 2006; Muller et al., 2008; Hui et al, 2004; Rey, 2001; Souris, 1992; Dixon, 2001), es ampliamente aceptado por todos los órganos de gestión empresarial, aunque en muchas ocasiones olvidado o relegado a una segunda posición, o como un "coste económico" a asumir por los órganos de dirección.

Las estrategias y tecnologías de mantenimiento ofrecen recursos que contribuyen a lograr determinados niveles de confiabilidad de los activos (Modarres, 2006; Goel et al., 2003), pero no pueden hacer realidad la decisión y el compromiso de ser consecuentes con ellas en la actuación cotidiana. Tal resolución pertenece a la dirección de las organizaciones (Gómez-Senent, 1997) y a los que tienen el privilegio de la sabiduría de conducir, por el camino adecuado, al capital humano. El hecho trascendental y definitivo esta dado, una vez más, por el liderazgo que sea capaz de generarse en la organización (Sexto, 2005).

Sin embargo, debidamente analizado y marcada su posición estratégica, toma posiciones de gran relevancia, que inciden de manera sustancial, en todas las decisiones de la empresa y su adecuada eficiencia en la producción o explotación y por ello en su visión económica (Crespo, 2004; Boucly, 1998; Navarro, 1997).

En este artículo se pretende analizar los procesos ligados al conocimiento y, en concreto, los referidos a la experiencia, que interesa contemplar en relación con los aspectos estratégicos del mantenimiento industrial, en lo referente a la fiabilidad y disponibilidad, elementos que configuran la naturaleza del mantenimiento industrial, a partir de una conceptualización operativa generalmente aceptada.

Se comenzará con la revisión de la naturaleza del mantenimiento industrial, para lo que, después de un breve análisis de la evolución del mantenimiento, se fijarán los elementos básicos que definen su naturaleza. De ahí, se extraerán algunas conjeturas sobre las carencias observables, dentro del mantenimiento industrial, en relación con el conocimiento y su transmisión. Se analizará, consiguientemente, el papel que ese conocimiento lleva a cabo en los sistemas de mantenimiento, que es tanto como preguntarse por los objetivos básicos, estructura y estrategias de mantenimiento y la función que en esos sistemas desempeñan, actualmente, los procesos relativos al conocimiento.

2. La operativa del mantenimiento industrial

Una tal definición operativa de Mantenimiento Industrial podría ser el conjunto de técnicas que tienen por objeto conseguir una utilización óptima de los activos productivos, manteniéndolos en el estado que requiere una producción eficiente.

Pueden extraerse de esta definición los siguientes elementos:

- Estado requerido.

- Exigencias de disponibilidad o conservación de ese estado.

- Conjunto de técnicas y procedimientos orientados a esa conservación.

- Actividad de reemplazo, reparación o modificación de unidades, componentes, conjuntos, equipos o sistemas de una planta industrial.

Se observa, cómo ya en la misma naturaleza del mantenimiento aparecen elementos ligados al conocimiento, ya que la técnica puede ser definida como la forma o manera de realizar una actividad, implicando, en consecuencia, la presencia de capital intelectual incorporado o no a los activos industriales o al personal. La especial acción o actividad del mantenimiento exige técnicas o conocimientos muy específicos y contingentes, de alto valor estratégico, que implican complejidad y elevados esfuerzos en su registro, transmisión y aplicación.

En cuanto a la expresión de su meta: la consecución de requerimientos de disponibilidad en equipos e instalaciones, implica la ubicación de las actividades de mantenimiento en escenarios de elevada contingencia e incertidumbre, dónde contenidos informativos muy dinámicos, perecederos y específicos, y sus procedimientos de aplicación, se revelan como imprescindibles para una marcha eficiente de la planta. En otro caso, el mantenimiento de la planta debería responder de elevados costes de intervención, basados en una búsqueda repetitiva e inconsistente de información en las fases de detección, diagnóstico, prevención y reparación del fallo.

También la investigación e identificación del estado requerido es función del conocimiento, en especial, como se ha mencionado, cuando éste depende de tantas circunstancias y variables.

Por último, la actividad de mantenimiento requiere conocimientos muy específicos y variados; destacando el de diferentes y, en muchas ocasiones, novedosas tecnologías. Su optimización es compleja y la toma de decisiones se desenvuelve en un ambiente de incertidumbre.

En este artículo, de entre los barajados, se han considerado elementos esenciales del mantenimiento industrial los siguientes:

- El proceso de fallo.

- La cadena de fallo.

- La incertidumbre.

- La experimentalidad y el modelado de sistemas.

- La disponibilidad.

- La incidencia del factor humano.

Antes de pasar a analizar, con mayor detenimiento, cada uno de estos elementos, parece útil, como complemento del presente apartado, comprobar, en el siguiente, cómo no sólo en la actualidad, sino a lo largo de su evolución histórica, el mantenimiento ha precisado de factores y aspectos ligados a la experiencia y al conocimiento en general, como algo propio y necesario para su consecución efectiva.

3. Evolución histórica

De forma muy sucinta, se realiza a continuación una breve reseña de la evolución del mantenimiento, a efectos de determinar la línea básica de esa evolución, extrayendo los elementos comunes a la misma y certificando la necesidad perentoria de procesos ligados al conocimiento, como algo imprescindible y valioso de la actividad de mantenimiento.

Aunque el origen del mantenimiento es, sin duda, tan antiguo como las primeras máquinas que utilizó el hombre, el mantenimiento industrial tal como lo entendemos, hizo su aparición, como actividad sistemáticamente organizada, en los albores del siglo xx. Tuvieron lugar, al parecer, los primeros casos conocidos, en fundiciones de Estados Unidos, y en el sector militar: en aviones y submarinos durante la Primera Guerra Mundial. En 1920, el mantenimiento mecánico ya se practicaba en plantas industriales, actividades de transporte, etc. De 1928 a 1930, aparecen las primeras empresas consultoras en este ámbito. No es casual que en fecha tan temprana aparezcan asesores cuyo producto es un servicio basado en su experiencia y conocimientos.

Con posterioridad a esta etapa inicial, el mantenimiento, como otros campos de la Organización Industrial, experimentan un notable desarrollo durante la Segunda Guerra Mundial y en la posguerra, en diferentes aplicaciones de interés militar. Se desarrollan programas de mantenimiento preventivo consistentes en inspeccionar el avión antes de cada vuelo, comprobando su estado y reemplazando componentes después de un cierto número de horas de funcionamiento (técnica, también empleada en la actualidad, conocida como "hard time"). Se revelan, así, los conocimientos sobre el estado de los equipos y la rentabilidad del reemplazo, como algo básico para proceder eficientemente a la conservación de los mismos.

A partir de 1945, se utiliza la redundancia de componentes en el diseño, reduciendo la "criticidad del fallo". También se formalizan técnicas de ensayo y medidas físicas, con el fin de conocer la probabilidad de fallo de cada componente. Comienza a "protocolizarse" la actividad de mantenimiento en lo relativo a pruebas y ensayos, con lo que se obtiene una información registrada y formalizada, objeto, por tanto, de conocimiento explícito. La medición introduce el método científico riguroso encaminado al conocimiento del elemento más valioso y sustancial del objeto del mantenimiento: el fallo y sus características.

A finales de la década de los 60, comienza la aplicación sistemática de las técnicas de fiabilidad, permitiendo la predicción de los costes derivados de los fallos y el cálculo de la rentabilidad de la actividad de mantenimiento. Aun así, el comportamiento de determinados componentes no presentaba fácil predicción, escapándose de los modelos al uso; algo que aún hoy perdura, ya que se pasa, del modelo clásico de curva de tasa de fallo en forma de bañera, a seis modelos diferentes en el RCM y la investigación continúa tratando de modelar aquellos comportamientos que no se adaptan suficientemente a los esquemas planteados. El conocimiento sobre el comportamiento del fallo, a lo largo del ciclo de vida de los equipos, se revela como complejo y específico y es de esperar que, en adelante, se planteen modelos multidisciplinares que aborden la relación causa-efecto del fallo en toda su complejidad, esto es, entendiendo la máquina o el equipo como un todo.

Además de la atención al análisis y estudio de las causas y efectos de las incidencias de los equipos industriales, objeto básico del mantenimiento, también su gestión fue ya desde el comienzo de la década de los 60 elemento de estudio y análisis, Así desde el comienzo de los años 60, se destaca la utilidad de disponer de estadísticas históricas de averías para el análisis y planificación del mantenimiento (Greer, 1960; Hanks, 1961), así como la descripción de diversos métodos de optimización de políticas de mantenimiento (Barlow et al., 1960). En esa línea, pero fijando como objetivo el aumento de productividad, Darnell y Bert en 1978, publican una contribución en la que abogan por el mantenimiento programado como medio de aumentar la productividad (Darnell, 1978). Christer, en 1981 y Boland y Proscan en 1982, insisten en la misma línea, destacando la incidencia sobre la productividad de una actitud activa y programada en mantenimiento, en contraposición con actitudes pasivas e incontroladas (Christer. 1981; Boland et al., 1982).

La información ya de por sí compleja y específica, en el análisis de causas, se hace ahora desbordante por causa de los múltiples aspectos de interés y su relación. El tratamiento de la información exige técnicas informáticas y de Investigación Operativa depuradas que den sentido a esa información, la orienten a las metas propuestas en la planificación y dirijan su uso a la optimización de la actividad de mantenimiento.

Aunque es a finales de la década de los 60 cuando las asociaciones de mantenimiento impulsaron los estudios, correspondientes a esta disciplina, especialmente en Inglaterra (British Standars, 1964), es en los 70 cuando aparecen claramente dos líneas de análisis que configuran dos Escuelas de pensamiento acerca del Mantenimiento.

Una línea de análisis, la Escuela Soviética, contempla los parámetros del mantenimiento de máquinas desde un punto de vista constructivo y biológico, introduciendo conceptos de salud y envejecimiento. Artobolevski y Gorvachkin destacan la relación de los parámetros de estado en el diseño de máquinas; haciendo éste último referencia, en sus análisis, al modelado del desgaste de la máquina, e incorporando al diseño especificaciones orientadas a la facilidad con que se efectúe la reparación. De destacar también son los trabajos de Artemieb y Raiman sobre obtención y análisis de datos en el proceso de desgaste de los tractores. Finalmente, Selivanov introdujo en 1972 la noción de utilidad como una variable o característica objetivo del servicio de las máquinas.

Por otro lado, la escuela occidental contempla, dentro del estudio del mantenimiento, los conceptos económicos básicos de la Teoría Económica de la Firma, para determinar la rentabilidad de la reparación, y en consecuencia la fijación de políticas de mantenimiento, en relación, por ejemplo, con la renovación de la maquinaria. A este enfoque que puede ser calificado como clásico, a partir de 1975 se introduce el de la terotecnología, que contempla el estudio del coste del ciclo de vida (LCC o "life cycle costing"), como necesario a la hora de concluir estrategias de inversión, operación y eliminación en mantenimiento (Kelly et al., 1975).

Ambos enfoques se integran modernamente en un enfoque de sistemas en que la conservación no puede deslindarse del diseño y la logística a lo largo de la vida del equipo y la planta (Figuras 53 y 54) se presentan dos esquemas que recogen la evolución de los sistemas o tecnologías organizativas de mantenimiento). Los conocimientos en este campo se interrelacionan con el resto de información y experiencia de los procesos de producción y distribución. El conocimiento integrado toma carta de valor y aparece como imprescindible, si lo que se busca son objetivos de sostenibilidad y productividad compartidas en los proyectos industriales.

También la actividad de mantenimiento se ha contemplado desde un punto de vista macroeconómico o sectorial, así, en 1970, el Ministerio de Tecnología del Reino Unido publica un informe sobre la incidencia del mantenimiento en la economía nacional e incluso, con posterioridad, en

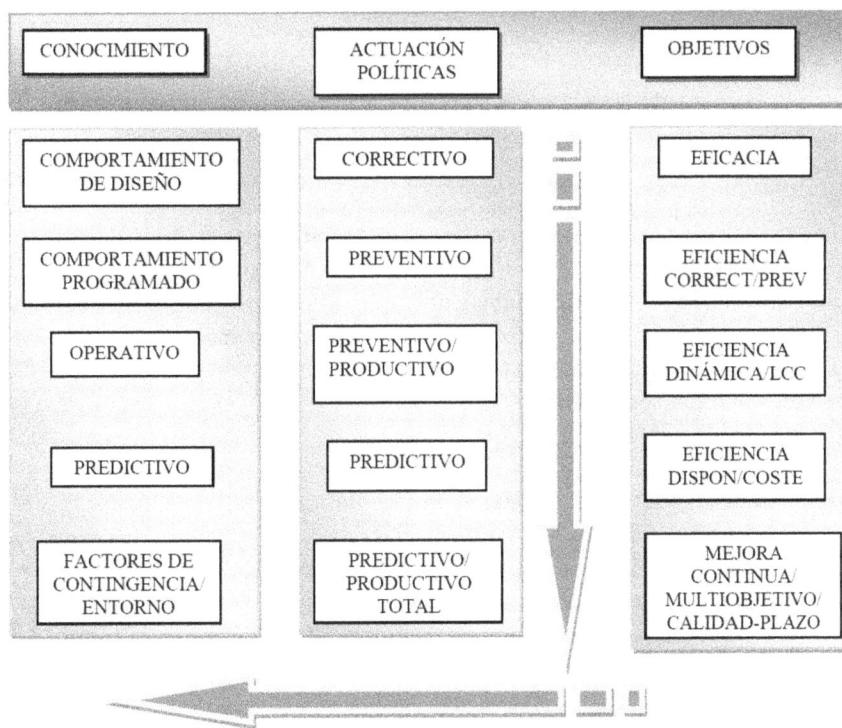

Figura 53. Esquema general de la evolución del mantenimiento. Fuente: elaboración propia

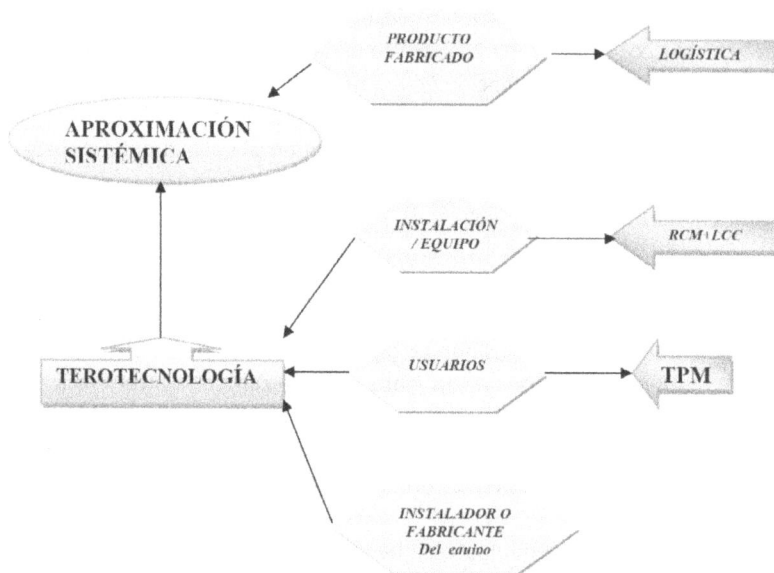

Figura 54. Tecnologías organizativas del mantenimiento y sus enfoques. Fuente: elaboración propia

1977, presenta previsiones para el final de la década (Buttery,1.978). Las previsiones auguraban un notable incremento de la actividad de mantenimiento y paralelamente un aumento de costes, acorde con los datos procedentes de la economía americana, en el sentido de que las plantas más modernas tienen un mantenimiento más caro. Este informe del partido laborista británico acerca de la situación en la industria, contemplaba ya la actividad de mantenimiento separada de la de producción.

Este enfoque sistémico se recoge en el documento "Maintenance Steering Group", también conocido como MSG-2, fruto de las deliberaciones de un comité impulsado por Boeing y Pratt and Whitney. En él se identificaban los sistemas del avión; dentro de ellos, subsistemas, y así hasta llegar a las unidades críticas, empleando criterios de seguridad o economía. A partir de las unidades críticas se definían las funciones individuales para cada una de ellas. Finalmente, para cada función, se especificaban los posibles modos de fallo y a partir de ellos se establecían las políticas de mantenimiento.

Con la explosión de las nuevas tecnologías de la información, el tratamiento del conocimiento en general, y en concreto el obtenido en la planta industrial, ha cobrado una nueva dimensión, apareciendo como el activo más valioso en escenarios futuros (Crespo et al. 2006; López et al., 2010; Iung et al., 2009; Muller et al., 2008).

Los efectos de la automatización están posibilitando una monitorización en tiempo real del mantenimiento (Reiner, 2005). Así por ejemplo, determinados sistemas, como algunas aeronaves, incorporan ya monitorizaciones de estado que analizan los datos de las unidades en servicio y especifican las acciones a tomar. Son previsibles fuertes sinergias en el uso combinado de las nuevas tecnologías de la información y las comunicaciones y las tecnologías propias del mantenimiento (predictivo, autodiagnóstico, mantenimiento a distancia, sistemas de mantenimiento a través de internet, etc.).

Es especialmente a partir de la década de los años 70, 80 y 90 del siglo xx, cuando se intensifica la utilización de estrategias organizativas de mantenimiento, aunque normalmente en el entorno de grandes empresas, como el basado en la fiabilidad (RCM) (Moubray , 1991; Smith, 1992; Geraghty,1996), el mantenimiento productivo total (TPM) (Nakajima , 1988, 1989), el mantenimiento efectivo (Conde, 1999), (Cárcel, 2010), proactivo (Oiltech, 1995; Pirret, 1999), reactivo (Idhammar, 1997; Mora,1999), de clase mundial WCM (Hiatt, 1999), mantenimiento centrado en el riesgo (Serratella, 2007), así como otros muchos modelos teóricos. Hay que tener en cuenta, el nivel estratégico de dicha actividad, con gran dependencia sobre las áreas de producción o servicios (Crespo et al., 2009), así como el estudio profundo de fiabilidad de todos los componentes intervinientes (Turan et al., 2011; Zaphiropoulos et al., 2007; Lazakis et al., 2010). En la Figura 55 se observan las tendencias en la gestión de los servicios de mantenimientos en los que se observa la necesidad de mayor incidencia de la información y el conocimiento para una práctica eficiente y económica de dicho servicio.

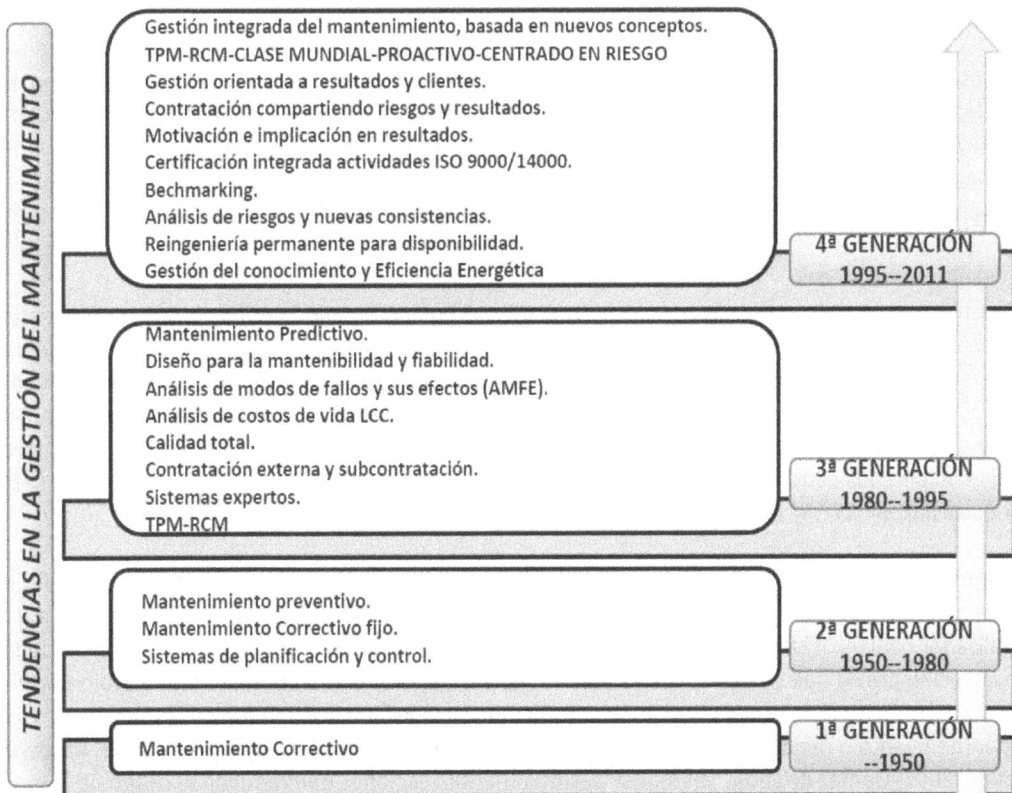

Figura 55. Tendencias en la gestión del mantenimiento. Fuente: elaboración propia

Es importante aclarar que no todas las empresas evolucionan históricamente al pasar por cada una de las tácticas en forma secuencial, simplemente adoptan una propia que reúne las mejores prácticas de varias de ellas, para recalcar que el *TPM* es la más básica de todas.

Como ya se ha adelantado, una vez comprobado cómo, a lo largo de la historia y evolución del mantenimiento industrial, se perfilan los elementos esenciales del mismo, se pasa a continuación a su análisis en relación con el conocimiento.

4. Los aspectos estratégicos del mantenimiento en relación al conocimiento

El proceso de fallo

En principio, y a los efectos de la función de mantenimiento industrial, fallo, en el sentido que se le asigna habitualmente, significa que un componente o un sistema no satisface o no funciona de acuerdo con la especificación (Bejar, 1974; Beltrán , 1987). Queda por tanto claro, que fallo no equivale necesariamente a parada, interrupción del funcionamiento del equipo, o no-desempeño absoluto de la función. Cualquier incidencia relativa al estado físico del equipo, que conlleva el incumplimiento de las especificaciones que debe cumplir en relación con la función, puede ser señalada como fallo.

En el estudio del proceso del fallo se relaciona los aspectos de confiabilidad y calidad en el servicio prestado por mantenimiento (IEE Std 493, 2007; Koval et al., 2003; Wang et al., 2004; Yañez et al., 2003, Cacique, 2007; Baeza et al., 2003), y se hace posible establecer nuevos indicadores que permitan estimar el nivel de seguridad de dichos sistemas, en los cuales se describa el impacto sobre la infraestructura y los riesgos asociados (McGranaghan, 2007, Sexto, 2005).

En este sentido, fallo parece asociarse a un estado del equipo o sistema que le impide cumplir con lo que se le requiere. Pero de la misma definición operativa parece desprenderse que más que de un estado único, se trata de una sucesión de estados o proceso que desemboca en una anomalía (o estado anómalo) relativa al incumplimiento de las especificaciones de funcionamiento. Lo relevante a todos los efectos es el proceso más que el estado o estados finales anómalos, ya que aquel explica las causas u orígenes, la evolución, las manifestaciones y efectos consiguientes. El mecanismo causa-efecto es el que se sitúa en la esencia del mantenimiento.

Según la definición operativa anterior, un fallo es una desviación de una condición original de un equipo o sistema, cuyo funcionamiento pasa a ser catalogado como insatisfactorio para un utilizador concreto. La determinación de que el funcionamiento es insatisfactorio depende de la evaluación previa que se realice de las consecuencias del fallo en un contexto operativo determinado (Beltrán , 1989), ya que esas consecuencias son las que fijan la prioridad de las actividades de mantenimiento o mejoras de diseño necesarias para impedir el fallo (Ramos et al., 2007; Vásquez et al., 2007; Gómez de León, 1998). Así, se implementan acciones que reducen el riesgo de fallo, a un coste menor que el derivado de las consecuencias (de seguridad, medioambientales, operacionales, etc.) o efectos que evitan.

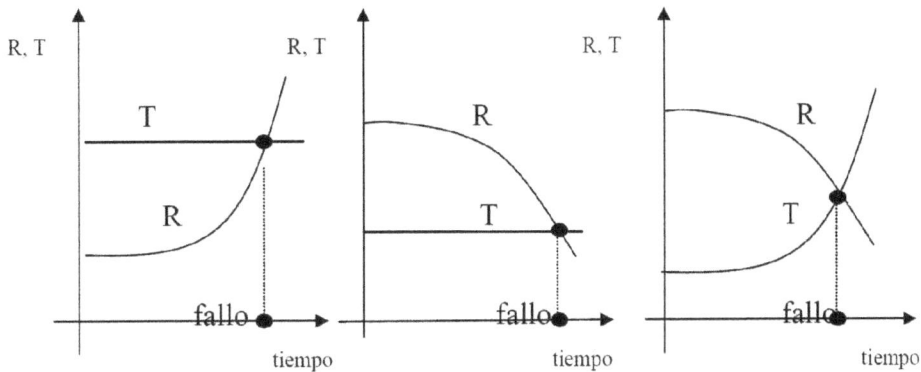

Figura 56. Algunos casos de fallos según la tensión (T) y resistencia (R) al fallo. Fuente: elaboración propia

En relación con el proceso de fallo, es interesante considerar el modelo que lo define en los siguientes términos: el resultado de la acción entre una tensión ocasionada por el entorno y la resistencia al fallo (que varía con el tipo de material, las características de los procesos de fabricación, la edad, etc.) del equipo o sistema. La tensión y la resistencia son variables dinámicas y su interacción define el estado de fallo en cada momento. En la Figura 56 se representan algunos casos.

Este modelo entiende que existe una aptitud o capacidad del equipo o sistema ante el fallo; y unas causas externas o internas cuya acción se representa por una tensión que supera la resistencia. El diseño, los tratamientos térmicos o de otra índole, el rediseño o la mejora, la eliminación de causas o su apantallamiento, etc., pueden mejorar la resistencia. Existe la posibilidad de diseñar equipos tolerantes al fallo, que pueden soportar un funcionamiento más allá del punto en que la tensión supera la resistencia.

La aceptación de este modelo conlleva, a los efectos de definir un sistema de conocimiento que soporte la actividad de mantenimiento industrial, la captación de información útil sobre los factores de contingencia que actúan o pueden actuar sobre equipos y sistemas, y sobre las variables y parámetros que definen y determinan la capacidad de resistencia y tolerancia al fallo. Esta información es una buena herramienta para entender los modos y procesos de fallo, pero es de difícil y costosa captación, con lo que se hace preciso configurar procesos de recogida, almacenamiento y tratamiento de la información eficientes.

En la Figura 57, se representa un proceso de fallo típico, tal y como se plantea en cualquier instalación industrial. Se entiende que un proceso de fallo es un proceso estocástico, representado por diversos estados por los que puede pasar el equipo o sistema, cada uno de ellos con una probabilidad determinada. En la figura se recoge, por tanto, el proceso, que comprende un estado inicial de correcto funcionamiento Ei, otro final de pérdida de función Ef y varios intermedios que representan los diversos estados de pérdida, deterioro o degradación de la función requerida Ed1, Ed2,...Edn. De un estado al siguiente, se puede pasar con una probabilidad cuya función de densidad de parámetro λ, o al anterior, con μ.

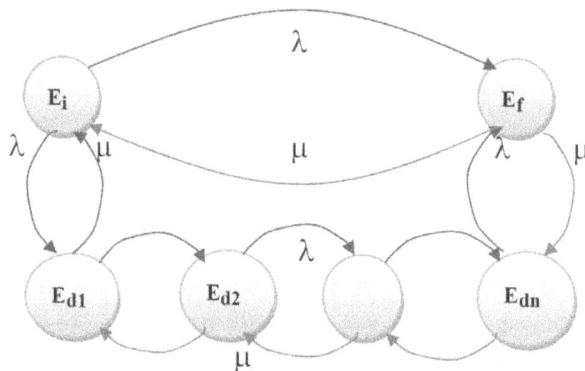

Figura 57. Representación del proceso de fallo. Fuente: elaboración propia

En relación con el proceso de fallo o su modo de desarrollo y forma de aparición, los fallos pueden ser clasificados de muy diversas formas, así por ejemplo, se pueden clasificar en catastróficos (se trata de fallos súbitos o totales, sin manifestación previa y se relacionan con fracturas, deformaciones, agarrotamientos, etc.), y progresivos (fallos paramétricos, que se desarrollan a lo largo de un periodo de tiempo). También se pueden clasificar en dependientes e independientes, repentinos y progresivos, estables o temporales (sus causas suelen ser los regímenes y condiciones de trabajo y las vibraciones anormales, grandes desviaciones de temperatura, etc.).

Se denominan *alternantes* ó *intermitentes* a los temporales muy reiterativos (que se repiten con mucha frecuencia). Resultan difíciles de descubrir y dependen de la calidad del elemento o de sus condiciones de trabajo. La existencia de fallos *repetidos* puede indicar un defecto de diseño o mal estado del equipo; por ello, más interesante que someterle a reparación sería el tratar de eliminar la posible causa del fallo.

Como puede comprobarse, esta somera clasificación permite señalar la importancia que tiene la forma de aparición o manifestación del fallo en el posible diagnóstico, ya que esta componente temporal y estocástica del fallo delata muchas veces la causa o el modo de fallo y debe ser recogida como información relevante. Muestra cómo la observación, a veces relegada por las tecnologías al uso, cumple una función valiosa en mantenimiento industrial.

Así, cuando un fallo sucede, lo primero que se aprecia son sus manifestaciones, las que, analizadas convenientemente, pueden llegar a proporcionar la explicación del "modo de fallo", el cómo ha ocurrido el fallo (Bejar, 1974). Un paso más adelante representa el llegar al por qué, a la causa del fallo, a lo que se conoce como "mecánica de fallo" (Herrera et al., 1990). El proceso del fallo conlleva un determinado tiempo durante el cual se producen señales, síntomas o alteraciones, que detectadas y analizadas permiten conocer la evolución y el estado de adelanto del mismo, y el riesgo o proximidad de aparición (Delgado et al. 1994).

Un problema singular, en relación al fallo, tiene lugar cuando se observan tan pocos fallos en determinados sistemas, que resulta difícil ó incluso imposible establecer su probabilidad de aparición a partir de la observación estadística. Por tanto, se tiene que recurrir, para averiguar la probabilidad de aparición, a un procedimiento analítico. Éste se basa en la descomposición del fallo del sistema en los fallos de sus componentes, para los cuales se dispone de datos observados. La observación en el ámbito de componentes es posible puesto que se utiliza la misma clase de componentes en muchos sistemas, lo cual implica un número elevado de objetos de observación, y además los componentes suelen fallar más frecuentemente que los sistemas en los cuales se utilizan.

En cualquier caso, tanto la observación, como la determinación mediante esquemas formales y el consiguiente análisis del proceso de fallo, deben tratar de dar solución a los tres problemas clásicos y fundamentales: a) origen del fallo; b) solución del fallo y c) prevención del fallo.

En relación con el primero: el conocimiento del origen del fallo, debe determinarse la cadena de fallo, presentada en este artículo como el segundo de los elementos esenciales del fallo y que se analiza en el apartado siguiente.

La cadena de fallo

Se define la cadena de fallo como el conjunto secuenciado de causas y efectos que se presentan en un proceso de fallo. El esquema viene reflejado en la Figura 58.

En ella, puede observarse que los factores de contingencia o condicionantes explican la aparición de las causas últimas. Ambos (factores y causas) pueden confundirse, por lo que se señalarán los factores de contingencia (producto a procesar, alimentación de los equipos y máquinas, otros equipos o instalaciones conectadas, ambiente externo, etc.) como aquellos relativos al entorno del elemento, conjunto, máquina o equipo o sistema objeto, mientras que las causas se referirán a aspectos o elementos internos estructurales o funcionales.

Las causas primeras originan o promueven otras causas intermedias hasta llegar a las inmediatas al fallo, que normalmente son observables directamente. La relación entre las causas inmediatas y el fallo suele ser muy directa, con lo que a veces parece completar el análisis causa-efecto, sin proceder al descubrimiento de las causas últimas o factores condicionantes, objetivos finales del diagnóstico definitivo y concluyente del fallo.

Tampoco la cadena del fallo se detiene en la identificación del fallo, sino que es preciso considerar, aguas abajo, los efectos o consecuencias del fallo (económicas, de seguridad, laborales, medioambientales o de sostenibilidad, catastróficas, de imagen, sociales, etc.).

Cualquier elemento de la cadena de fallo es observable e identificable a través de unos síntomas o manifestaciones diversas (vibración, ruido o zumbido, olor, calor o frío, aumento o disminución de la visibilidad, humo, humedad, polvo, abrasión o corrosión, desgaste, rotura, desprendimiento, etc.). Estos síntomas son claves a la hora de identificar la cadena.

El proceso y la cadena de fallo permiten la detección y el diagnóstico del fallo; procesos que, a su vez, permiten obtener el conocimiento necesario sobre el fallo, para proceder a su solución a través de la actuación de mantenimiento.

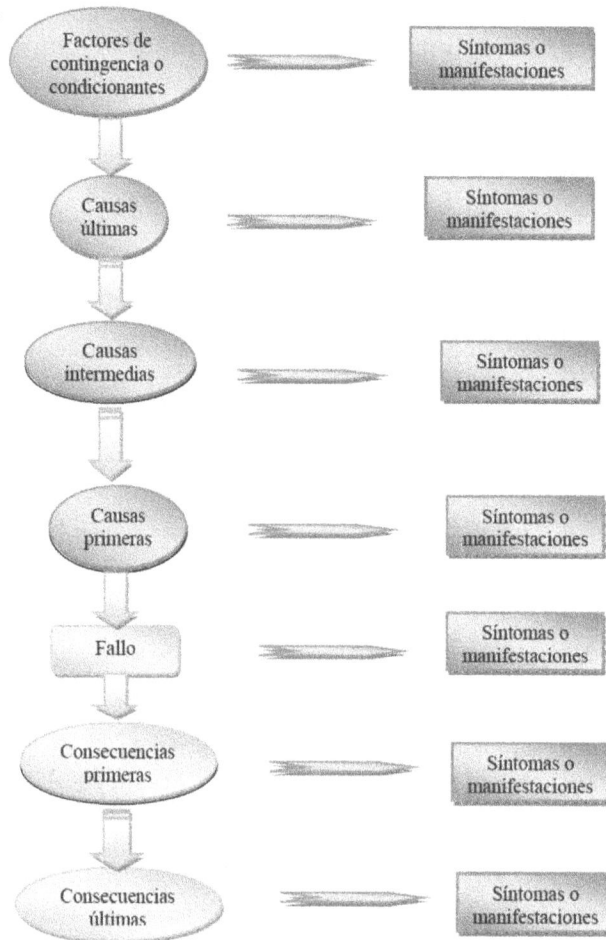

Figura 58. Cadena de fallo. Fuente: elaboración propia

Se han considerado como fases del proceso de detección las siguientes: observación de síntomas y manifestaciones, identificación, detección, delimitación y descripción.

En la fase de observación de los síntomas y manifestaciones del fallo se trata de percibir información, a través de la observación sensorial directa, de la experiencia, de los conocimientos teóricos previos, de la información registrada, y de la medición o verificación a través de pruebas y ensayos. El análisis de esa información permite la identificación previa y con cierta inmediatez del fallo. Se perciben ya algunos accidentes del fallo; como, por ejemplo, lugar, posición o elemento que soporta el fallo.

En la fase de detección se obtienen comprobaciones pertinentes y contrastables sobre el fallo, que se completan en las dos fases siguientes: en la de delimitación se determinan básicamente los límites en el cumplimiento de la especificación y el proceso de fallo, en la de descripción se investigan las circunstancias del fallo (qué, dónde, cuándo, etc.).

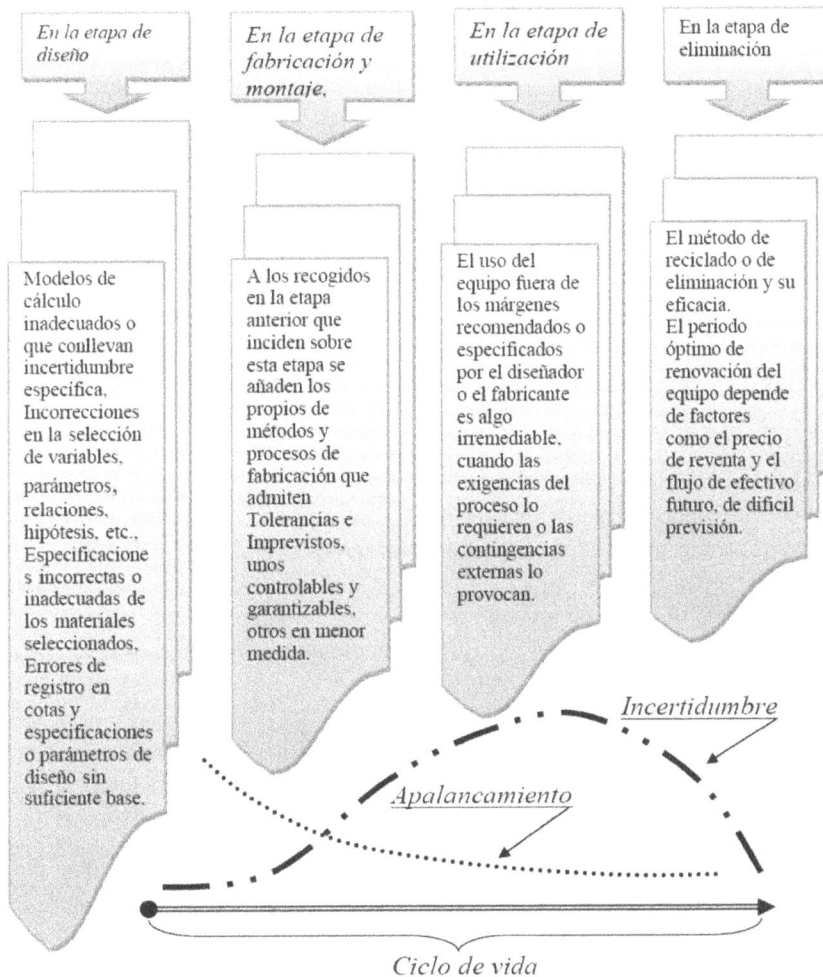

En la etapa de diseño	En la etapa de fabricación y montaje.	En la etapa de utilización	En la etapa de eliminación
Modelos de cálculo inadecuados o que conllevan incertidumbre específica. Incorrecciones en la selección de variables, parámetros, relaciones, hipótesis, etc., Especificaciones incorrectas o inadecuadas de los materiales seleccionados, Errores de registro en cotas y especificaciones o parámetros de diseño sin suficiente base.	A los recogidos en la etapa anterior que inciden sobre esta etapa se añaden los propios de métodos y procesos de fabricación que admiten Tolerancias e Imprevistos, unos controlables y garantizables, otros en menor medida.	El uso del equipo fuera de los márgenes recomendados o especificados por el diseñador o el fabricante es algo irremediable. cuando las exigencias del proceso lo requieren o las contingencias externas lo provocan.	El método de reciclado o de eliminación y su eficacia. El periodo óptimo de renovación del equipo depende de factores como el precio de reventa y el flujo de efectivo futuro, de difícil previsión.

Figura 59. Fuentes de incertidumbre. Fuente: elaboración propia

La incertidumbre

Como es sabido, la incertidumbre sobre el adecuado comportamiento de un equipo o sistema durante su ciclo de vida puede originarse en cualquier etapa. En general, puede afirmarse que dicha incertidumbre aumenta hasta las últimas etapas del ciclo, donde ya los factores que inciden sobre la incertidumbre se estabilizan, y el control y la predicción parten de experiencias y conocimiento base contrastado. Algunas de las fuentes de incertidumbre más comunes quedan reflejadas en la Figura 59 Pueden clasificarse esas fuentes de incertidumbre en los siguientes grupos:

- Incertidumbre Fenomenológica.

- Incertidumbre de Determinación.

- Incertidumbre de los Planteamientos

- Incertidumbre de la Actividad.

Incertidumbre fenomenológica

Como se ha establecido en las introducciones al proceso de fallo (de naturaleza estocástica) y a la cadena de fallo (elevado número de causas y efectos, frecuentemente interrelacionadas con varios modos de fallo), el fenómeno de fallo suele implicar la existencia de diversas y variadas causas, poco e insuficientemente conocidas, constituyendo así un término de error (término aleatorio o residuos) en los modelos comprensivos del comportamiento al fallo de equipos, instalaciones o sistemas.

De hecho, la existencia de incertidumbre tiene origen en la insuficiencia e incompletitud del conocimiento sobre el fenómeno físico que tiene lugar y el comportamiento derivado del sistema. Señala la incapacidad por comprender e interpretar, a un nivel requerido, ese fenómeno.

La naturaleza aleatoria del fallo, en general, parece incuestionable. Si existe algún fenómeno que se produce en el ambiente de la planta industrial, que puede certificarse como estocástico, es por excelencia el del fallo.

Desde un punto de vista filosófico, parece que el origen último del fallo de sistemas físicos se puede asociar con una decisión o acción humanas. Desde el operativo, también es preciso señalar la intervención relevante del factor humano en la explicación del fallo físico, añadiendo, sin duda, así, nuevas dosis de incertidumbre al tratarse de un sistema mucho más complejo, imprevisible y, en definitiva, con un comportamiento menos regular que la máquina.

Además de las causas humanas, es preciso hacer mención de las causas naturales, imprevistos y catástrofes de diversa y variada índole, que se encuentran con frecuencia formando parte de la cadena de fallo. En su propia esencia llevan implícito la imprevisibilidad y dificultad de comprensión y evaluación y, por tanto, su carácter eminentemente aleatorio. En general, puede afirmarse que los estados límite, que se presentan en los estadios últimos del proceso de fallo, suelen conducir a explicaciones o modelos estocásticos.

Incertidumbre de determinación

Se ha abundado también en las elevadas dosis de incertidumbre que se dan en la definición o determinación del fallo, dado que se trata de una decisión con evidentes aspectos discrecionales, sometidos a avatares operacionales o de interés para la toma de decisiones. Dada la dificultad existente para determinar unívocamente, en cada caso, lo que procede definir como fallo, se acude a buscar o solicitar características que entronquen con ventajas operacionales (facilidad de descripción, aspectos observables directamente, etc.) u orientadas a la toma de decisiones, aspectos ambos con indudables dosis de aleatoriedad y discrecionalidad.

Además, el establecimiento de los umbrales de fallo es algo intrínsecamente voluntario y dependiente de las variables de negocio, alejado, por tanto, de consideraciones absolutamente científicas o modelables.

La evaluación y valoración de la existencia y evolución del fallo son considerablemente volátiles, discrecionales y dependen de consideraciones basadas en una experiencia y conocimientos incompletos, fraccionados y de difícil aprehensión. Esta incapacidad por comprender la totalidad de lo que ocurre o puede llegar a ocurrir conduce a planteamientos de tipo aleatorio.

Incertidumbre de los planteamientos

A partir de los hechos anteriores: carácter aleatorio del fenómeno y la determinación del fallo, lógicamente se derivan planteamientos que conducen a modelos (delimitación o simplificación de la realidad) de carácter aleatorio.

Los modelos de fiabilidad representan simplificaciones importantes, pero necesarias, que derivan en elevados niveles de incertidumbre, en el ámbito de las variables y sus relaciones..

Incertidumbre en la actividad

La actividad de mantenimiento: detección, diagnóstico y reparación en actuaciones de carácter correctivo, preventivo o predictivo, está sometida a contingencias diversas, se produce en escenarios complejos y diferentes y no es fácil que se presenten regularidades que puedan conducir a una actividad fácilmente planificable y controlable.

En definitiva, parece poder establecerse sin dificultad que la incertidumbre es una de las características esenciales del mantenimiento, que hacen de éste una de las funciones o actividades de la planta industrial más complejas y difíciles de conocer. Efectivamente, esa incertidumbre no deja de ser una medida de la imperfección del conocimiento sobre este sujeto. La cuestión no parece ser tanto la eliminación de la varianza no explicada, como la de encontrar el nivel óptimo de esa varianza, ya que los procesos de generación y aplicación de conocimientos implican costes que deben ser considerados.

Experimentalidad y modelado de sistemas

Se trata del cuarto aspecto esencial del fallo que se ha considerado. De lo determinado con anterioridad: la existencia de elevados niveles de incertidumbre en lo relativo al proceso y a la cadena del fallo, se puede inducir sin dificultad la necesidad de un enfoque complementario al exclusivamente científico y que es el experimental. Modelos teóricos y experimentales se complementan para tratar de ofrecer conocimiento válido, en un campo en el que, como se ha señalado, abundan los imprevistos y la complejidad de las relaciones causa-efecto (Weber et al. 2006; Yongli et al., 2006; López et al., 2010; Levitin et al., 2003)

La experiencia derivada de la observación y del ensayo constituye un pilar básico del sistema de generación, transmisión, conservación y aplicación del conocimiento. El experimento, aún con bases científicas, suele ser desarrollado en la planta, toda vez que los modos de fallo contienen características diferenciales, difícilmente reproducibles en laboratorio. Además, como se ha señalado, es preciso considerar los costes derivados del análisis, lo que en general inclina éste hacia el planteamiento de ensayos en planta. La validez local de los resultados, lo que acota el carácter absolutamente científico del análisis no oculta que en la mayoría de los casos, la complementariedad del análisis estrictamente científico con el experimental, constituye la alternativa de elección en la planta industrial.

Sin embargo, esa localidad o especificidad de los experimentos en relación con el fallo, sus causas y consecuencias, no puede ocultar que el equipo, máquina o instalación están integrados con otros muchos (Figura 60), en un sistema o proceso de producción-distribución. De forma similar, las piezas, componentes o conjuntos están integrados, constituyendo los equipos y no es fácil aislar su comportamiento del de otras partes vecinas, con las que comparten objetivos, esquemas y ligaduras en el funcionamiento.

Se hace también difícil deslindar y aislar el comportamiento presente del habido en otras fases del ciclo de vida, aunque así se haga en los modelos markovianos y semimarkovianos, con la hipótesis de desmemoria. En general, la aproximación sistémica parece, en consecuencia, la

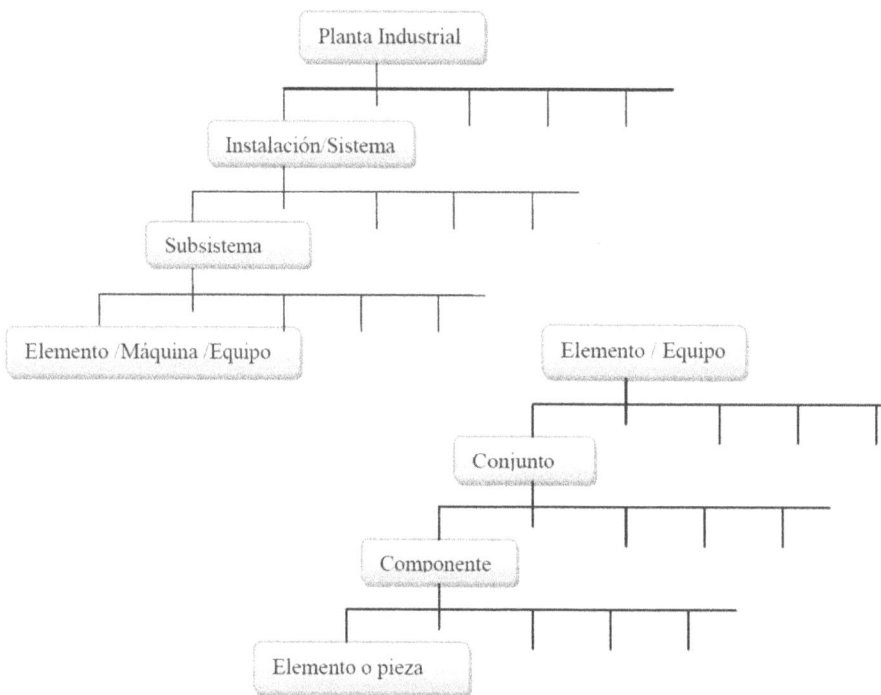

Figura 60. Integración jerarquizada en la planta industrial. Fuente: elaboración propia

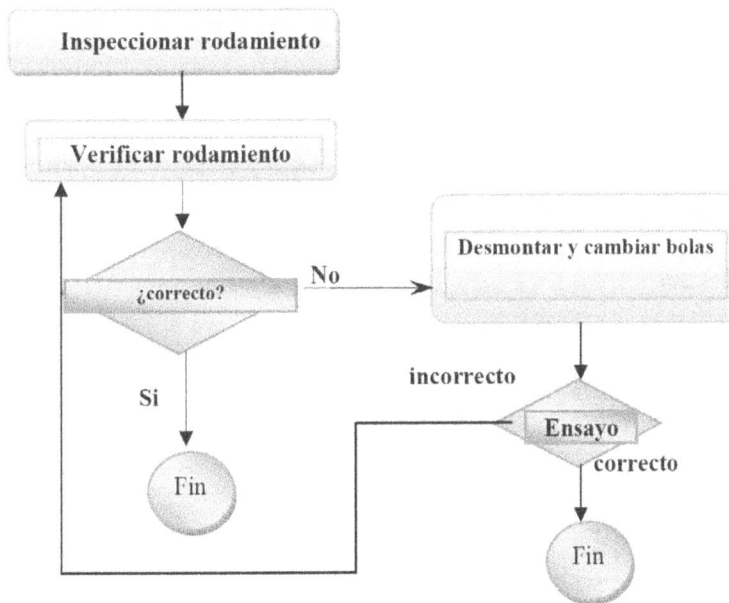

Figura 61. Árbol de decisión binaria. Fuente: elaboración propia

más adecuada a la hora de modelar y especificar el comportamiento de equipos y máquinas, en cuanto al fallo.

Es decir, que si la exportabilidad de los modelos experimentales de mantenimiento es limitada, la expansión de esos modelos viene en cambio de la consideración del ámbito del proceso de fabricación y sus relaciones con las variables de fallo; esto es, de la consideración del modelado de sistemas a partir del diseño y elaboración de experimentos.

Es preciso añadir que, en muchos supuestos, se complementa el planteamiento matemático con el lógico, especialmente en los logigramas y árboles de decisión binaria (Figura 61).

Disponibilidad

El objetivo básico de un programa de mantenimiento es conseguir la disponibilidad efectiva de la planta. Esto requiere:

- Alcanzar el nivel de disponibilidad requerida en equipos e instalaciones.

- Hacerlo al menor coste posible.

- Incorporar otros objetivos como menor tiempo de actuación o elevada calidad del trabajo realizado.

175

Para conseguir estos objetivos se hará preciso alcanzar otros como los siguientes:

- Evaluar los requerimientos y capacidades técnicas de los equipos e instalaciones. Esta información influirá en el diseño o selección de los mismos y en la determinación de las condiciones de operación.

- Identificar los factores o causas que impiden al sistema alcanzar los niveles de disponibilidad especificados, entre otros, los insuficientes niveles de fiabilidad de diseño u operativa o de mantenibilidad.

- Proponer acciones eficientes encaminadas a alcanzar los niveles de disponibilidad objetivo.

- Determinar y evaluar las tecnologías y técnicas de detección, diagnóstico, verificación y prueba, y de restauración de las condiciones iniciales, incluyendo los correspondientes procedimientos.

- Seguir y controlar la aplicación correcta de las técnicas y procedimientos, y de la actividad de mantenimiento en general.

- Recomendar acciones de mejora continua de la disponibilidad y de sus factores causales.

- Integrar la actividad y función de mantenimiento con el resto de funciones que intervienen en el ciclo de vida del sistema, evaluando su esperanza de vida y, en consecuencia, la rentabilidad a través de la actualización de los flujos de efectivo.

Dado que, como se ha señalado, el objetivo de la actividad de mantenimiento es conseguir de forma eficiente los valores requeridos de disponibilidad, conviene reflexionar sobre el concepto de disponibilidad, los factores clave que influyen en ella y cómo se plantea en la actualidad su conocimiento.

Los organismos europeos de normalización han fijado definiciones similares. De entre ellas, destaca la propuesta por la British Standards Institution (British Standars, 1964) por su sencillez intuitiva:

"Disponibilidad de un ítem en un período determinado es la fracción de dicho período durante la cual es capaz de realizar una función específica a un determinado nivel de rendimiento".

Significando "ítem" todo elemento, equipo o sistema susceptible de ser considerado, examinado y comprobado por separado.

De esta definición han de resaltarse dos aspectos fundamentales. En primer lugar, el estado de "disponible" no implica necesariamente que un ítem esté funcionando en el instante o período considerado, sino que se encuentre en la situación de "apto para funcionar". Además, aunque un ítem se encuentre "funcionando", puede estar no "disponible" sino funciona de acuerdo con las especificaciones requeridas.

Aunque podrían generarse dificultades conceptuales y de captación de la información, la consideración de determinados estados intermedios, desde funcionar adecuadamente a estar averiados (como sería el caso de tener que producir a baja capacidad, o con un consumo energético excesivo, o con alguna deficiencia de calidad), puede mejorar sensiblemente el conocimiento del comportamiento del equipo en base a la experiencia sobre variados escenarios. Esto ha de añadir necesariamente un conocimiento específico valioso sobre los diferentes modos de fallo.

Formalización de la disponibilidad

A esta aproximación inicial al concepto de disponibilidad y su conocimiento, dada su obvia importancia, conviene añadir aspectos formales que pueden aportar luz sobre nuevos requerimientos de conocimiento. La disponibilidad instantánea *A(t)* (availability) es la función matemática más adecuada para caracterizar globalmente un sistema complejo de operación continua sujeto a reparación.

Se define matemáticamente la función de disponibilidad instantánea como la probabilidad de que un sistema esté funcionando en el instante *t* después de su puesta en servicio.

En determinados casos, es posible la obtención de una expresión explícita de *A(t)*; uno de ellos es aquel en que la infiabilidad *I(t)* (probabilidad de que ocurra un fallo antes del instante *t*), y la mantenibilidad *M(t)* tienen carácter exponencial. Para mayor concisión, se presenta a continuación el proceso de obtención de la disponibilidad en ese caso, a los efectos de extraer algunas conclusiones sobre aspectos relativos a su conocimiento:

Para que el equipo esté disponible en el instante t + dt *o está disponible en el instante* t *y no falla en* dt, *o bien, habiendo fallado en* t, *es reparado durante ese intervalo* dt. *De ello, se deriva la siguiente relación entre disponibilidad, infiabilidad y mantenibilidad:*

$$A(t + dt) = A(t) \times [1 - I(t + dt) + I(t)] + [1 - A(t)] \times [M(t + dt) - M(t)] \tag{1}$$

Bajo la hipótesis exponencial:

$$I(t) = 1 - e^{-lt} \text{ y } M(t) = 1 - e^{-\mu t} \tag{2}$$

Se obtiene:

$$A(t + dt) - A(t) = -A(t) \times e^{-\lambda t} \times [1 - e^{-lt}] + [1 - A(t)] \times e^{-\mu t} \times [1 - e^{-\mu t}] \tag{3}$$

Desarrollando en serie y en el límite, se obtiene:

$$A(t + dt) - A(t) = -A(t) \times \lambda dt + [1 - A(t)] \times \mu dt \tag{4}$$

Que al dividir por dt y ordenar queda:

$$A'(t) + (\lambda + \mu) \times A(t) = \mu \tag{5}$$

Ecuación diferencial cuya solución es de la forma:

$$A(t) = \mu/(\lambda + \mu) + \lambda / [(\lambda + \mu) \times e^{(\lambda + \mu)t}] \tag{6}$$

*Esta función se denomina disponibilidad instantánea, entendiendo por disponibilidad el valor asintótico de esa función **D** = $\mu/(\lambda + \mu)$.*

Como confirmación, es posible probar (Delgado , 1994) que:

$$D = T_F / (T_F + T_A) \tag{7}$$

*donde T_F y T_A son los valores medios de las funciones **I(t)** y **M(t)**, respectivamente (tiempo medio entre averías (MTBF) y tiempo medio de reparación (MTTR).*

De la deducción matemática de la disponibilidad se extraen dos conclusiones básicas en la consideración de la experiencia y el conocimiento:

- La necesidad de considerar la fiabilidad y la mantenibilidad (tiempo medio entre averías y tiempo medio de reparación) como relevantes a todos los efectos, dada su relación directa con la disponibilidad. Ambas son de naturaleza y origen distintos y requieren métodos de aproximación y análisis diferentes.

- Los problemas que surgen inherentes a su difícil estimación y medida, y la consiguiente necesidad de algún método de estimación y previsión adecuado.

La precisión y nivel de confianza del conocimiento de los valores l y m, parte de la bondad del ajuste de los valores históricos del tiempo medio entre fallos y el tiempo medio de reparación.

Sin entrar todavía en los problemas derivados de la restringida validez del modelo, se abordará en primer lugar el problema de las estimaciones de la disponibilidad y su coste.

Ya se ha mencionado que la medida de la disponibilidad de un determinado suceso "i" se puede definir como:

$$D_i = T_{Fi} / (T_{Fi} + T_{Ai}) \tag{8}$$

Si se consideran n períodos, la disponibilidad total resulta ser:

$$D = \Sigma T_{Fi} / \Sigma(T_{Fi} + T_{Ai}) = \Sigma T_{Fi} / (\Sigma T_{Fi} + \Sigma T_{Ai}) =$$

$$(1/n)(\Sigma T_{Fi}) / ((1/n)(\Sigma T_{Fi}) + (1/n)(\Sigma T_{Ai})) = MTBF / (MTBF + MTTR) \tag{9}$$

El objetivo básico que pretende la medición o estimación de la disponibilidad es mejorarla. Y la dificultad de utilizar la mencionada fórmula es lo lenta e imprecisa que puede resultar la contabilidad de las frecuencias de funcionamiento y fallo; con lo que puede ser preferible contar con estimaciones que pueden incluso ser más fiables que la propia contabilización (Figura 62). En este caso, los sistemas de simulación pueden constituir una herramienta válida y barata de estimación. La contabilidad queda como un método imprescindible de contraste de las estimaciones en que se basan las políticas de mantenimiento.

Para llevar a cabo la simulación, es indispensable implementar:

- instrumentos de adquisición de datos de las disfunciones,

- un sistema técnico-informático de tratamiento, análisis y transferencia de datos.

- el correspondiente programa de simulación.

Se pueden obtener los siguientes resultados:

- formalización del procedimiento y protocolo seguidos,

- diagnóstico de la disponibilidad de equipos e instalaciones,

- plan de mejora a implementar.

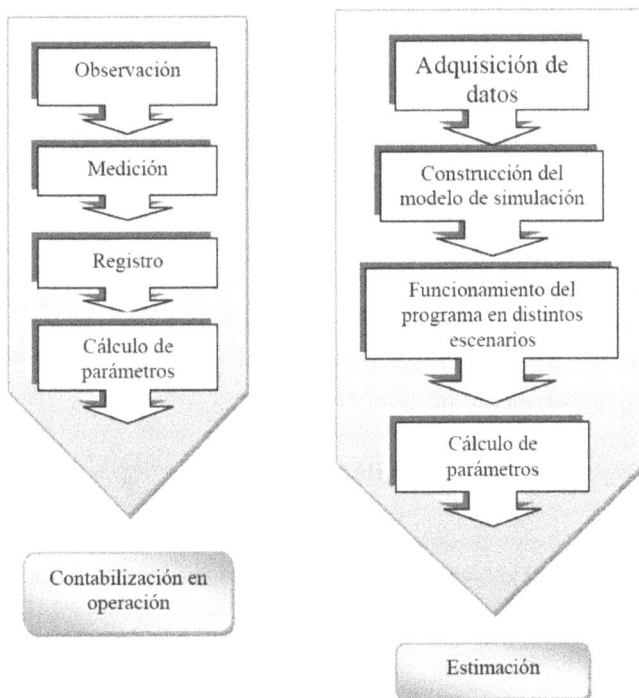

Figura 62. Procesos de contabilización y estimación de la disponibilidad. Fuente: elaboración propia

El conocimiento sobre la disponibilidad de equipos e instalaciones de la planta industrial resulta generalmente, en consecuencia con lo expuesto, fragmentario, incompleto, impreciso y poco utilizable y los esfuerzos dirigidos a solventar estos aspectos, deben proliferar si lo que se pretende es que el mantenimiento industrial, aspecto básico del ciclo de vida de la planta, del sistema o del producto, se oriente debidamente en consecuencia con su auténtico objetivo: la disponibilidad y su coste.

No basta con la estimación o contabilización de la disponibilidad operativa y de los ingresos derivados, para calcular los niveles óptimos de la misma y, en consecuencia, fijar los objetivos de la actividad de mantenimiento; es preciso, además, estimar o calcular los costes derivados de la indisponibilidad y los asociados a una mejora de la disponibilidad.

Los modelos al uso permiten obtener el nivel óptimo de disponibilidad a partir del máximo de la función de beneficio neto. En este trabajo, se plantea el cálculo de dicho nivel a partir de la función de rentabilidad, objetivo real del empresario, lo que introduce una cierta corrección del óptimo a la baja en relación con los modelos planteados en la literatura.

En la Figura 63 se representa un esquema gráfico en relación con el planteamiento señalado. Los ingresos obtenidos (flujo de efectivo descontado) en función de la disponibilidad, I=f (D), puede ser representado por una función aproximadamente recta en su tramo mayor que llega a saturarse en su tramo último (sobrecapacidad de la planta). Puede observarse, que para una disponibilidad nula se producen pérdidas por valor de los costes fijos de equipos e instalaciones, obteniéndose el ingreso máximo cuando la disponibilidad se hace igual a la unidad.

En cuanto a los costes de mantenimiento (curva C), crecen hiperbólicamente con la disponibilidad, dada la imposibilidad material de evitar por completo las averías por mucho esfuerzo de mantenimiento que se aplique.

El beneficio neto (curva B), se obtiene como la diferencia entre el ingreso I y los costes de mantenimiento C.

Puede comprobarse, que existe un punto de beneficio máximo u "óptimo de mantenimiento" que permite determinar la disponibilidad óptima (D_0) y el coste óptimo de mantenimiento (C_0).

Algunos de los inconvenientes de la estimación y conocimiento de este óptimo de mantenimiento según el modelo expuesto son los siguientes:

- El valor óptimo obtenido hace referencia a la "disponibilidad global" de la planta y no permite conocer los óptimos específicos de cada equipo o instalación.

- No sólo influye en la indisponibilidad de la planta la actividad de mantenimiento, por lo que haría falta derivar, del conocimiento del óptimo de disponibilidad, los objetivos locales de la función de mantenimiento o función soporte de la planta.

- Cuando la fiabilidad es elevada y los fallos e incidencias escasas y variadas, se hace difícil, mediante el método histórico, deducir políticas de actuación en mantenimiento.

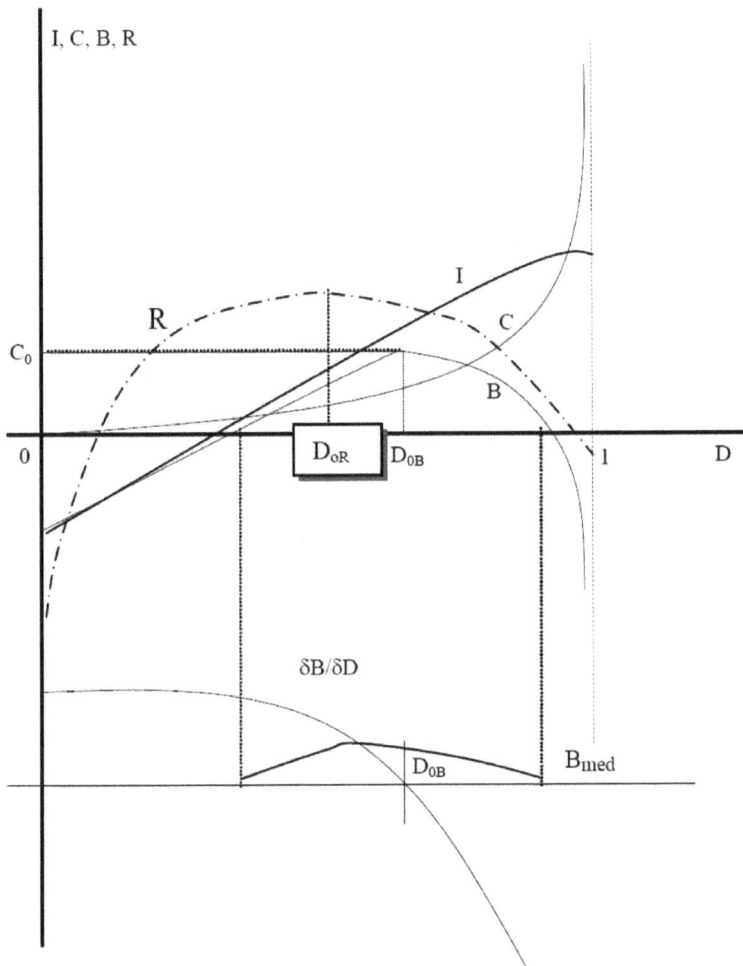

Figura 63. Beneficio y rentabilidad del mantenimiento en función de la disponibilidad requerida

- El no contar el modelo con los diferentes niveles del fallo (no sólo con los que producen indisponibilidad absoluta derivada de la parada), lo que implicaría un aumento de la complejidad del mismo y de los costes de observación, medición y análisis, produce desviaciones apreciables en el óptimo real.

Conviene señalar, en consonancia con lo expuesto, que las dificultades en la estimación de los valores de la disponibilidad operativa y su beneficio asociado, devienen lógicamente en una imprecisión en la determinación del nivel óptimo de disponibilidad, significando la dificultad intrínseca a la actividad de mantenimiento para fijar sus objetivos. De aquí, parece derivarse la necesidad de contar con herramientas borrosas o con metaheurísticos que buscan de forma barata y rápida subóptimos, lo que, en escenarios descritos de conocimiento incierto del óptimo, se convierten en la alternativa de elección.

La incidencia del factor humano

El error humano, y la incidencia diaria en todos los procesos, tienen gran impacto en la fiabilidad de sistemas complejos, teniendo gran incidencia en la fiabilidad general de las instalaciones, los procesos de mantenimiento y sobre la seguridad general tanto humana como del entorno. Los accidentes de Three Mile Island y Chernobyl, mostraron claramente que los errores humanos pueden hacer fallar las salvaguardias y son un factor determinante en la progresión de accidentes de graves consecuencias. En general, la contribución del factor humano al comportamiento de un sistema es, al menos, tan importante como la fiabilidad de los componentes (NTP-619, 2003). Los estudios de la fiabilidad del componente humano, son normalmente utilizados en el análisis de grandes instalaciones con alto componente de riesgo ante fallo, tales como centrales nucleares, plantas petroquímicas, etc., (Mosleh et al., 2004; Swain et al., 1983; Embrey et al., 1984; Embrey et al., 1994; Johnson et al., 2002), pero normalmente olvidadas en la pequeña y mediana industria, y sólo formalizada en algunos grandes entornos industriales (Widdowson et al. 2002; Wilson et al., 2003).

Mediante los procedimientos del análisis del trabajo con el estudio de los errores, el diagnóstico de su origen y su tratamiento por el propio trabajador que pone en juego el conocimiento de la persona sobre la tarea (Leplat, 1985), son las partes fundamentales del análisis. Puede hacerse mediante recuento de errores, descripción de errores, condiciones en las que se producen y consecuencias de los errores; el objetivo es la eliminación de las fuentes de error y la disminución de sus consecuencias (NTP-360, 1994).

Para obtener una medida correcta y conocimiento de la fiabilidad del sistema debe tenerse en cuenta la posible contribución del error humano (NTP-619, 2003; NTP-620, 2003; NTP-621, 2003; NTP-328, 1993; NTP-333, 1994; NTP-401, 1996). Los análisis de diseño de sistemas, de procedimientos e informes posteriores de accidentes, muestran que el error humano puede causar un accidente inmediato o bien puede jugar un importante papel en el desarrollo de sucesos indeseados. Sin la incorporación de las probabilidades del error humano, los resultados son incompletos y a menudo mal valorados.

De las metodologías más utilizadas en el análisis de fiabilidad humana, la THERP (Technique for human error rate prediction) (Swain et al., 1983) y la SHARP (Systematic Human Action Reliability Procedure) (Hannaman et al., 1984a, 1984b). El SHARP define siete pasos para llevar a cabo el análisis de fiabilidad humana (Figura 64). Cada una de estas actividades consta de inputs, análisis, reglas y resultados. Los inputs se derivan de las tareas preliminares del análisis de fiabilidad de sistemas y otras fuentes de información, como son procedimientos e informes de incidentes. Las reglas dan instrucciones de cómo actuar para cada actividad. Los resultados son el producto de las actividades realizadas.

Las siete actividades, son (NTP-619, 2003):

1. Definición: Determinación de la clase de errores humanos a modelar, para asegurar que todas las interacciones humanas que se puedan originar estén contempladas.

2. Selección: Identificar las acciones humanas que son significativas para el análisis de fiabilidad que se esté realizando.

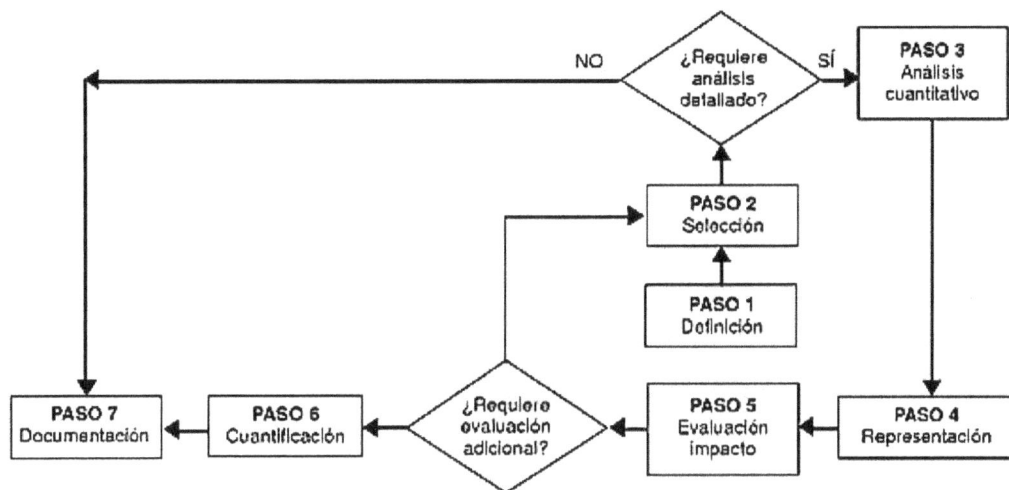

Figura 64. Pasos en el análisis de la fiabilidad humana con metodología SHARP. Fuente: NTP-619, 2003

3. Análisis cualitativo: Desarrollo de una descripción detallada de las acciones humanas importantes.

4. Representación: Selección y aplicación de técnicas para la modelización de las acciones humanas a través de una estructura lógica de modelización. Ej.: Árboles de fallo, árboles de sucesos, diagramas de bloques de fiabilidad, etc.

5. Evaluación del Impacto: Analizar las acciones humanas significativas, desarrolladas y representadas en las actividades anteriores.

6. Cuantificación: Donde se aplican las técnicas apropiadas para el análisis cuantitativo de cada acción humana. Desarrollo del modelo apropiado y cálculo de la probabilidad.

7. Documentación: Incluye la información necesaria para una buena documentación y su trazabilidad.

El interés general aconseja aprovechar las capacidades potenciales de las personas de la mejor manera posible en el marco de la empresa, con el uso y gestión eficiente del conocimiento intrínseco. Más aún: la actual situación de competencia, hace que la supervivencia de las empresas corra el riesgo de depender sólo de ellas.

El comportamiento de las personas en su trabajo, y la motivación como uno de los motores del rendimiento laboral, han sido objeto de numerosas investigaciones. Más en concreto en la propia actividad de mantenimiento, la motivación y la incidencia humana son factores importantes a tratar y estudiar dado el alto componente de conocimiento tácito que se ve implícito en su propio desempeño.

Aspecto tratado	Consecuencias Desarrollo conocimiento
Evolución del mantenimiento	• Tendencia histórica desde conocimientos básicos (basados en la supervivencia) hasta factores multicriterio con alto componente de información y conocimiento • Mayor concienciación de los órganos directivos de la empresa sobre la función y el fin del mantenimiento
El proceso de fallo	• El mecanismo causa-efecto es el que se sitúa en la esencia del mantenimiento • La captación de información útil sobre los factores de contingencia que actúan o pueden actuar sobre equipos y sistemas • Se hace preciso configurar procesos de recogida, almacenamiento y tratamiento de la información eficientes • Desarrollo de la importancia que tiene la forma de aparición o manifestación del fallo en el posible diagnóstico
La cadena de fallo	• Conocimiento del conjunto secuenciado de causas y efectos que se presentan en un proceso de fallo • Información y estudio sobre los factores de contingencia o condicionantes explican la aparición de las causas últimas • Es preciso considerar, aguas abajo, los efectos o consecuencias de la cadena del fallo (económicas, de seguridad, laborales, medioambientales o de sostenibilidad, catastróficas, de imagen, sociales, etc.)
La incertidumbre	• Conocimiento sobre el adecuado comportamiento de un equipo o sistema durante su ciclo de vida • Los modelos de fiabilidad representan simplificaciones importantes, pero necesarias, que derivan en elevados niveles de incertidumbre, en el ámbito de las variables y sus relaciones
La experimentalidad y el modelado de sistemas	• La existencia de elevados niveles de incertidumbre en lo relativo al proceso y a la cadena del fallo, se puede inducir la necesidad de un enfoque complementario al exclusivamente científico y que es el experimental • Modelos teóricos y experimentales se complementan para tratar de ofrecer conocimiento válido • La experiencia derivada de la observación y del ensayo constituye un pilar básico del sistema de generación, transmisión, conservación y aplicación del conocimiento
La disponibilidad	• Conocimiento para conseguir la disponibilidad efectiva de la planta • Evaluar los requerimientos y capacidades técnicas de los equipos e instalaciones • Puede mejorar sensiblemente el conocimiento del comportamiento del equipo en base a la experiencia sobre variados escenarios
El factor humano	• El conocimiento del error humano, y la incidencia diaria en todos los procesos, tiene gran impacto en la fiabilidad de sistemas complejos • El estudio del comportamiento de las personas en su trabajo, y la motivación como uno de los motores del rendimiento laboral, y mejora de la fiabilidad y eficiencia

Tabla 33. Incidencia y consecuencia del desarrollo del conocimiento en relación a los aspectos estratégicos esenciales del mantenimiento. Fuente: elaboración propia

Algunas teorías relativas a la motivación, pueden mostrar de manera clara los procesos que se dan en los departamentos de mantenimiento en relación a las personas:

- Teoría de las necesidades de Maslow (Maslow, 1943).

- Teoría de los factores (ambientales y motivadores) de Herzberg (Herzberg, 1959).

Se observa en lo indicado, que el factor humano, tiene una incidencia fundamental en la fiabilidad global de los procesos de mantenimiento. La mayoría de los estudios formalizados sobre fiabilidad del factor humano, tienen en cuenta sólo los procesos humanos que dan lugar al fallo (y normalmente sólo en grandes entornos industriales), sin tener en cuenta el tratamiento y la gestión del conocimiento, que debidamente analizado y procesado, conlleva no sólo el aumento de la fiabilidad global, sino la mejor gestión de pequeñas averías, reducción de los tiempos de mantenibilidad, mejora de la explotación operativa y optimización económica para la empresa.

5. Conclusión

En la propia evolución de las empresas y dentro de ellas la actividad de mantenimiento a través de la historia se observan factores bien definidos por Maslow (Maslow, 1943), donde se ha ido evolucionando en referencia al conocimiento desde la mera supervivencia hasta los conceptos de calidad total y estudio del ciclo de vida de los equipos e instalaciones. En la Tabla 33 se resume la incidencia y la consecuencia del desarrollo del conocimiento en relación a los factores estratégicos esenciales considerados, y que afectan de manera fundamental en toda la actividad de mantenimiento, y por consiguiente, en la propia empresa.

El estudio y conocimiento del proceso y la cadena de fallo son partes fundamentales en la mejora de los procesos que articulan la propia función de la empresa. La incertidumbre está unida intrínsecamente a los propios procesos (físicos y humanos), y su cuantificación e información permiten su acotación dentro de entornos controlables. Mediante la experimentalidad se puede mejorar el conocimiento de los propios procesos que limitan la incertidumbre y complementa a los estudios y modelos teóricos, que hacen mejorar la disponibilidad de la empresa o factoría. No sólo el enfoque científico. Hay que tener en cuenta el alto componente humano en los departamentos de mantenimiento, y la tendencia actual a la subcontratación, que hace preciso la mejora del conocimiento en su incidencia sobre la fiabilidad global y operativa, y los procesos para la mejora de la motivación y la gestión de los procesos de generación, transmisión y utilización del conocimiento.

6. Referencias

Baeza, G., Rodríguez, P., & Hernández, J. (2003). Evaluación de confiabilidad de sistemas de distribución eléctrica en desregulación. *Revista Facultad de Ingeniería*, 11(1), 33-39. Chile.

Barlow, R.E., Hunter, L.C., & Proschan F. (1968). Optimum checking procedures. *Journal of the Society for industrial and applied Mathematics*, 4, 90-110.

Bejar, J. (1974). *Algunos modelos de mantenimiento*. Novatécnia.

Beltrán, P. (1987). Mantenimiento predictivo de averías en máquinas rotativas. Objetivos, ventajas y justificación económica. *Energía*, Noviembre-Diciembre.

Beltrán, P. (1989). Aplicaciones de las técnicas de MPA a la recepción de maquinaria rotativa. *Mantenimiento*, Septiembre-Octubre.

Boland, P.J., & Proscan, F. (1982). Periodic Replacement with Increasing Minimal Repair Cost at Failure. *Operations Research*, 30, 1083-1089. http://dx.doi.org/10.1287/opre.30.6.1183

Boucly, F. (1998). *Gestión del mantenimiento*. AENOR. Madrid.

British Standars. (1964). *Glossary of General Terms used in maintenance Organization*. BS 3811: 1964.

Buttery, L.M. (1978). New survey of U.S. Maintenance Costs. Hydrocarbon. *Processing*, Jan.

Cacique, J. (2007). *Diseño de un programa para calcula la confiabilidad en un sistema de distribución de energía eléctrica*. Trabajo Especial presentado como requisito parcial para optar al título de Ingeniero Electricista. UNEXPO. Venezuela. 138.

Cárcel Carrasco, F.J. (2010). Aspectos estratégicos del mantenimiento industrial relativos a la eficiencia energética. *Articulo 1er Congreso de dirección de operaciones en la empresa*. 25 y 26 de Junio, Madrid.

Christer, T. (1981). *Ways of assessing and improving maintenance performance*. PEMEC'81, Birmingham.

Conde, J. (1999). *El Mantenimiento efectivo: principios y métodos*. Working paper. GIO-0500-UCLM, Ciudad Real.

Crespo Márquez, A., & Iung, B. (2006). Special issue on e-maintenance. *Computers in Industry*, 57(1), 473-475.

Crespo Márquez, A., Moreu de León, P., Gómez Fernández, J., Parra Márquez, C., & López Campos, M. (2009). The maintenance management framework: A practical view to maintenance management. *Journal of Quality in Maintenance Engineering*, 15(2), 167-178. http://dx.doi.org/10.1108/13552510910961110

Crespo, A. (2004). *Ingeniería de mantenimiento. Técnicas y métodos de aplicación a la fase operativa de los equipos*. AENOR. Madrid.

Darnell, H., & Bert, A. (1978). The role of maintenance management in achieving industrial efficiency. *Maintenance*. BMCA, Londres.

Delgado, C., & García de la Fuente, M. (1994). Mantenimiento y sistemas expertos. *Mantenimiento*, Mayo-Junio.

Dixon, J. (2001). *Organización y liderazgo del mantenimiento*. Madrid: TGP.

Embrey, D.E., Humphreys, P.C., Rosa, E.A., Kirwan, B., & Rea, K. (1984). *SLIM-MAUD: an approach to assessing human error probabilities using structured expert judgment*. Report No. NUREG/CR-3518 (BNL-NUREG-51716), Department of Nuclear Energy, Brookhaven National Laboratory, Upton, NY.

Embrey, D.E., Kontogiannis, T., & Green, M. (1994). *Guidelines for preventing human error in process safety*. New York: Center for Chemical Process Safety, American Institute of Chemical Engineers.

Garg, A., & Deshmukh, S.G. (2006). Maintenance management: literature review and directions. *Journal of Quality in Maintenance Engineering*, 12(3), 205-238. http://dx.doi.org/10.1108/13552510610685075

Goel, H.D., Grievink, J., & Weijnen, M.P.C. (2003). Integrated optimal reliable design, production, and maintenance planning for multipurpose process plants. *Computers & Chemical Engineering*, 27(11), 1543-1555. http://dx.doi.org/10.1016/S0098-1354(03)00090-5

Gómez de León, F. (1998). *Tecnología del mantenimiento industrial*. Servicio publicaciones de la Universidad de Murcia.

Gómez-Senent, E. (1997). *Cuadernos de Ingeniería de proyectos. Diseño básico de plantas industriales*. Valencia: UPV.

Greer, R.W. (1960). Records Make the Difference. *Coal Age*, 65.

Hanks, H. (1961). Program for Maintenance of Mobile Equipment. *Min. Congress Joum.*, 47(9), 35-38.

Hannaman, G.W., Spurgin, A.J., & Lukic, Y.D. (1984a). *Human cognitive reliability model for PRA analysis*. NUS-4531, Electric Power Research Institute.

Hannaman, G.W., & Spurgin, A.J. (1984b). *Systematic Human Action Reliability Procedure (SHARP)*. EPRI NP-3583.

Herrera, E.J., & Soria, F. (1990). Diagnosis de fallos de componentes mecánicos. *Anales de la Ingeniería Mecánica*, Diciembre.

Herzberg, F., Mauser, B., & Snyderman, B. (1959). *The Motivation to Work*. 2nd edn., New York: John Wiley & Sons, Inc.

Hiatt, B. (1999). *Best Practices Maintenance. A 13 Step Program in Establishing a World Class Maintenance Organization.* USA.

Hui, E., & Tsang, A. (2004). Sourcing strategies of facilities management. *Journal of Quality in Maintenance Engineering*, 10(2), 85-92. http://dx.doi.org/10.1108/13552510410539169

Idhammar, C. (1997). Maintenance management: moving from reactive to results-oriented. *Journal Review Pima's Papermaker*, July. USA.

IEEE Std 493-2007. (2007). *IEEE Recommended Practice for the Design of Reliable Industrial and Commercial Power Systems*. Approved 7 February 2007. IEEE-SA Standards Board.

Iung, B., Levrat, E., Crespo Márquez, A., & Erbe, H. (2009). Conceptual Framework for e-Maintenance: Illustration by e-Maintenance technologies and platforms. *Annual Reviews in Control*, 33, 220-229. http://dx.doi.org/10.1016/j.arcontrol.2009.05.005

Johnson, R., & Hughes, G. (2002). Evaluation report on OTO 1999/092, human factors assessment of safety critical tasks. *Health and Safety Executive*, Report No. 33, UK.

Kelly, A., & Harris, M.J. (1978). *Management of Industrial Maintenance*. Oxford: Butterworths.

Koval, D., Zhang, X., Prost, J., Coyle, T., Arno, R., & Hale, R. (2003). Reliability methodologies applied to the IEEE Gold Book standard network. *IEEE Industry Applications Magazine*, 9(1), 32-41. http://dx.doi.org/10.1109/MIA.2003.1176457

Lazakis, I., Turan, O., & Aksu, S. (2010). Increasing ship operational reliability through the implementation of a holistic maintenance management strategy. *Journal of Ships and Offshore Structures*, 5(4), 337-357. http://dx.doi.org/10.1080/17445302.2010.480899

Leplat, J. (1985). *La psicología ergonómica*. Barcelona: Ed. Oiko-tau.

Levitin, G., Podofillini, L., & Zio, E. (2003). Generalised importance measures for multi-state elements based on performance level restrictions. *Reliability Engineering and System Safety*, 82, 287-298. http://dx.doi.org/10.1016/S0951-8320(03)00171-6

López Campos, M., Fumagalli, L., Gómez Fernández, J., Crespo Márquez, A., & Macchi, M. (2010). UML model for integration between RCM and CBM in an e-maintenance architecture. *Proceedings of the First IFAC Workshop on Advanced Maintenance Engineering Services and Technology (A-MEST)*, 133-138. Lisbon, Portugal

López, M., & Crespo, A. (2010). Modelling a Maintenance Management Framework Based on PAS 55 Standard. *Qual. Reliab. Engng.*, 27, 805-820.

Maslow, A. (1943). A Theory of Human Motivation. Originally Published in *Psychological Review*, 50, 370-396. http://dx.doi.org/10.1037/h0054346

McGranaghan, M. (2007). Quantifying Reliability and Service Quality for Distribution Systems. *IEEE Trans. Industry Applications*, 43, 188-195. http://dx.doi.org/10.1109/TIA.2006.886990

Modarres, M. (2006). *Risk Analysis in Engineering: Techniques, Tools, and Trends*. New York, NY: Taylor & Francis.

Mora Gutiérrez, A. (1999). *Selección y jerarquización de las variables importantes para la gestión de mantenimiento en empresas usuarias o generadoras de tecnologías avanzadas*. Tesis doctoral. Universidad Politécnica de Valencia. Valencia, España.

Mosleh, A., & Chang, Y. (2004). Model-based human reliability analysis: prospects and requirements. *Reliability Engineering and System Safety*, 83, 241-253. http://dx.doi.org/10.1016/j.ress.2003.09.014

Moubray, J. (1991). *Reliability-Centered Maintenance*. Oxford: Butterworth-Heinemann.

Muller, A., Crespo Márquez, A., & Iung, B. (2008). On the concept of e-maintenance: Review and current research. *Reliability Engineering and System Safety*, 93, 1165-1187.

Nakajima, S. (1988). *Introduction to TPM*. Cambridge, MA: Productivity Press. http://dx.doi.org/10.1016/j.ress.2007.08.006

Nakajima, S. (1989). *TPM Development Program*. Cambridge, MA: Productivity Press.

Navarro, L. et al. (1997). *Gestión integral del mantenimiento*. Barcelona: Marcombo, S.A.

NTP 328. (1993). *Análisis de riesgos mediante el árbol de sucesos*. Instituto nacional de seguridad e higiene en el trabajo. Ministerio trabajo e inmigración del gobierno de España.

NTP 333. (1994). *Análisis probabilístico de riesgos: Metodología del «Árbol de fallos y errores»*. Instituto nacional de seguridad e higiene en el trabajo. Ministerio trabajo e inmigración del gobierno de España.

NTP 360. (1994). *Fiabilidad humana: conceptos básicos*. Instituto nacional de seguridad e higiene en el trabajo. Ministerio trabajo e inmigración del gobierno de España.

NTP 401. (1996). *Fiabilidad humana: métodos de cuantificación, juicio de expertos*. Instituto nacional de seguridad e higiene en el trabajo. Ministerio trabajo e inmigración del gobierno de España.

NTP 619. (2003). *Fiabilidad humana: evaluación simplificada del error humano (I)*. Instituto nacional de seguridad e higiene en el trabajo. Ministerio trabajo e inmigración del gobierno de España.

NTP 620. (2003). *Fiabilidad humana: evaluación simplificada del error humano (II)*. Instituto nacional de seguridad e higiene en el trabajo. Ministerio trabajo e inmigración del gobierno de España.

NTP 621. (2003). *Fiabilidad humana: evaluación simplificada del error humano (III)*. Instituto nacional de seguridad e higiene en el trabajo. Ministerio trabajo e inmigración del gobierno de España.

Oiltech Analisys S.L. (1995). Mantenimiento Proactivo de sistemas mecánicos lubricados. *Fluidos oleohidráulica neumática y automación*, 24, 208-209.

Pirret, R. (1999). *Proactive calibration helps drive productivity higher.* I&CS. - Everett, WA.

Ramos, G., & Torres, A. (2007). Análisis de Confiabilidad de Sistemas Industriales Aplicando Redes Bayesianas Considerando Aspectos de PQ y Seguridad. Caso de Estudio Sistema IEEE 493. *Ieee latin america transactions*, 5(8), 605-610.

Reiner, J., Koch, J., Krebs, I., Schnabel, S., & Siech, T. (2005). Knowledge management issues for maintenance of automated production systems. *Proceedings of the IFIP International Conference on Human Aspects in Production Management.* Karlsruhe, Germany, 160, 229-237.

Rey, F. (2001). *Manual de mantenimiento integral de la empresa.* Madrid: Confemetal.

Serratella, C.M., Wang, G., & Conachey, R. (2007). Risk-based strategies for the next generation of maintenance and inspection programs. *International Symposium on Maritime, Safety, Security and Environmental Protection (SSE),* Athens, Greece, 20–21 September 2007.

Sexto, L. (2005). *Confiabilidad integral del activo.* Seminario internacional de mantenimiento celebrado en Perú-Arequipa-Tecsup del 23-25 de febrero.

Sharma, A., & Yadava, G. (2011). A literature review and future perspectives on maintenance optimization. *Journal of Quality in Maintenance Engineering.* 17(1), 5-25. http://dx.doi.org/10.1108/13552511111116222

Smith, M. (1992). *Reliability Centered Maintenance.* New York: McGraw Hill, Inc. School Education Group.

Souris, J.P. (1992). *El Mantenimiento. Fuente de Beneficios.* Madrid: Díaz de Santos.

Swain, A.D., & Guttmann, H.E. (1983). *Handbook of human reliability analysis with emphasis on nuclear power plant applications.* Report No. (THERP), NUREG/CR-1278, U.S. Nuclear Regulatory Commission, Washington, DC.

Turan, O., Lazakis, I., Judahb, S., & Incecika, A. (2011). Investigating the Reliability and Criticality of the Maintenance Characteristics of a Diving Support Vessel. *Qual. Reliab. Engng. Int.*, 27, 931-946. http://dx.doi.org/10.1002/qre.1182

Vásquez, C., Montesinos, M., Osal, W., & Blanco, C. (2007). Índices de Confiabilidad de Líneas Aéreas de Distribución. *IV Simposio Internacional sobre la Calidad de la Energía Eléctrica SICEL2007.* Ciudad de Medellín, Colombia.

Veldman, J., Klingenberg, W., & Wortmann, H. (2011). Managing condition-based maintenance technology. A multiple case study in the process industry. *Journal of Quality in Maintenance Engineering*, 17(1), 40-62. http://dx.doi.org/10.1108/13552511111116240

Wang, W., Loman, J., Arno, R., Vassiliou, P., Furlong, E., & Ogden, D., (2004). Reliability block diagram simulation techniques applied to the IEEE std. 493 Standard Network. *IEEE Trans. Industry Applications*, 40, 887-955. http://dx.doi.org/10.1109/TIA.2004.827805

Weber, P., & Jouffe, L. (2006). Complex system reliability modelling with dynamic object oriented Bayesian network. *Reliability Engineering and System Safety*, 91, 149-162. http://dx.doi.org/10.1016/j.ress.2005.03.006

Widdowson, A., & Carr, D. (2002). *Human factors integration: implementation in the onshore and offshore industries*. Sudbury, UK: HSE Books.

Wilson, L., & McCutcheon, D. (2003). *Industrial safety and risk management*. Edmonton, Canada: University of Alberta Press.

Yañez, M., Gómez de la Vega, H., Valbuena G. (2003). *Ingeniería de Confiabilidad y Análisis Probabilístico de Riesgo*. Junio. ISBN 980-12-0116-9.

Yongli, Z., Limin, H., & Jinling, L. (2006). Bayesian network-based approach for power systems fault diagnosis. *IEEE Trans. on Power Delivery*, 21(2), 634-639. http://dx.doi.org/10.1109/TPWRD.2005.858774

Zaphiropoulos, E.P., & Dialynas, E.N. (2007). Methodology for the optimal component selection of electronic devices under reliability and cost constraints. *Quality Reliability Engineering International,* 23, 885-897. http://dx.doi.org/10.1002/qre.850

Análisis mediante técnicas cualitativas de los factores del Mantenimiento Industrial en relación a la Gestión del Conocimiento

Introducción al Capítulo IV

Objetivo del Capítulo IV

En este capítulo se analizan mediante estudios cualitativos con entrevistas, cuestionarios y encuestas preparadas y analizadas en un entorno industrial, los aspectos estratégicos del mantenimiento en relación a la fiabilidad (o confiabilidad), la mantenibilidad, la eficiencia energética y la operativa en explotación, estableciendo y confirmando los mecanismos de captación, generación, transmisión y utilización del conocimiento estratégico que se utilizan en la propia organización de mantenimiento.

Artículos relacionados con el Capítulo IV

Este capítulo está estructurado en tres artículos, el primero titulado *"Los métodos de investigación cualitativa en su aplicación al mantenimiento industrial: Análisis de las ventajas y limitaciones en su utilización"*. En este artículo, se muestran de una manera introductoria las principales técnicas de investigación cualitativa, que pueden ser utilizadas en el mantenimiento industrial, mostrando las principales ventajas y limitaciones, que pueden ser observadas en su aplicación.

El segundo artículo preparado en este capítulo IV titulado *"La "materia oscura" del mantenimiento industrial: El conocimiento tácito. Una aproximación cualitativa al problema"*. En este artículo, se pretende hacer una aproximación a identificar el carácter del conocimiento tácito que está presente de una manera muy intensa en todas las organizaciones de mantenimiento industrial y caracterizar los factores sobre los que incide, que afectan directamente a la operatividad y eficiencia de la propia organización técnica de mantenimiento e indudablemente sobre los factores tácticos de la empresa. Para tal efecto, se han realizado entrevistas con personal técnico y mandos de organizaciones de mantenimiento de diversas empresas, de sectores diferentes en la Comunidad Valenciana.

El tercer artículo preparado en este capítulo IV titulado *"Facilitadores y barreras para la aplicación de la Gestión del Conocimiento en la ingeniería del mantenimiento industrial: Un análisis mediante técnicas cualitativas"*. Este documento contiene el resultado del estudio cuyo objetivo principal fue definir un marco de referencia que permitiera comprender y abordar la Gestión del Conocimiento dentro de las actividades de mantenimiento, visualizando las acciones tácticas fundamentales que desempeña en el entorno de la empresa, así como extraer las barreras y facilitadores fundamentales que harían un servicio más eficiente con el diseño de estrategias de trabajo basadas en la creación, transmisión y utilización de conocimiento.

4.1. Los métodos de investigación cualitativa en su aplicación al mantenimiento industrial: Análisis de las ventajas y limitaciones en su utilización

Resumen: En este artículo se pretende introducir el campo de utilización del uso de metodologías de investigación cualitativas en el estudio de las organizaciones de mantenimiento industrial de las empresas, tomadas estas como una representación social. El mantenimiento industrial, es una de las actividades estratégicas en las empresas, dado que afecta su servicio a la operación global, su disponibilidad, la parada de la producción o del servicio que prestan, así como el ciclo de vida de las instalaciones, equipos y maquinaria, que repercuten en los tiempos de amortización y en el balance económico de la empresa. Así mismo en su operativa normal, repercute su desempeño en la eficiencia energética y fiabilidad y calidad en la producción. Esta actividad, por su naturaleza intrínseca, tiene un fuerte componente técnico, y fundamentalmente humano, en donde los niveles de conocimiento tácito (basado en la propia experiencia de los técnicos de mantenimiento y no registrada) superan en gran medida a otros departamentos de la empresa. Por ello, se presenta una comparativa de los métodos de investigación cualitativa, para entender y abordar las funciones tácticas del mantenimiento que dependen muy directamente del desempeño humano, las ventajas e inconvenientes en su utilización, que se han observado en una investigación global de la operativa de mantenimiento en función de la gestión del conocimiento.

Palabras Clave: Mantenimiento industrial, Métodos cualitativos, Fiabilidad, Eficiencia energética, Mantenibilidad.

1. Introducción

Los procesos y técnicas utilizadas en mantenimiento industrial, dependen de altos componentes técnicos y de conocimiento muy sofisticado, y una alta actuación del factor humano para su desempeño, con un alto componente de conocimiento tácito (Polanyi, 1967,1958). La investigación sobre temas relacionados sobre esta actividad de alta incidencia táctica sobre las empresas, es comúnmente realizada por técnicas cuantitativas, con el fin de entender la naturaleza y el comportamiento físico de los componentes que actúan sobre su eficacia y eficiencia (fiabilidad de componentes, análisis de diversas variables eléctricas y mecánicas, tiempos de actuación, etc.) (Sols, 2000), sin embargo, existen muchas variables subjetivas que afectan a las personas, que repercuten directamente sobre todo el proceso (gestión del conocimiento, uso de la comunicación inter-personas, estado de los equipos humanos, estado emocional, etc.), que sin embargo es necesario analizar, y se precisa de técnicas de investigación que aborden la naturaleza subjetiva de dichos factores. Para abordar estas últimas variables, se precisan de técnicas de investigación cualitativas, que aproximen la teoría a dichos factores y permitan estimar su incidencia (González et al, 2009).

Dado que el factor humano (Mayo, 1945) , las motivaciones de los trabajadores (Maslow, 1954), (Herzberg, 1968) y (McGregor, 1960) y sus relaciones en la organización de mantenimiento puede tener una alta incidencia en el éxito o fracaso de una empresa, es necesario extraer, por métodos inductivos, y a partir de determinadas experiencias particulares, el principio general que en ellas está explícito.

Con los métodos cualitativos pretendemos un conocimiento de la realidad, accediendo a ella a través del discurso, entendiéndose este todo texto producido por personas en una posición de comunicación interpersonal, oral, escrita o de cualquier otra forma (Mucchielli, 1970, 1972, 1977).

Con un enfoque cualitativo, se permite observar y describir sujetos de estudio o fenómenos en su ambiente real, visualizando holísticamente los escenarios naturales. Se puede elegir este tipo de investigación por su flexibilidad y capacidad que brinda el poder observar los hechos y realizar interpretaciones y comparaciones más que medir estadísticamente, además de consigue un componente de empatía con el entrevistado, cuando lo que se investiga está directamente relacionado con las personas, y los fenómenos y experiencias humanas que lo relacionan.

En este artículo, se muestran de una manera introductoria las principales técnicas de investigación cualitativa, que pueden ser utilizadas en el mantenimiento industrial, mostrando las principales ventajas y limitaciones, que pueden ser observadas en su aplicación, haciendo una revisión de la literatura existente, para posteriormente hacer un comparativo realizado en base a un estudio de campo realizado en una empresa industrial altamente tecnificada, en la que se pretende investigar los flujos de conocimiento que actúan sobre todos los componentes estratégicos del mantenimiento industrial, y los procesos que interfieren en la adecuada gestión del conocimiento. Para ello se analizaron los principales métodos, aplicándose varios de ellos (panel delphi, encuestas, grupos de discusión, entrevista individual, teoría fundamentada, técnica de observación, estudios de casos), y obteniendo las ventajas y limitaciones del uso de cada uno de ellos.

2. Las técnicas de investigación cualitativas en su aplicación al mantenimiento industrial

Lo primordial en una investigación es la correcta formulación del problema describiendo el contexto del estudio e identificando el enfoque general de análisis (Wiersma, 1995), aunando rigor y calidad metodológica (Cornejo et al. 2011) y validación de la metodología utilizada (Sisto, 2008; Villegas et al., 2011).

Toda investigación, de cualquier enfoque que sea (cualitativo o cuantitativo), tiene dos centros básicos de actividad. Partiendo del hecho que el investigador desea alcanzar unos objetivos, que a veces, están orientados hacia la solución de un problema, los dos centros fundamentales de actividad consisten en (Martínez, M., 2006):

1. Recoger toda la información necesaria y suficiente para alcanzar esos objetivos, ilustrar lo acaecido o solucionar ese problema.

2. Estructurar esa información en un todo coherente y lógico, es decir, ideando una estructura lógica, un modelo o una teoría que integre esa información, integrándola en un todo coherente y lógico, por medio de una hipótesis plausible que dé sentido al todo.

Las investigaciones científicas pueden ser realizadas a partir de metodologías cuantitativas o cualitativas. La primera consiste en el contraste de teoría(s) ya existente(s) a partir de una serie de hipótesis surgidas de la misma, siendo necesario obtener una muestra, ya sea en forma aleatoria o discriminada, pero representativa de una población o fenómeno objeto de estudio. Por lo tanto, para realizar estudios cuantitativos es indispensable contar con una teoría ya construida, dado que el método científico utilizado en la misma es el deductivo; mientras que la segunda (metodología cualitativa) consiste en la construcción o generación de una teoría a partir de una serie de proposiciones extraídas de un cuerpo teórico que servirá de punto de partida al investigador, para lo cual no es necesario extraer una muestra representativa, sino una muestra teórica conformada por uno o más casos (Martínez, P, 2006).

Alguno de los problemas fundamentales para la optimización de la función de mantenimiento, vienen como consecuencia del factor humano, que sin embargo afectan a funciones transcendentales de la empresa (fiabilidad, productividad, eficiencia energética, etc.) y que se hace todavía más patente en el caso de grandes compañías, que tienen multitud de plantas con una gran diversificación geográfica. En estos casos, el intercambio y transvase de información entre ellas, así como, el disponer de una gestión de mantenimiento común, hace que ésta se vea mejorada. Podría ponerse algunos ejemplos, en relación al mantenimiento industrial, en que el uso de técnicas cualitativas puede se transcendental para la investigación del fenómeno, su implicación y acciones de mejora:

1. Problemas derivados de los cambios de personal en la plantilla de mantenimiento.

2. La captura y utilización del alto componente de conocimiento tácito que se da en la organización de mantenimiento.

3. Falta de experiencia de los operarios para resolver determinados problemas que obliga a que otros los solucionen, con la pérdida operativa correspondiente.

4. Falta de información sobre medidas específicas a adoptar ante averías que no se le han presentado antes al operario.

5. La dependencia por parte de la empresa de la experiencia de los operarios de mantenimiento, imprescindible para el buen funcionamiento de la empresa.

6. Existencia únicamente de históricos de avería teóricos, sin poseer documentación alguna sobre las averías que no suelen ocurrir, y que sin embargo han sido resueltas en alguna ocasión por algún operario.

7. Una incorrecta gestión de la documentación técnica que se encuentra descentralizada y/o parcialmente disponible.

8. La carencia de sistemas de aprendizaje y reciclaje del personal, en el entorno específico del mantenimiento.

Algunas de las diferencias sustanciales entre investigación cualitativa y cuantitativa, se pueden observar en la Tabla 34 (Pita et al., 2002; Cabrero et al., 1996; Reichart et al., 1996), en función de varios autores, así como las ventajas y limitaciones en su utilización (Tabla 35).

El objetivo de los métodos cuantitativos es la de dar una dimensión numérica de lo que sucede. Con los métodos cualitativos se pretende conocer los porqués, y las razones por las que sucede los procesos que se manifiestan (Baez, 2007). Dichos métodos pueden ser complementarios, por ejemplo, en la actividad de mantenimiento, se pueden medir por medios cuantitativos que está sucediendo en un momento determinado o en un periodo de tiempo: índices de fallos, tiempos medios de reparación, variables físicas de componentes, etc., que permiten obtener estadísticas, gráficas, porcentajes, etc., que nos permitirían hacer pronósticos a corto o largo plazo. Con los métodos cualitativos podríamos conocer las razones para conocer y explicar como sucede esto, en referencia a la actitud del equipo humano y sus actuaciones, a través de los argumentos que fundamenten los fenómenos en los que están implicados.

| Diferencias entre investigación cualitativa y cuantitativa ||
Investigación cualitativa	Investigación cuantitativa
Centrada en la fenomenología y comprensión	Basada en la inducción probabilística del positivismo lógico
Observación naturista sin control	Medición penetrante y controlada
Subjetiva	Objetiva
Inferencias de sus datos	Inferencias más allá de los datos
Exploratoria, inductiva y descriptiva	Confirmatoria, inferencial, deductiva
Orientada al proceso	Orientada al resultado
Datos "ricos y profundos"	Datos "sólidos y repetibles"
No generalizable	Generalizable
Holista	Particularista
Realidad dinámica	Realidad estática

Tabla 34. Diferencias entre investigación cualitativa y cuantitativa.
Fuente: Pita et al, 2002

| Ventajas e inconvenientes de los métodos cualitativos vs cuantitativos. ||
Métodos cualitativos	Métodos cuantitativos
Propensión a *"comunicarse con"* los sujetos del estudio (Ibañes, 1994)	Propensión a *"servirse de"* los sujetos del estudio (Ibañes, 1994)
Se limita a preguntar (Ibañes, 1994)	Se limita a responder (Ibañes, 1994)
Comunicación más horizontal... entre el investigador y los investigados... mayor naturalidad y habilidad de estudiar los factores sociales en un escenario natural (Deegan, 1987)	
Son fuertes en términos de validez interna, pero son débiles en validez externa, lo que encuentran no es generalizable a la población	Son débiles en términos de validez interna – casi nunca sabemos si miden lo que quieren medir–, pero son fuertes en validez externa, lo que encuentran es generalizable a la población (Campbell, 1982)
Preguntan a los cuantitativos: ¿Cuan particularizables son los hallazgos?	Preguntan a los cualitativos: ¿Son generalizables tus hallazgos?

Tabla 35. Ventajas e inconvenientes entre investigación cualitativa y cuantitativa.
Fuente: Pita et al, 2002

En las investigaciones cualitativas se fijan unos objetivos a lograr (generales o particulares), relevantes para el investigador. A veces, es preferible fijar sólo objetivos generales y determinar los específicos durante el proceso, para no buscar metas que quizá resulten triviales o imposibles.

Por ello, mediante el término "investigación cualitativa", se entiende cualquier tipo de investigación que produce hallazgos a los que no se llega por medio de procedimientos estadísticos o cuantitativos.

El problema principal que enfrenta actualmente la investigación en las ciencias humanas y su metodología, tiene un fondo esencialmente epistemológico, pues gira en torno al concepto de "conocimiento" y de "ciencia" y la respetabilidad científica de sus productos: El conocimiento de la verdad y de las leyes de la naturaleza. De aquí, la aparición, sobre todo en la segunda parte del siglo XX, los planteamientos que formula la teoría del conocimiento (Martínez, M., 2006).

Su evolución parte desde la sociología europea y americana entre 1855 y 1890 mediante estudio de documentos personales y fuentes secundarias, pasando su consolidación entre 1900 y 1945 con introducción de entrevistas en profundidad, su sistematización entre 1945 y 1975 con el análisis de nuevas teorías interpretativas, pluralismo entre 1970 y 1983 con introducción de teoría fundamentada y estudio de casos, hasta el momento actual con la interpretación lingüística y retórica de la teoría social.

Los métodos de investigación cualitativa adquieren una singularidad propia, que se deriva de la finalidad a la que se destina y los objetivos que persigue (Baez, 2007), siendo sus rasgos fundamentales:

- Estudia las realidades en su contexto natural.

- Es empírica: Se niega el conocimiento a priori, y este se obtiene por la experiencia.

- Es inductiva: El proceso que se sigue va de lo particular a lo general.

- Es interpretativa: Los resultados no son únicos y está sujeta a diferentes interpretaciones, aunque con mayor poder explicativo de la realidad.

- Es explicativa: Se orienta también desde la descripción de los asuntos y su explicación.

- El lenguaje es su sustancia: Se interroga a las personas para que narren las realidades tal y como las perciben y elaboren su propio discurso.

- Busca comprender: Se intenta hacer coherente hechos desordenados.

- Enfoque holístico: Propugna la concepción de cada realidad como un todo distinto de la suma de sus partes que lo componen.

- Es dúctil: Conforme avanza la investigación se va focalizando asuntos de interés.

En el análisis cualitativo, no se pretende la cuantificación de los datos cualitativos, sino reinterpretar los datos con el propósito de descubrir conceptos y relaciones para organizarlos en un esquema explicativo.

Una metodología cualitativa puede ser descrita (Anguera, 1986) "como una estrategia de investigación fundamentada en una depurada y rigurosa descripción contextual del evento, conducta o situación que garantice la máxima objetividad en la captación de la realidad, siempre compleja, y preserve la espontánea continuidad temporal que le es inherente, con el fin de que la correspondiente recogida sistemática de datos, categóricos por naturaleza, y con independencia de su orientación [...] dé lugar a la obtención de conocimiento válido con suficiente potencia explicativa".

Básicamente, existen tres componentes principales en la investigación cualitativa.

1. Los datos, que pueden provenir de fuentes diferentes, tales como entrevistas, observaciones, documentos, registros y grabaciones.

2. Los procedimientos, que los investigadores pueden usar para interpretar y organizar los datos. Entre estos se encuentran: conceptualizar y reducir los datos, elaborar categorías, en términos de sus propiedades y dimensiones, y relacionarlos, por medio de una serie de oraciones proposicionales. Al hecho de conceptuar, reducir, elaborar y relacionar los datos se le suele denominar codificar.

3. Los informes escritos y verbales conforman el tercer componente.

En los estudios cualitativos los marcos teórico-conceptuales son generalmente inductivos. El investigador cualitativo trata de identificar patrones, puntos en común y relaciones a través del estudio de casos y acontecimientos específicos. Cuando se hace el análisis de la información, se procura pasar de la especificidad de los datos a la generalización abstracta, creando conceptos que sinteticen el fenómeno observado y lo estructuren mediante explicaciones de la realidad. No todos los investigadores tienen por objetivo crear marcos teóricos como producto de una explicación conceptual propia, ya que hay investigadores que utilizan modelos conceptuales existentes para la explicación de sus estudios cualitativos (Polit et al., 2000).

Dentro de las clasificaciones que se pueden realizar de las metodologías cualitativas, una podría ser entre directas (entrevista, grupo de discusión, técnica de observación, estudio de casos, teoría fundamentada) e indirectas (proyectivas, panel delphi, cuestionarios).

Con la investigación cualitativa, se genera una gran cantidad de información y el estudio proviene, en la gran mayoría de los casos, de unos pocos sujetos y de diferentes fuentes (Alvarez-Gayou, 2005), algo importante en la ingeniería del mantenimiento industrial, donde el estudio de pocos sujetos de un equipo en el interior de una empresa afecta a situaciones estratégicas y de operatividad sustanciales.

Respecto al tamaño de la muestra en la investigación cualitativa, no hay criterios ni reglas firmemente establecidas, determinándose en base a las necesidades de información, por ello, uno de los principios que guía el muestreo es la saturación de datos, esto es, hasta el punto en que ya no se obtiene nueva información y ésta comienza a ser redundante. El proceso de muestreo podría evolucionar como sigue (Salamanca et al., 2007):

1. El investigador empieza con una noción general de dónde y con quién comenzar. Se suelen utilizar procedimientos de conveniencia o avalancha.

2. La muestra se selecciona de manera seriada, es decir, los miembros sucesivos de la muestra se eligen basándonos en los ya seleccionados y en qué información han proporcionado.

3. Con frecuencia se utilizan informantes para facilitar la selección de casos apropiados y ricos en información.

4. La muestra se ajusta sobre la marcha. Las nuevas conceptualizaciones ayudan a enfocar el proceso de muestreo.

5. El muestreo continúa hasta que se alcanza la saturación.

6. El muestreo final incluye una búsqueda de casos confirmantes y desconfirmantes (selección de casos que enriquecen y desafían las conceptualizaciones de los investigadores).

2.1. Las técnicas de investigación cualitativas directas

Las entrevistas

Las entrevistas, son una técnica de investigación intensiva para profundizar en aspectos globales del discurso especializado sobre un determinado tema, y los aspectos sobre los que se sustenta, se estructura a través de las preguntas del investigador y las respuestas de las personas entrevistadas, marcando un flujo de información que la va dotando de contenidos (Valles, 2002, 1997; Alonso, 1999).

Los antecedentes parten de los años 50, con la entrevista clínica, en las que se indaga en el paciente mediante preguntas para establecer los procesos psicológicos por los que se actúa de una manera determinada, y la entrevista enfocada, en la que se indaga en una experiencia concreta del entrevistado sobre la que se desea saber y cuyos efectos se quieren analizar. De la adaptación de estos modelos surgieron los tipos más utilizados hoy en día:

- *Entrevistas en profundidad:* Para estudios exploratorios, con contenido genérico, en que la propia entrevista hace emerger los temas. También denominada por algunos autores como entrevista abierta. Generalmente suelen cubrir solamente uno o dos temas pero en mayor profundidad. El resto de las preguntas que el investigador realiza, van emergiendo de las respuestas del entrevistado y se centran fundamentalmente en la aclaración de los detalles con la finalidad de profundizar en el tema objeto de estudio. Aunque es la que más se caracteriza por la carencia de estructura –salvo la que el sujeto le de– y por la no-dirección, no hay que olvidar que las entrevistas deben desarrollarse bajo la dirección y el control sutil del investigador/a (Blasco et al., 2008a).

- *Entrevistas estructuradas:* predeterminan en una mayor medida las respuestas por obtener, que fijan de antemano sus elementos con más rigidez.

- *Entrevistas semi-estructuradas:* Con un contenido preestablecido, dejando abierta la gama de posiciones del entrevistado. Las preguntas están definidas previamente -en un guión de entrevista pero la secuencia, así como su formulación pueden variar en función de cada sujeto entrevistado. Es decir, el/la investigador/a realiza una serie de preguntas (generalmente abiertas al principio de la entrevista) que definen el área a investigar, pero tiene libertad para profundizar en alguna idea que pueda ser relevante, realizando nuevas preguntas. Como modelo mixto de la entrevista estructurada y abierta o en profundidad, presenta una alternancia de fases directivas y no directivas (Blasco et al., 2008a).

Es una forma específica de interacción social que tiene por objeto recolectar datos para una indagación. El investigador formula preguntas a las personas capaces de aportarle datos de interés, estableciendo un diálogo peculiar, asimétrico, donde una de las partes busca recoger informaciones y la otra es la fuente de esas informaciones.

Las ventajas de la investigación mediante entrevista en las acciones de mantenimiento industrial radican en que son los mismos actores sociales quienes proporcionan los datos relativos a sus conductas, opiniones, deseos, actitudes y expectativas, cosa que por su misma naturaleza imposible de observar desde fuera. Nadie mejor que la misma persona involucrada para hablar acerca de todo aquello que piensa y siente, de lo que ha experimentado o proyecta hacer.

Las desventajas que se pueden tener es que el entrevistado podrá hablar lo que se le pregunte, pero siempre nos dará la imagen que tiene de las cosas, lo que cree que son, a través de toda su carga subjetiva de intereses, prejuicios y estereotipos.

La técnica de entrevista de investigación social, es especialmente útil cuando lo que realmente nos interesa recoger es la visión subjetiva de los actores sociales, máxime cuando se desea explorar los diversos puntos de vista "representantes" de las diferentes posturas que pudieran existir en torno a lo investigado (Blasco et al., 2008a).

Los grupos de discusión

El grupo de discusión es una técnica empleada por los investigadores cualitativos. Tiene dos raíces teórico-prácticas de origen; una de ellas es la norteamericana, más conocida hoy en día como "Focus Group" (Gutierrez, 2011), que se generó y desarrolló entre las décadas 30 y 40 a partir del uso de las técnicas de entrevista grupales, que llevaron a cabo Robert K. Merton, M. Fiske y Patricia L. Kendall, en Estados Unidos; la otra versión es la europea, particularmente la española, y que es la que recibe el nombre de "Grupo de Discusión" (Ibañez, 1979, 1989; Cano, 2008).

El objetivo fundamental del grupo de discusión es ordenar y dar sentido al discurso social que se va a reproducir. Técnicamente el grupo de discusión lo que hace es reunir a un grupo de personas, o participantes seleccionados, que son una muestra estructural con características propias que en este momento constituye la dimensión grupal. Tratamos de recoger vivencias y experiencias de un grupo determinado de gente con unas características similares. Los informantes tienen derecho a hablar, participan a través de su punto de vista que, frente a otros sujetos, se da en una conversación. Lo que conseguimos con relaciones simétricas entre los participantes es que se acoplen las hablas y se favorezca la reproducción social del discurso (Cano, 2008).

Durante la sesión se pueden pedir opiniones, hacer preguntas, aplicar cuestionarios, discutir casos, intercambiar puntos de vista y valorar aspectos varios. Los pasos fundamentales a realizar pasarían por definir el tipo de personas que participarán en la reunión, ubicar las personas del tipo definido o elegido, y organizar la sesión o sesiones, que se deben llevar a cabo en un ambiente tranquilo, relajado y deben preverse detalles tales como logística, etc. Se debe elaborar reporte de sesión, que debe incluir datos particulares de los participantes (sexo, edad, nivel educativo, etc.), así como información completa del desarrollo de la sesión reflejando la actitud y comportamiento de los participantes.

Lo más importante del diseño es tener representadas en los grupos de discusión, determinadas relaciones sociales que se plantean explorar a priori en la investigación. Por lo tanto, la selección del número de grupos responde a criterios estructurales y no estadísticos. Antes de comenzar a elegir participantes hay que plantearse a qué tipos sociales se quiere escuchar. O lo que es lo mismo, cuántas variantes discursivas son necesarias recoger para tener una visión completa del fenómeno al que se quiere aproximar y conocer (Cano, 2008).

Este tipo de técnica es ideal para evaluar un servicio como puede ser la actividad del mantenimiento industrial, en relación a sus componentes humanos, la atención con el cliente final (la propia factoría), etc. Entre sus condiciones está en que resulta costosa por la logística que involucra, se necesita personal altamente capacitado en el tema a tratar y por sus características está dirigida a recoger opiniones.

La Grounded theory o teoría fundamentada

La teoría fundamentada desarrollada a través de los sociólogos Glaser y Strauss (1967), en esa época se la denominó "el método de comparación constante" o teoría anclada, por ser ésta la estrategia de análisis de datos. Es ampliamente utilizada en ciencias sociológicas o de la salud (Soler et al., 2010; Carrero et al., 2006; Goulding, 2005; Jones, 2004; De la Cuesta, 2006), pero muy poco utilizada en áreas técnicas y de mantenimiento industrial. El objetivo de este método es el de generar teoría a partir de datos recogidos en contextos naturales, por tanto sus hallazgos son formulaciones teóricas de la realidad (Glaser et al., 1967). A la teoría fundamentada se la describe como un modo de hacer análisis (Strauss, 1987). Se asienta en tres premisas (Blumer,1969). La primera es que los seres humanos actúan ante las cosas con base al significado que éstas tienen para ellos; la segunda es que el significado de estas cosas se deriva o emerge, de la interacción social que se tiene con los otros; y la tercera premisa es que estos significados se manejan y transforman por medio de los procesos interpretativos que la persona usa en el manejo de las situaciones que se encuentra.

La teoría fundamentada es especialmente útil cuando las teorías disponibles no explican el fenómeno o planteamiento del problema, o bien, cuando no cubren a los participantes o muestra de

Reunión de Grupo – Entrevista en Profundidad	Grounded Theory
Aceptada en el campo de la investigación en comunicación y marketing	No aceptada universalemente
Muestra fija	**Muestra por saturación**. Cada caso rigurosamente seleccionado
Resultado inmediato en el tiempo	Se desconoce tiempo requerido (finalización investigación)
De las preguntas se obtienen respuestas	Las respuestas pueden llevarnos a nuevas preguntas clave
De la teoría a los datos	La teoría emerge de los datos
No existe teoría para investigar de nuevo	Buscar teoría que generalice un área conceptual entera

Tabla 46. Diferencias entre la Grounded Theory y la Entrevista en Profundidad o la Reunión de Grupo. Fuente: Soler et al., 2010

interés (Creswell, 2005). Con la teoría fundamentada se busca una teoría que generalice un área conceptual, a partir de los datos, aunque pueda parecer cierta similitud con la entrevista en profundidad y la reunión de grupo (Tabla 36).

En la Teoría fundamentada, los datos se recolectan a través de entrevistas y observación participante. La fuente de datos es la interacción humana y el análisis se focaliza en desvelar los procesos que subyacen en esta interacción que se denomina proceso básico social-psicológico. El proceso se presenta en etapas o estadios, en ellas se identifican las condiciones de la acción, las estrategias (o lo que las personas hacen para resolver los problemas a los que cotidianamente se enfrentan) y sus efectos denominadas consecuencias. La teoría fundamentada se ocupa de la temporalidad, de las fases o cambios en la acción. El análisis de datos en la teoría fundamentada se hace a través de la codificación, la realización de memos analíticos y diagramas; tiene por fin descubrir categorías, desarrollarlas, relacionarlas y saturarlas, todo ello alrededor del proceso básico. El resultado de un estudio de teoría fundamentada se presenta como un proceso, o algunos de sus elementos como las estrategias. Si el investigador desea captar la temporalidad, el cambio y sus efectos, la teoría fundamentada le proporciona la manera de hacerlo (De la Cuesta, 2006).

Existes diversos programas informáticos (Chenobilsky, 2006) para el apoyo en el análisis de datos cualitativos mediante la teoría fundamentada (Tabla 37). Los programas pueden ser útiles para realizar tareas mecánicas de análisis, como pueden ser identificar similitudes, diferencias y relaciones entre distintos fragmentos de texto, pero de ninguna manera sirven para la creación de conceptos. Por lo que el software no puede reemplazar nunca la creatividad del investigador (González et al., 2010).

Atlas.ti v.5.2	MAXqda	The Ethnograph v.5.08	QSR N6 (ex Nudist)	Nvivo	QDA Miner v.2.0
Tipos de datos cualitativos					
Datos textuales, vídeo digital, sonido y gráficos	Datos textuales	Datos textuales	Datos textuales	Datos textuales	Datos textuales
Incorporación de documentos					
Texto (.txt, .rtf, .doc), gráficos (.jgp, .jpeg, .bmp, .gif), audio (.waw, .mp3)	Texto (.txt)	Texto (.txt)	Texto (.txt)	Texto (.txt)	Texto (.rtf, .doc, .html, .pdf, .txt)
Codificación					
Mínima unidad de texto a codificar: un carácter	Mínima unidad de texto a codificar: un carácter	Mínima unidad de texto a codificar: una línea (42 caracteres)	Mínima unidad de texto a codificar: una unidad de texto (línea, oración o párrafo)	Mínima unidad de texto a codificar: un carácter	Codificación jerárquica
Codificación no jerárquica, in vivo	Codificación no jerárquica, in vivo	Codificación jerárquica, in vivo	Codificación jerárquica, in vivo	Codificación jerárquica, in vivo	

Tabla 37. Principales programas de análisis de datos cualitativos. Fuente: González et al., 2010

Técnica de observación

Es el examen atento de los diferentes aspectos de un fenómeno a fin de estudiar sus características y comportamiento dentro del medio en donde se desenvuelve éste. Es una técnica que consiste en observar, el hecho o caso, tomar información y registrarla para su posterior análisis.

La observación directa de un fenómeno ayuda a realizar el planteamiento adecuado de la problemática a estudiar. Adicionalmente, entre muchas otras ventajas, permite hacer una formulación global de la investigación, incluyendo sus planes, programas, técnicas y herramientas a utilizar. Entre los diferentes tipos de investigación se pueden mencionar las siguientes:

- La observación directa, es la inspección que se hace directamente a un fenómeno dentro del medio en que se presenta, a fin de contemplar todos los aspectos inherentes a su comportamiento y características dentro de ese campo.

- La observación indirecta, es la inspección de un fenómeno sin entrar en contacto con él, sino tratándolo a través de métodos específicos que permitan hacer las observaciones pertinentes de sus características y comportamientos.

- La observación oculta, se realiza sin que sea notada la presencia del observador, con el fin de que su presencia no influya ni haga variar la conducta y características propias del objeto en estudio.

- La observación participativa, es cuando el observador forma parte del fenómeno estudiado y le permite conocer más de cerca las características, conducta y desenvolvimiento del fenómeno en su medio ambiente.

- La observación no participativa, es aquella en que el observador evita participar en el fenómeno a fin de no impactar su conducta, características y desenvolvimiento.

- La observación histórica, se basa en hechos pasados para analizarlos y proyectarlos al futuro.

- La observación dinámica, se va adaptando a las propias necesidades del fenómeno en estudio.

- La observación controlada, donde se manipulan las variables para inspeccionar los cambios de conducta en el fenómeno observado.

- La observación natural, se realiza dentro del medio del fenómeno sin que se altere ninguna parte o componente de éste.

Pasos claves de la observación:

- Determinar el objeto, situación, caso que se va a observar

- Determinar los objetivos de la observación (para qué se va a observar)

- Determinar la forma con que se van a registrar los datos

- Observar cuidadosa y críticamente

- Registrar los datos observados

- Analizar e interpretar los datos

- Elaborar conclusiones

- Elaborar el informe de observación

Recursos auxiliares de la observación y modalidades:

- Fichas

- Récords Anecdóticos

- Grabaciones

- Fotografías

- Listas de chequeo de Datos Escalas, etc.

La observación, como técnica de investigación en el mantenimiento industrial, ayuda a introducirse dentro del contorno del fenómeno, los movimientos operativos que se producen, difícil de observar y medir, sino se está dentro del contexto de su propia funcionalidad.

Técnica de estudio de casos

Permite analizar el fenómeno objeto de estudio en su contexto real, utilizando múltiples fuentes de evidencia, cuantitativas y/o cualitativas simultáneamente. Por otra parte, ello conlleva el empleo de abundante información subjetiva, la imposibilidad de aplicar la inferencia estadística y una elevada influencia del juicio subjetivo del investigador en la selección e interpretación de la información. El estudio de casos es, por tanto, una metodología de investigación cualitativa que tiene como principales debilidades sus limitaciones en la confiabilidad de sus resultados y en la generalización de sus conclusiones, lo que la enfrenta a los cánones científicos más tradicionales y lo que, de alguna manera, la ha marginado (que no excluido) frente a otras metodologías más cuantitativas y objetivas como metodología científica de investigación empírica (Villarreal et al., 2010), aunque utilizado por numerosos investigadores como un método de diseño preexperimental (Yin, 1993).

No obstante, el método de estudio de caso es una herramienta valiosa de investigación, y su mayor fortaleza radica en que a través del mismo se mide y registra la conducta de las personas involucradas en el fenómeno estudiado (Martínez, 2006), mientras que los métodos cuantitativos sólo se centran en información verbal obtenida a través de encuestas por cuestionarios (Yin, 1989).

Sin embargo, para avanzar en el conocimiento de determinados fenómenos complejos es una metodología que puede aportar contribuciones valiosas si es empleada con rigor y seriedad, aplicando procedimientos que incrementen su confiabilidad y su validez.

Se debe poner el énfasis en el objetivo de la investigación, ya que en función de éste se puede considerar que el método se ajusta correctamente cuando persigue la ilustración, representación, expansión o generalización de un marco teórico (generalización analítica), y no la mera enumeración de frecuencias de una muestra o grupo de sujetos como en las encuestas y en los experimentos (generalización estadística).

Las características de esta metodología, su diseño (Figura 65) y el tipo de preguntas que pueden ser respondidas mediante su uso, permiten que sea una estrategia adecuada para abordar cuestiones como las siguientes (Yin, 1989) (Villarreal et al., 2010):

```
┌─────────────────────────────────────────────────────────────┐
│        Propósitos, objetivos y preguntas de investigación     │
└─────────────────────────────────────────────────────────────┘
                              ↓
┌─────────────────────────────────────────────────────────────┐
│         Contexto conceptual, perspectivas y modelos teóricos  │
└─────────────────────────────────────────────────────────────┘
                              ↓
┌─────────────────────────────────────────────────────────────┐
│          Selección e identidad de la unidad de análisis       │
│            **Nivel de análisis y selección de casos**         │
└─────────────────────────────────────────────────────────────┘
                              ↓
┌─────────────────────────────────────────────────────────────┐
│            Métodos y recursos de investigación                │
│         **Diseño de instrumentos y protocolos**               │
└─────────────────────────────────────────────────────────────┘
```

Evidencia documental   **Observación directa**

Fase de campo: proceso de recogida de datos, uso de múltiples fuentes de evidencia (triangulación)

Artefactos físicos, tecnológicos y culturales

Entrevistas

```
┌─────────────────────────────────────────────────────────────┐
│  Registro y clasificación de los datos: examinar, categorizar,│
│   tabular y combinar la evidencia. Creación de una base de    │
│                         datos                                 │
└─────────────────────────────────────────────────────────────┘
                              ↓
┌─────────────────────────────────────────────────────────────┐
│      Análisis individual de cada caso: operativa del análisis │
└─────────────────────────────────────────────────────────────┘
                              ↓
┌─────────────────────────────────────────────────────────────┐
│  Análisis global: estrategias analíticas, apoyo en las        │
│  proposiciones teóricas                                       │
│  Patrón de comportamiento común, creación de explicación,     │
│  comparación sistemática de la literatura                     │
└─────────────────────────────────────────────────────────────┘
                              ↓
┌─────────────────────────────────────────────────────────────┐
│  Rigor y calidad del estudio, conclusiones generales e        │
│  implicaciones de la investigación                            │
└─────────────────────────────────────────────────────────────┘
```

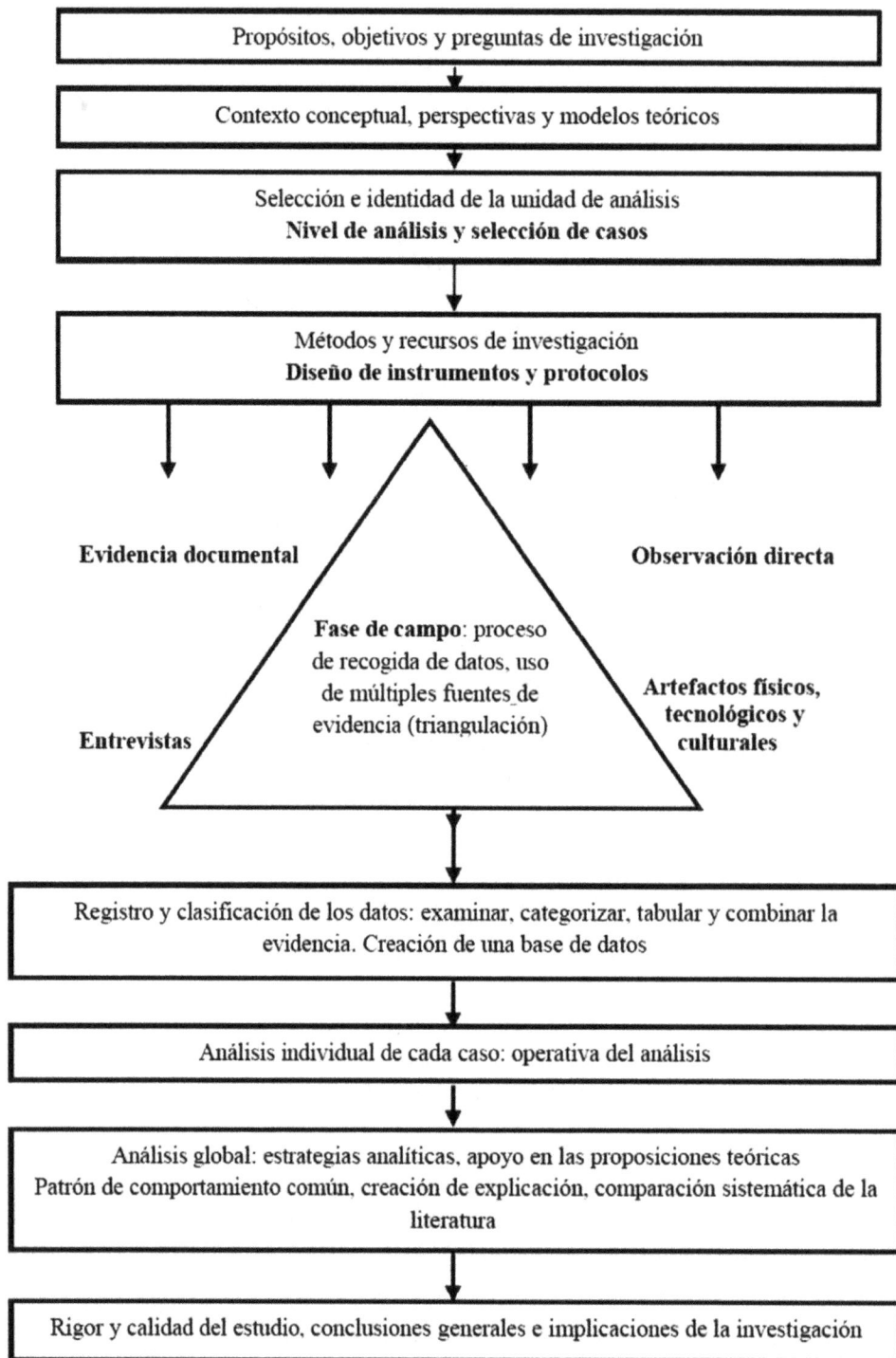

Figura 65. Diseño metodológico del estudio de casos. Fuente: Villarreal et al., 2010

212

1. Explicar las relaciones causales que son demasiado complejas para las estrategias de investigación mediante encuesta o experimento.

2. Describir el contexto real en el cual ha ocurrido un evento o una intervención.

3. Evaluar los resultados de una intervención.

4. Explorar situaciones en las cuales la intervención evaluada no tiene un resultado claro y singular.

El uso de esta herramienta analítica es por tanto muy recomendable cuando el fenómeno que queremos estudiar no puede ser comprendido de forma independiente respecto a su contexto (Villarreal et al., 2010), a su ambiente natural, cuando se deben considerar un gran número de elementos y se precisa un elevado número de observaciones (Johnston et al., 1999), es decir, cuando queremos comprender un fenómeno real considerando todas y cada una de las variables que tienen relevancia en él (McCutcheon et al., 1993).

Los objetivos últimos que se quieren conseguir deben estar claros desde el principio, con qué finalidad se va a recabar e interpretar la abundante información a la que se va a tener acceso, cuál es el objeto de estudio y qué se desea saber de las organizaciones que se analiza. El estudio puede servir para describir un fenómeno dentro organizaciones reales, para explorar una situación sobre la que no existe un marco teórico bien definido, de forma que sirva para preparar otra investigación más precisa, para explicar porqué se producen fenómenos, lo que es la base para la generación de nuevas teorías (Yin, 1989, 1993, 1998), para ilustrar buenas prácticas de actuación (Bonache, 1999) o validar propuestas teóricas (Yin, 1989). En cualquier caso, estos objetivos deben estar claramente determinados antes del inicio de la investigación.

Antes de enfrentarnos al fenómeno objeto de estudio en su realidad empresarial es necesario partir de una literatura de referencia, especificar y definir los conceptos clave, determinar lo que no se sabe y se desea conocer mediante la investigación, así como conocer y seleccionar los modelos teóricos existentes que a priori mejor nos van a ayudar para explicar esa realidad compleja y abierta y, de esa forma guiar, el estudio. El estudio de casos, puede ser útil en la investigación en las actividades tácticas del mantenimiento industrial, dado el grado de incertidumbre en que se desenvuelven, con un alto impacto del factor humano, y siendo los procesos organizativos variables de una empresa a otra.

2.2. Las técnicas de investigación cualitativas indirectas

Técnicas proyectivas

Se define como una técnica de indagación indirecta en la cual se presenta un estímulo ambiguo a las personas y subsecuentemente se le pide dar sentido a éste.

Las técnicas proyectivas comprenden una serie de actividades ya sea en forma de tareas o juegos que buscan facilitar extender o aumentar la naturaleza de la discusión grupal. Las actividades son diseñadas con la idea que el entrevistado proyectará sus propias creencias (sin que pasen explícitamente por el filtro de lo aceptado por su conciencia) en una situación hipotética.

Se puede decir que las técnicas proyectivas de investigación consisten en una metodología de indagación indirecta que facilitan al sujeto la articulación de pensamientos retenidos a partir de la presentación de estímulos inestructurados, con el objeto de que el participante "proyecte", es decir, exprese lo que piensa o siente en alguien o algo distinto de sí mismo (Boddy, 2005). Al respecto, se dice que una persona está proyectando cuando atribuye a otra un rasgo o deseo propio, que le resulta difícil de admitir directa y explícitamente.

Existen cinco categorías de técnicas proyectivas basadas en la actividad que involucran de parte del entrevistado y el tipo de respuesta que se puede obtener de su aplicación. Estas categorías, que representan lo que se ha denominado las técnicas proyectivas tradicionales (frecuentemente usadas) son: las técnicas de asociación, completación, construcción, expresión y de orden o elección.

Panel Delphi

Es un procedimiento eficaz y sistemático cuyo objeto es la recopilación de opiniones de expertos sobre un tema particular con el fin de incorporar dichos juicios en la configuración de un cuestionario y conseguir un consenso a través de la convergencia de las opiniones (Linstone et al., 1975).

Es un método de investigación sociológica, que independientemente de que pertenece al tipo de entrevista de profundidad en grupo, se aparta de ellas agregando características particulares (Ruiz, et al., 1989). Es una técnica grupal de análisis de opinión, parte de un supuesto fundamental y de que el criterio de un individuo particular es menos fiable que el de un grupo de personas en igualdad de condiciones, en general utiliza e investiga la opinión de expertos (Bravo et al., 2010).

El Método Delphi se basa en el principio de la inteligencia colectiva y que trata de lograr un consenso de opiniones expresadas individualmente por un grupo de personas seleccionadas cuidadosamente como expertos calificados en torno al tema, por medio de la iteración sucesiva de un cuestionario retroalimentado de los resultados promedio de la ronda anterior, aplicando cálculos estadísticos (Parisca,1995).

Las principales características del método están dadas por el anonimato de los participantes (excepto el investigador), iteración (manejar tantas rondas como sean necesarias), retroalimentación (feedback) controlada, sin presiones para la conformidad, respuesta de grupo en forma estadística (el grado de consenso se procesa por medio de técnicas estadísticas) y justificación de respuestas (discrepancias/consenso) (Bravo et al., 2010).

Es un método de consenso. Los integrantes del grupo no se comunican directamente entre sí, pero influyen sobre la información remitida por otros, hasta que se llega a un consenso. Para un grupo Delphi se pueden elegir individuos al azar o un panel de expertos o informadores-clave de la comunidad. El procedimiento (Figura 66) se basa en un proceso iterativo que pasa por diversas etapas:

1. Formulación de la pregunta de investigación.

2. Selección de unos o más expertos a participar en el ejercicio.

3. Desarrollo de la primera ronda de cuestionarios Delphi.

4. Probar el cuestionario con participantes de control.

5. Transmisión de los primeros cuestionarios a los miembros del panel.

6. Análisis de la primera ronda de respuestas.

7. Preparación de la segunda ronda preguntas.

8. Transmisión de la segunda ronda preguntas a los panelistas.

9. Análisis de la segunda ronda de respuestas.

10. Volver al paso 7 hasta lograr estabilidad en los resultados.

11. Preparación de un informe por parte del equipo supervisor.

La técnica Delphi evita reuniones, facilita la participación, da tiempo para reflexionar, es anónima y evita presiones intragrupales. Los inconvenientes se refieren a la duración del proceso, posibles

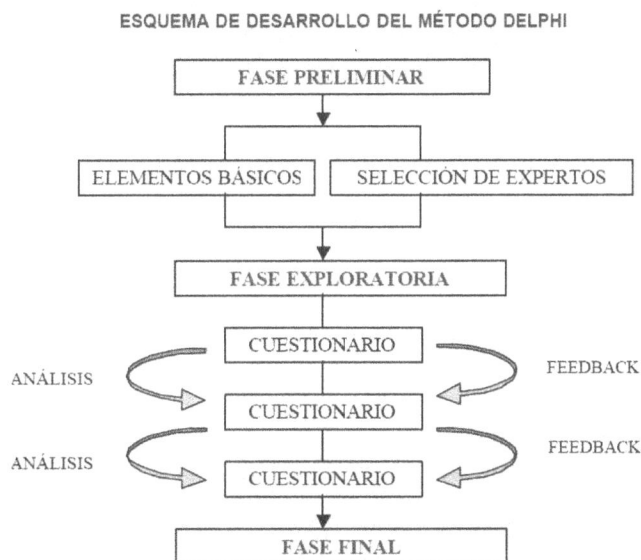

Figura 66. Esquema desarrollo método Delphi. Fuente: Bravo et al., 2010

abandonos, selección sesgada de participantes, etc. Es muy útil, sin embargo, cuando los recursos son escasos, los temas son complejos y se quiere contar con la opinión expertos en un área concreta.

Cuestionarios y encuestas

Aunque los cuestionarios y encuestas, son técnicas de investigación cuantitativas, pueden ser utilizadas para la captación de datos con el fin de centrar o delimitar una investigación cualitativa. Se trata de una técnica de investigación basada en las declaraciones emitidas por una muestra representativa de una población concreta y que nos permite conocer sus opiniones, actitudes, creencias, valoraciones subjetivas, etc. Dada su enorme potencial como fuente de información, es utilizada por un amplio espectro de investigadores (Cea, 1999) definiendo la encuesta como "la aplicación o puesta en práctica de un procedimiento estandarizado para recabar información (oral o escrita) de una muestra amplia de sujetos. La muestra ha de ser representativa de la población de interés y la información recogida se limita a la delineada por las preguntas que componen el cuestionario pre-codificado, diseñado al efecto".

Entre sus características, se pueden señalar las siguientes:

- La información se adquiere mediante transcripción directa.

- El contenido de esa información puede referirse tanto a aspectos objetivos (hechos), como subjetivos (opiniones o valoraciones).

- Dicha información se recoge de forma estructurada, al objeto de poder manipularla y contrastarla mediante técnicas analíticas estadísticas.

- La importancia y alcance de sus conclusiones dependerá del control ejercido sobre todo el proceso: técnica de muestreo efectuada para seleccionar a los encuestados, diseño del cuestionario, recogida de datos o trabajo de campo y tratamiento de los datos.

Comparada con otras estrategias de investigación, la encuesta goza de gran popularidad debido a ventajas como su:

- Rentabilidad, ya que permite obtener información diversa, de un amplio sector de la población.

- Fiabilidad, ya que al ser un proceso estructurado permite la replicación por parte de otros investigadores.

- Validez ecológica, ya que los resultados obtenidos son de fácil generalización a otras muestras y contextos (suponiendo siempre un alto grado de representatividad de la muestra encuestada).

- Utilidad, ya que los datos obtenidos gracias a este procedimiento permiten un tratamiento riguroso de la información y el cálculo de significación estadística.

Sin embargo, para garantizar que la encuesta goce de todas estas ventajas, han de tenerse en cuenta algunas dificultades (perfectamente extensibles a otros instrumentos de recogida de información como los test psicométricos) como:

- Realizar encuestas a poblaciones con dificultad en su comunicación.

- La información que se obtiene está condicionada por la formulación de las preguntas y la veracidad de las propias respuestas.

- La presencia del entrevistador puede provocar problemas de reactividad y/o aquiescencia (los cuales siempre pueden solventarse con un buen cuestionario o una adecuada formación).

- La necesidad de un complejo y costoso (temporal, material y económicamente) trabajo de campo.

Una vez planteados convenientemente los momentos previos al diseño y recogida de datos en toda investigación (problema, hipótesis, etc.), para realizar una encuesta hay que seguir los siguientes pasos:

- Determinación de la población (conjunto de individuos del que queremos obtener la información) y unidad muestral que contestará al cuestionario (un sujeto, un grupo, etc.).

- Selección y tamaño de la muestra.

- Diseño del material para realizar la encuesta.

- Organización y puesta en práctica del trabajo de campo.

- Tratamiento estadístico de los datos recogidos.

- Discusión de los resultados.

En la encuesta, a diferencia de la entrevista, se utiliza un listado de preguntas escritas que se entregan a los sujetos, a fin de que las contesten igualmente por escrito. Ese listado se denomina cuestionario. Es impersonal porque el cuestionario no lleva el nombre ni otra identificación de la persona que lo responde, ya que no interesan esos datos. Es una técnica que se puede aplicar a sectores más amplios del universo, de manera mucho más económica que mediante entrevistas.

Dentro de las escalas utilizadas en las encuestas, la escala de Likert es una de las más frecuentes utilizadas: Es un conjunto de ítems presentados en forma de afirmaciones o juicio ante los cuales se solicita la reacción del sujeto. Se utiliza en la mayoría de las investigaciones, cuando se evalúan actitudes y opiniones Es una escala de cinco puntos desde la más desfavorable a la más favorable, es decir, se presenta cada afirmación y se pide al sujeto que externe su reacción eligiendo uno de los cinco puntos de la escala. A cada punto se le asigna un valor numérico, que ayuda a medir la posición de la opinión sobre la cuestión planteada.

La técnica de encuesta es ampliamente utilizada en todas las áreas de investigación, y en el mantenimiento industrial sirve para acudir a poblaciones más amplias y ser más económica que las entrevistas, aunque el problema fundamental es la correcta formulación de las preguntas, el no existir una retroalimentación con los cuestionados, y que en preguntas sobre aspectos complejos o cualitativos (conocimiento tácito, factor humano, etc.), conlleva el recabar información incompleta o sesgada.

3. El análisis de los datos cualitativos

Cuando hablamos del análisis de datos cualitativos hacemos referencia al mismo como "proceso de análisis". Esto es así porque el análisis de los datos no corresponde a una fase determinada del proceso de investigación aislada en el tiempo, sino que es una actividad procesual y dinámica que comienza desde el mismo momento en que el investigador entra en el campo hasta que se retira de éste y se redacta el informe final de investigación (González et al., 2010). La particularidad del análisis cualitativo reside en que el proceso es flexible, sus etapas se encuentran muy interrelacionadas, y, sobre todo, se centra en el estudio de los sujetos (Mejía, 2011).

El análisis de datos cualitativos es un proceso definido por tres fases interrelacionadas (Mejía, 2011): la reducción de datos que incluye edición, categorización, codificación, clasificación y la presentación de datos; el análisis descriptivo, que permite elaborar conclusiones empíricas y descriptivas; y la interpretación, que establece conclusiones teóricas y explicativas.

La decisión muestral puede estar orientada por criterios que dependerán de las características particulares de cada estudio. Pueden buscarse, como paso inicial bajo el criterio de saturación discursiva, los casos de potencial polarización del universo en relación al tema, para así capturar las significaciones extremas de la población en relación al tema (Serbia, 2007).

De gran importancia en la selección inicial, en la muestra cualitativa, el hecho de que los sujetos hayan tenido alguna experiencia sobre el tema que se quiera investigar.

El muestreo consistirá en una serie limitada de entrevistas o grupos de hablantes extremos (sirven para contar con los rasgos o conductas límites de una clase o grupo), ejemplares (se utilizan para visualizar ciertas características ya conocidas) o típicos (permiten la descripción de los rasgos de los sujetos más repetidos de una población caracterizada por una homogeneidad interna) en relación a ciertas prácticas sociales (Serbia, 2007).

A fin de cumplimentar esta meta, y contradiciendo las clásicas recomendaciones provenientes de los criterios metodológicos cuantitativos, los criterios de la selección de los entrevistados se basaron en la proximidad y la familiaridad entre entrevistador-entrevistado.

Estas condiciones aseguraron el intercambio comunicacional deseado, no estructurado ni por factores de status social o cultural, ni por las inhibiciones que el entrevistado pueda sentir en un contexto discursivo alienado, esto es a partir de temas y objetivos impuestos.

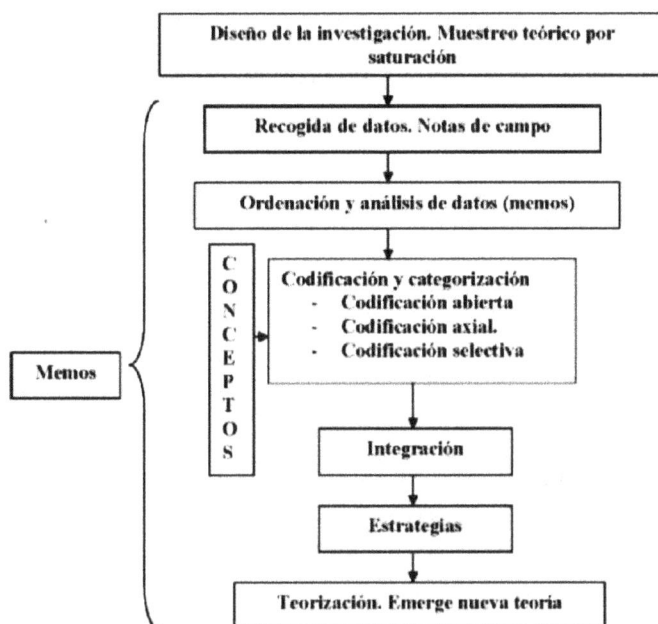

Figura 67. Propuesta de investigación cualitativa. Fuente: Soler y Fernández, 2010

En la investigación cualitativa los datos se van elaborando a partir de categorías conceptuales, que delimitan los campos que fijan los contornos de lo relevante en la producción discursiva de los sujetos a investigar.

Con el trabajo de campo se lleva adelante una comparación y diferenciación sistemática y constante entre los datos emergentes. Las categorías iniciales se van afinando hasta la conformación de tipologías o conceptos teóricos que describan o expliquen las significaciones de los sujetos en sus marcos de sentido. Se busca la saturación de los discursos con respecto al tema de interés, a fin de elaborar descripciones y generalizaciones de los discursos producidos.

El investigador aporta su experiencia directa para llegar al sentido de los fenómenos, e intenta vincular lo subjetivo a los contextos del fenómeno estudiado. El diseño de la investigación debe pasar desde las fases de su diseño hasta la teorización donde emerge nueva teoría o explicaciones (Figura 67)

4. La utilización de las técnicas de investigación cualitativa en las acciones tácticas del mantenimiento industrial

En este apartado, se marcan la visión y percepción del investigador en la idoneidad de diversas técnicas de investigación cualitativa, que se observaron durante un proceso de estudio sobre los factores estratégicos que influyen en la actividad del mantenimiento industrial en relación a la gestión del conocimiento, la fiabilidad de la explotación, mantenibilidad y eficiencia energética. Con lo cual no se pretende en este apartado mostrar los resultados obtenidos sobre los datos generales de la investigación principal, sino la percepción y la utilidad en la recolección de los datos que marcan la investigación final, con la utilización de diversas técnicas de investigación cualitativa.

Para el análisis de los datos de la investigación, en el que se quiere comparar diferentes técnicas de investigación cualitativa para observar el grado de la realidad social en el componente humano en la ingeniería de mantenimiento, y su interacción en los procesos fundamentales tácticos de sus procesos, se ha realizado sobre una muestra en una población de una empresa industrial entre los componentes humanos que desempeñan su misión técnica en la organización de mantenimiento.

Se trata de una empresa de primer nivel dedicada al sector agro-alimentario con una plantilla total de 1137 empleados distribuida en tres sedes y un grupo de mantenimiento formado por 230 personas. Para tener un patrón de medida objetivo, sobre el que se referencien los datos obtenidos por las técnicas cualitativas, se ha tomado como patrón una auditoría energética externa realizada a la empresa durante un periodo de 3 meses (entre Febrero y Mayo del 2010), en la que se han analizado mediante elementos cuantitativos y análisis profundo de todos los componentes que posibilitan una mejora en la eficiencia energética de la empresa y estudio de fiabilidad de las instalaciones. De los datos obtenidos de dicha auditoría energética, se han extraído los siguientes resultados para utilizarlos en la comparación con los obtenidos en los análisis cualitativos:

- Influencia de las instalaciones en el tipo y porcentaje de energía utilizado.

- Características de la información y documentación que influyen en la detección de la eficiencia energética.

- Instrumentación y toma de datos de procesos para estimación de mejora energética.

- Acciones a realizar para mejora de la fiabilidad de las instalaciones críticas.

- Acciones globales y específicas a realizar para la mejora energética.

En la fase cuantitativa de la investigación, se miden y observan factores objetivos (sectorizaciones de consumo por instalaciones (Figura 68), por tipo de instalación (Figura 69), acciones de mejora energética (Tabla 38), acciones de mejora de la fiabilidad de las instalaciones (Figura 70), etc.), en base a la utilización de instrumentos de medición (cámaras termográficas (Figura 71), analizadores de redes, medidores eléctricos, etc.). Esta es la fase común utilizada en prácticamente en todos los procesos de investigación en la ingeniería de mantenimiento y en general en todas las ramas técnicas industriales.

Sin embargo, existen muchos factores, sobre todo en lo que afecta al factor humano de la propia actividad, que no son posibles evaluarlos por técnicas cualitativas o instrumentos de medición directos (El componente de conocimiento tácito que influye en el trabajo, la gestión del conocimiento que afecta en dicha actividad y que influyen en la captación, generación y utilización del conocimiento operativo. etc.), en esta fase es donde entran las técnicas de investigación cualitativas.

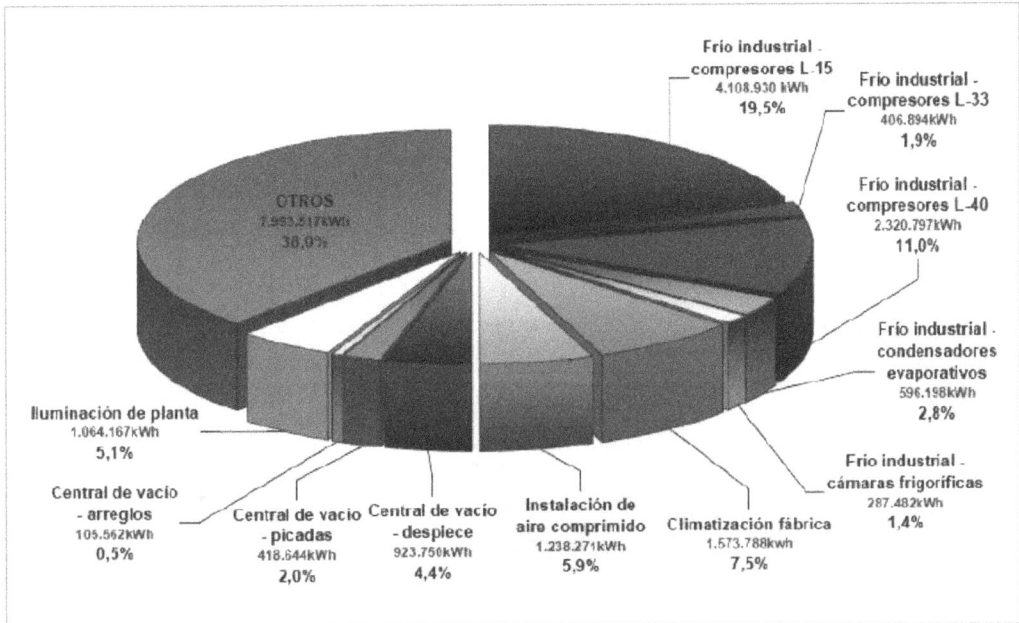

Figura 68. Ejemplo de consumo eléctrico por principales instalaciones consumidoras.
Fuente: elaboración propia

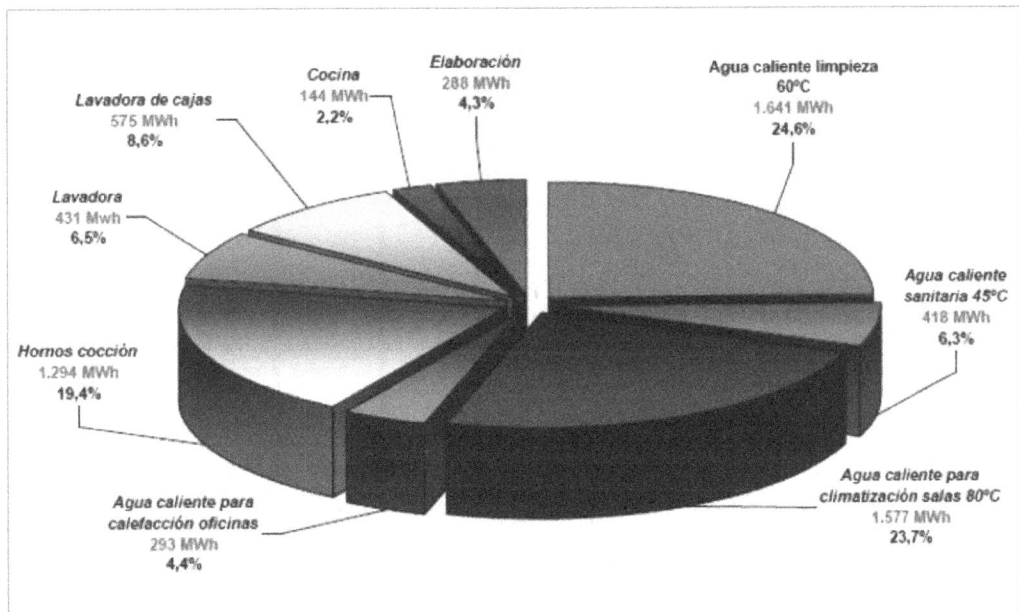

Figura 69. Ejemplo de consumo por principales instalaciones térmicas.
Fuente: elaboración propia

FICHA DE ACCIÓN Nº	Sector/ Aplicación	Ficha calificación energética actual	Ahorro estimado (KWH)	Reducción emisiones (TnCO2)	Ahorro estimado (K€/año)	Inversión estimada	ROI (años)
1	Suministro eléctrico - Aumento de potencia contratada		-	-	10,0	-	-
2	Instalación eléctrica de fábrica – Instalación de sistema de supervisión para el control y monitorización del consumo eléctrico de planta		409.411	151,4	33,6	60,6	1,8
3	Instalación eléctrica de fábrica – Mejora distribución eléctrica línea de CT1 a Cuadros de distribución de frío		29.986	11,1	2,5	-	-
4.1	Instalación de frío Industrial – Instalación de variación de velocidad en compresor de frío A6		201.707	74,6	16,5	50,4	3,0
4.2	Instalación de frío Industrial – Instalación de variación de velocidad en compresor de frío A9		184.522	68,3	14,8	58,6	4,0
5	Instalación de frío Industrial – Instalación de variadores de velocidad en condensadores evaporativos		192.897	71,4	15,8	24,5	1,5
6.1	Instalación de aire comprimido industrial - Instalación de centralita de control multicompresor		85.301	31,6	7,0	3,5	0,5
6.2	Instalación de aire comprimido industrial - Reducción de consumo residual		*incluido en acción nº2	*incluido en acción nº2	*incluido en acción nº2	*incluido en acción nº2	-
6.3	Instalación de aire comprimido industrial - Reducción de fugas		118.780	43,9	9,7	-	-

Tabla 38. Ejemplo de acciones detectadas de la auditoría para eficiencia energética. Fuente: elaboración propia

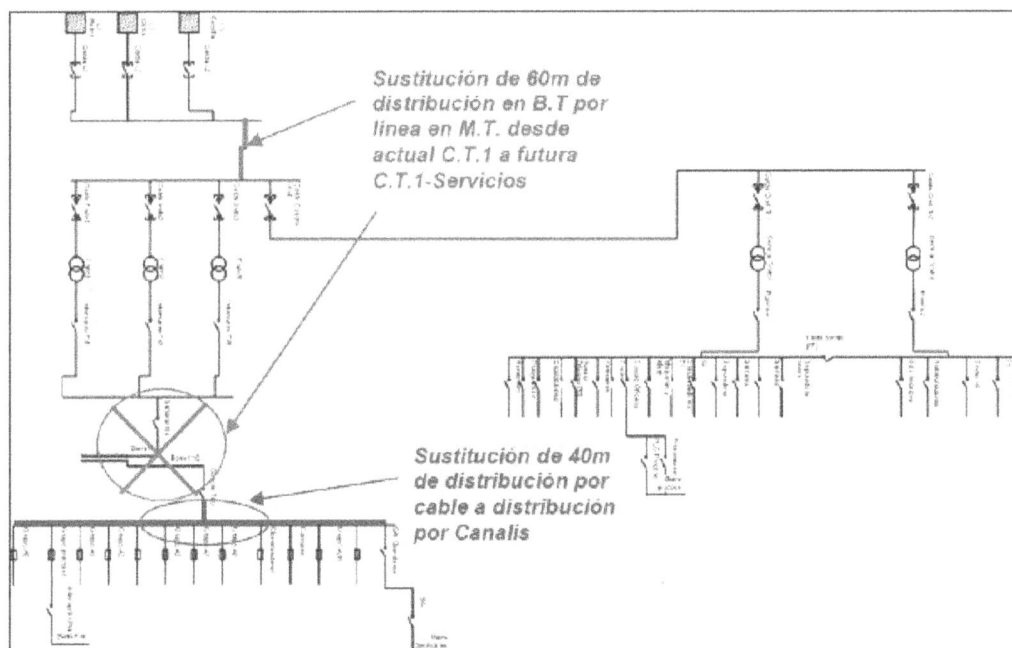

Sustitución de 60m de distribución en B.T por línea en M.T. desde actual C.T.1 a futura C.T.1-Servicios

Sustitución de 40m de distribución por cable a distribución por Canalis

Figura 70. Ejemplo de acción para mejora de fiabilidad. Fuente: elaboración propia

Figura 71. Ejemplo de técnica de medición por cámara termográfica, para estimación de pérdidas térmicas de tuberías vapor. Fuente: Elaboración propia

El número de participantes utilizado en cada uno de los métodos cualitativos, se indica en la Tabla 39, sobre miembros de la organización de mantenimiento de dicha empresa.

Para la muestra, y con el fin de tener datos homogéneos en los resultados obtenidos, se ha seleccionado personas que cumplieran unas condiciones similares, tales como edad, formación y experiencia en el desempeño. En concreto todas las personas seleccionadas, debían cumplir: edad entre 30 y 45 años, formación técnica universitaria o en ciclos superiores profesionales, experiencia en mantenimiento superior a 10 años y antigüedad en la empresa superior a 5 años.

Las características con que se ha analizado cada una de las técnicas de investigación cualitativa han sido las siguientes:

- *Panel Delphi:* Fue utilizado para marcar los factores fundamentales en la ingeniería del mantenimiento industrial, en relación a los factores intervinientes en los procesos de gestión del conocimiento con respecto a la operación- explotación, fiabilidad y eficiencia energética. Participaron cinco expertos de mantenimiento industrial de empresas diferentes. El panel sirvió para marcar los procesos de un modelo de mantenimiento basado en técnicas de gestión del conocimiento, así como los cuestionarios generales y encuestas que sirvieran para la captación de la información primaria de comienzo de la investigación.

Técnica de investigación	Nº personas intervienen	Observaciones
Panel Delphi	5	Expertos en el área de mantenimiento de cinco empresas diferentes
Encuestas	20	Agrupan todas las áreas de mantenimiento dentro de la misma empresa
Entrevista individual	5	Son 5 personas seleccionadas de las que participaron en la encuesta
Cuestionario	5	Son 5 personas seleccionadas de las que participaron en la encuesta, y diferentes a las que participan en la entrevista individual
Grupos de discusión	5	Forman parte de diferentes áreas de mantenimiento
Técnica Observación	–	Realizado por el propio investigador en el entorno de la empresa
Estudio de casos	–	Realizado por el propio investigador en el entorno de 5 empresas
Teoría fundamentada	8	Se comienza con integrantes de cada área hasta llegar a la saturación teórica

Tabla 39. Tipo de técnica y muestra para contrastar análisis cualitativos, en el área de mantenimiento industrial de una empresa. Fuente: elaboración propia

- *Encuestas:* Se realiza una encuesta piloto básica formada por 7 items principales (Figura 72), pasándose para su contestación a 20 técnicos de mantenimiento, para el posterior análisis de los resultados. Con ello se consiguen datos relevantes dentro del propio equipo de mantenimiento, siendo un proceso rápido y económico de captación de información cuantitativa, pudiéndose fácilmente tratada por instrumentos estadísticos.

Figura 72. Test básico para determinación de acciones de eficiencia energética. Fuente: elaboración propia

- *Entrevista individual:* Se realiza una entrevista en profundidad, a 5 personas que previamente habían participado en la encuesta con el fin de obtener unos datos semejantes, y confirmar la fiabilidad de la encuesta o recabar nuevos datos.

El formato de las preguntas para la entrevista individual (y utilizada también en otras técnicas cualitativas) se basa en cinco preguntas básicas, en la línea de la encuesta básica utilizada, para explorar las bases de una auditoria de eficiencia energética, siendo el guión básico de la entrevista como se indica a continuación:

Basándose en su experiencia superior a 10 años en el ámbito de la ingeniería del mantenimiento industrial, se pretende estudiar los factores básicos en relación a la realización de acciones de eficiencia energética, contésteme a las siguientes preguntas:

1. *Indica en base a tu experiencia e indicando el orden de importancia, la relación de equipos e instalaciones que consumen energía eléctrica y térmica, sobre los que crees que sería conveniente realizar acciones de eficiencia energética.*

2. *¿Qué información y documentación crees bajo tu punto de vista, serian necesarios para el estudio cuantitativo previo al estudio de eficiencia energética?*

3. *¿Qué datos necesitarías tomar y qué equipos de medición utilizarías, con el fin tener conocimiento de todos las variables fundamentales que nos lleven al conocimiento de las acciones necesarias de eficiencia energética?*

4. *¿Crees que acciones de mejora de la fiabilidad de las instalaciones, pueden inducir acciones de eficiencia energética? ¿Podrías poner algún ejemplo, que a tu entender sea factible?*

5. *A priori y de una manera genérica, en base a tu conocimiento de las instalaciones de la empresa, ¿Podrías indicar que acciones específicas crees, que podrían ser convenientes realizar para la mejora de la eficiencia energética?*

- *Cuestionario:* Se distribuye un cuestionario a implementar de manera escrita por 5 personas independientemente, que previamente habían participado en la encuesta y diferentes a los que habían participado en la entrevista individual, con el fin de obtener unos datos y ver la semejanza con lo obtenido en la encuesta. El formato es semejante al guión de la entrevista individual, explicando claramente a los participantes, que bajo su criterio e independencia contesten en la extensión que consideren conveniente dichas preguntas

- *Grupo de discusión:* Entre 5 personas, pertenecientes a diferentes áreas de mantenimiento (Mecánica, eléctrica, sistemas, maquinaria producción, oficina técnica), dentro de un ambiente distendido y con la presencia del investigador como moderador, mediante las preguntas guía utilizadas en las entrevistas individuales.

- *Técnica de observación directa:* Durante la fase de investigación, y con acceso a las instalaciones, documentación y equipamiento de la factoría por parte del investigador, se contrastaban las características reales de los trabajos realizados en mantenimiento, el estudio de sus relaciones internas, las características de la información utilizada por los equipos de mantenimiento, dando una visión de los fenómenos en el entorno de investigación por parte del investigador. Con ello se consigue el examen atento de los diferentes aspectos de un fenómeno a fin de estudiar sus características y comportamiento dentro del medio en donde se desenvuelve éste.

- *Estudio de casos:* Previo a la investigación de campo en la factoría. Se realizó a cinco empresas del área industrial en sus actividades de mantenimiento. Sirvió para tomar la determinación de las características globales que inciden en todas las empresas en el entorno de mantenimiento, así como la selección de la empresa donde se pudiera realizar la investigación de campo.

- *Teoría fundamentada:* Se comienza con personas de un área determinada (eléctrica), pasando por diferentes técnicos de diversas áreas, hasta alcanzar la saturación teórica. El objetivo de este método es el de generar teoría a partir de datos recogidos en contextos naturales, por tanto sus hallazgos son formulaciones teóricas de la realidad (Glaser et al., 1967). Los datos se recolectan a través de entrevistas semi-estructuradas y observación participante. La fuente de datos es la interacción humana y el análisis se focaliza en desvelar los procesos que subyacen en esta interacción.

5. Resultados

En la utilización de diversas técnicas de investigación en el mantenimiento industrial, se ha comprobado el alto valor científico en la utilización de la combinación entre las técnicas cuantitativas normalmente usadas en el desempeño industrial y que nos ayudan a analizar y conocer los procesos físicos que sin duda intervienen en la eficiencia de los procesos, con la utilización de las técnicas cualitativas (poco utilizadas en la técnica industrial), y sin embargo imprescindibles para el conocimiento de la eficiencia de los procesos desde el factor humano y organizativo, de gran transcendencia en la ingeniería del mantenimiento industrial. En la Tabla 40 se pueden observar, las diferentes ventajas y limitaciones observadas en su uso, y que clarifican los procesos en los que se puede utilizar.

6. Discusión

La investigación cuantitativa se dedica a recoger, procesar y analizar datos cuantitativos o numéricos sobre variables previamente determinadas, y estudia la asociación o relación entre las variables que han sido cuantificadas (potencia, energía, vibraciones, procesos térmicos, etc.). Un ejemplo explicativo de ello son las auditarías energéticas o de mantenimiento, utilizadas en el proceso de investigación global del mantenimiento. Esto ya lo hace darle una connotación que va más allá de un mero listado de datos organizados como resultado; pues estos datos que se muestran en un informe final, están en total consonancia con las variables que se declararon desde el principio y los resultados obtenidos van a brindar una realidad específica a la que estos están sujetos (Sarduy, 2007).

Técnica de investigación	Ventajas en su utilización en la investigación del mantenimiento industrial	Inconvenientes en su utilización en la investigación del mantenimiento industrial	Observaciones
Técnicas cuantitativas (Medición de las variables físicas que afectan un fenómeno en el entorno del equipamiento e instalaciones)	• Imprescindible para la medición de las variables fundamentales en una investigación en entorno técnico (Variables de temperatura, tensión, intensidad, potencia, tiempos, vibraciones, etc.)	• Los propios del diseño de la investigación y la precisión de los equipos de medida	• Es complementario a las técnicas cualitativas • Son necesarios equipos e instrumentos para su registro y cuantificación • Se detectan y estudian variables del entorno del equipamiento e instalaciones, no el factor humano en su implicación
Panel Delphi (Cualitativa)	• Recopilación de opiniones de expertos • Facilita la participación, da tiempo para reflexionar, es anónima y evita presiones intragrupales	• Excesiva duración del proceso, posibles abandonos, selección sesgada de participantes	• Es muy útil, sin embargo, cuando los recursos son escasos, los temas son complejos y se quiere contar con la opinión expertos en un área concreta
Encuestas/Test (Cuantitativa)	• Los datos obtenidos gracias a este procedimiento permiten un tratamiento riguroso de la información y el cálculo de significación estadística	• La muestra ha de ser representativa de la población de interés • La información que se obtiene está condicionada por la formulación de las preguntas y la veracidad de las propias respuestas	• Sirve para acudir a poblaciones más amplias y ser más económica que las entrevistas
Entrevista individual semi-estructuradas (Cualitativa)	• Marca un flujo de información que la va dotando de contenidos • Permite profundizar en alguna idea que pueda ser relevante, realizando nuevas preguntas • Son los mismos actores sociales quienes proporcionan los datos relativos a sus conductas • Permite la interacción del investigador	• El entrevistado nos dará la imagen que tiene de las cosas, lo que cree que son , a través de toda su carga subjetiva	• Útil cuando lo que realmente nos interesa recoger es la visión subjetiva de los actores sociales, máxime cuando se desea explorar los diversos puntos de vista "representantes" de las diferentes posturas que pudieran existir en torno a lo investigado

Continúa

Técnica de investigación	Ventajas en su utilización en la investigación del mantenimiento industrial	Inconvenientes en su utilización en la investigación del mantenimiento industrial	Observaciones
Cuestionario (Cuantitativa/ Cualitativa)	• Permite recoger información más abierta, a juicio del cuestionado, sobre el tema tratado • Más económico que las entrevistas individuales • Permiten enviarlo a una muestra más amplia	• La información que se obtiene está condicionada por la formulación de las preguntas y la veracidad de las propias respuestas • El tratamiento de la información es más complejo que en los tests	
Grupos de discusión (Cualitativa)	• Reune a un grupo de personas, que son una muestra estructural con características propias que en este momento constituye la dimensión grupal • Lo que conseguimos con relaciones simétricas entre los participantes es que se acoplen las hablas y se favorezca la reproducción social del discurso • Se pueden pedir opiniones, hacer preguntas, aplicar cuestionarios, discutir casos, intercambiar puntos de vista y valorar aspectos varios	• Resulta costosa por la logística que involucra • Se necesita personal altamente capacitado en el tema a tratar	• La selección del número de grupos responde a criterios estructurales y no estadísticos
Técnica Observación (Cualitativa)	• Ayuda a realizar el planteamiento adecuado de la problemática a estudiar • Permite hacer una formulación global de la investigación • El investigador se introduce en el contexto y el ambiente del fenómeno a tratar, dando una visión más clara y precisa	• Se debe tener autorización total del investigador en el área que se estudia de la empresa, difícil de conseguir a veces	• En el mantenimiento industrial, ayuda a introducirse dentro del contorno del fenómeno y los movimientos operativos que se producen

Continúa

Técnica de investigación	Ventajas en su utilización en la investigación del mantenimiento industrial	Inconvenientes en su utilización en la investigación del mantenimiento industrial	Observaciones
Estudio de casos (Cualitativa)	• Se mide y registra la conducta de las personas u organizaciones de la empresa en el fenómeno estudiado • Persigue la ilustración, representación, expansión o generalización de un marco teórico	• Tendencia a la generalización de las conclusiones	• Utilizado por numerosos investigadores como un método de diseño pre-experimental
Teoría fundamentada (Cualitativa)	• Generar teoría a partir de datos recogidos en contextos naturales • Sus hallazgos son formulaciones teóricas de la realidad • El resultado de un estudio de teoría fundamentada se presenta como un proceso, o algunos de sus elementos como las estrategias	• No existe una muestra fija • Se finaliza al llegar a la saturación teórica, no estando definido al comienzo de la investigación	• Útil para el desarrollo de nuevas teorías o procedimientos • Existes diversos programas informáticos para el tratamiento de la información cualitativos

Tabla 40. Resumen de ventajas y limitaciones observadas en los ensayos experimentales, en la población de mantenimiento. Fuente: elaboración propia

Sin embargo en la investigación en el mantenimiento industrial, existen muchos aspectos difícilmente medibles o cuantificables y que sin embargo afectan sustancialmente a su desempeño, tales como los procesos humanos en la gestión del conocimiento que afectan en cómo se desarrollan las actividades operativas que afectan directamente a la fiabilidad, la eficiencia energética y la mantenibilidad, y que pueden afectar en gran medida a la empresa. Es en esta fase donde la utilización de metodologías de investigación cualitativa puede tomar el relevo para complementar o ampliar la investigación, a partir de los estudios cuantitativos que marcan la evidencia física de la investigación.

Son identificadas cuatro formas generales en las que se utiliza este tipo de investigación.

• Como mecanismo de generación de ideas.

• Para complementar un estudio cuantitativo.

- Para evaluar un estudio cuantitativo.

- Para identificar y procesar el conocimiento tácito, aspecto intensivo en las organizaciones de mantenimiento.

- Como método principal, cuando se investigan como se producen los procesos de adquisición, generación, transmisión y utilización del conocimiento en el desempeño del mantenimiento en sus aspectos tácticos principales (Nonaka et al., 1995).

La investigación cualitativa exige el reconocimiento de múltiples realidades y trata de capturar la perspectiva del investigado, y debe ser utilizada como complemento fundamental o auxiliar en la utilización de técnicas cuantitativas (Figura 73). El empleo de ambos procedimientos cuantitativos y cualitativos en una investigación podría ayudar a corregir los sesgos propios de cada método.

En la investigación, mediante el estudio de casos, se pudo investigar y marcar la realidad en el desempeño del mantenimiento industrial mediante la visión de diversas empresas de ámbito in-

Figura 73. La combinación de las técnicas de investigación cuantitativa-cualitativa, en los procesos del mantenimiento industrial. Fuente: elaboración propia

dustrial, marcando las relaciones incidentes en todas ellas en cuanto a su desempeño, y centrando la investigación en una de ellas que reuniera las condiciones mejores para centrarse en al estudio particular que pudiera ser extrapolado al resto de las empresas.

Con las técnicas de panel delphi, se consensuó las variables principales a investigar mediante el uso de cuestionarios tipo test o entrevistas. Dicho panel marca el punto fundamental de centrado de la investigación.

Mediante los test producidos en base a los paneles delphi, se pudo establecer de una manera intensiva a una muestra de la población de mantenimiento, los diferentes factores intervinientes por parte de los operarios y en base a sus criterios, que en mayor medida afectaban a su trabajo en particular, y por extrapolación al resto de la organización. Se pudo comprobar, entre un grupo de los participantes en los test, que mediante el uso de cuestionarios escritos de manera abierta en base a preguntas, se extraían nuevas conclusiones, que con el test, dado al aspecto cerrado de las preguntas y valoración no quedaban precisadas o no eran correctamente interpretadas.

Con las entrevistas individuales semi-estructuradas con inter-relación entre el entrevistado y el investigador, se consiguió extraer nuevas conclusiones que podrían aportar nuevas perspectivas a la investigación.

Con los grupos de discusión, mediante la reunión de diversos expertos en el área de mantenimiento se produce un cruce de ideas, confirmaciones y se enlaza entre diversas disciplinas técnicas con el objeto de detectar su inter-relación. Tratamos de recoger vivencias y experiencias del grupo con gente con unas características similares. Lo que conseguimos con relaciones simétricas entre los participantes es que se acoplen las hablas y se favorezca la reproducción social del discurso (Cano, 2008). No obstante en el grupo de discusión, se ha observado por parte del investigador, que existe una función de moderación más fuerte, para evitar que las opiniones sean focalizadas por una única persona del grupo (tendencia de líder), pudiendo silenciar o acortar la opinión de otros miembros del grupo.

Mediante la teoría fundamentada junto técnicas de observación directa, se genera teoría a partir de datos recogidos en contextos de la propia actividad de mantenimiento, por tanto los hallazgos son formulaciones teóricas de la realidad. En la Teoría fundamentada, los datos se recolectan a través de entrevistas y observación participante. Mediante la interacción humana y el análisis se focaliza en desvelar los procesos que subyacen en las características humanas y técnicas de la ingeniería de mantenimiento. El proceso se presenta en etapas, donde se identifican las condiciones de la acción, las estrategias (o lo que las personas hacen para resolver los problemas a los que cotidianamente se enfrentan) y sus efectos denominadas consecuencias. El análisis de datos en la teoría fundamentada se hace a través de la codificación, la realización de memos analíticos y diagramas; tiene por fin descubrir categorías, desarrollarlas, relacionarlas y saturarlas, todo ello alrededor del proceso básico de la propia operativa de mantenimiento. Mediante las técnicas de observación, se confirman las conclusiones extraídas, se reafirman o rechazan procesos, y posiciona al investigador dentro de la naturaleza del área investigada, por observación directa de la realidad.

7. Conclusiones

Frente a las técnicas de investigación cuantitativas, normalmente utilizadas en el mantenimiento industrial, se observa la necesidad del uso de métodos cualitativos, cuando se quiere investigar no sólo sobre el comportamiento físico de los componentes o elementos, sino en investigar procesos generales, que aunque relacionados directamente con los datos cuantitativos observados, conlleva un factor humano que intersecciona directamente con los procesos físicos relacionados. Los procesos de la actividad de mantenimiento, caracterizados con un alto factor humano, con un alto grado de conocimiento tácito, hace que el uso combinado de diversas técnicas de investigación cualitativa, hace aflorar nuevo conocimiento en temas relacionados con el desempeño diario, tales como la fiabilidad operativa de la empresa, la eficiencia energética y los procesos de mantenibilidad, que redundan en una menor tasa de fallo, un menor tiempo de reposición de servicio o disponibilidad, una mejora del uso de la energía y un abaratamiento de los procesos de mantenimiento que hacen aumentar su productividad. Todo ello se traduce en una mayor eficiencia global de la empresa, unos mejores resultados económicos, un aumento en la vida útil del equipamiento e instalaciones. Un análisis de información, para que resulte confiable, debe combinar la investigación cuantitativa y la cualitativa, desde el inicio del mismo, para alcanzar una visión global de todos los factores, por un lado los cuantificables por medición directa (cuantitativos), junto los aspectos más subjetivos y difíciles de interpretar que son todos los que toman parte el factor humano en su utilización.

El empleo de ambos procedimientos cuantitativos y cualitativos en una investigación podría ayudar a corregir los sesgos propios de cada método.

La principal limitación de la presente investigación es la generalización de los resultados. Este artículo a tratado de plasmar la visión e impresiones del investigador, en una primera fase exploratoria, ante la utilización de técnicas de investigación cualitativas en el estudio del mantenimiento industrial, y no en sí, los propios resultados finales de una investigación, que serán profundizados en nuevos estudios que se están llevando a cabo. Al tratarse de una investigación cualitativa, la generalización de los resultados se basan principalmente en el desarrollo de una teoría que pueda ser extendida a otros casos y no en cómo estos resultados pueden ser extrapolados a una población (Maxwell, 1996).

8. Referencias

Alonso, L.E. (1999). *Sujeto y discurso: el lugar de la entrevista abierta en las prácticas de la sociología cualitativa*. Madrid: Síntesis. 225-240.

Álvarez-Gayou, J.L. (2005). *Cómo hacer investigación cualitativa. Fundamentos y metodología*. Barcelona: Edit. Paidós.

Baez, J. (2007). *Investigación cualitativa*. Madrid: Esic Editorial.

Blasco, T., & Otero, L. (2008a). Técnicas conversacionales para la recogida de datos en investigación cualitativa: La entrevista (I). *Nure Investigación*, 33, Marzo-Abril.

Blasco, T., & Otero, L. (2008b). Técnicas conversacionales para la recogida de datos en investigación cualitativa: La entrevista (II). *Nure Investigación*, 34, Mayo-Junio.

Blumer, H. (1969). *Symbolic Interactionism*. Englewoods Cliffs. Prentice-Hall, New Jersey.

Boddy, C. (2005). Projective techniques in market research: valueless subjectivity or insightful reality? *International Journal of Market Research*, 47(3), 239-254.

Bonache, J. (1999). El estudio de casos como estrategia de construcción teórica: características, críticas y defensas. *Cuadernos de Economía y Dirección de la Empresa*, 3, enero-junio, 123-140.

Bravo, M., & Arrieta, J. (2010). El método Delphi. Su implementación en una estrategia didáctica para la enseñanza de las demostraciones geométricas. *Revista Iberoamericana de Educación*.

Cabrero, L., & Richart, M. (1996). El debate investigación cualitativa frente a investigación cuantitativa. *Enfermería clínica,* 6, 212-217.

Campbell, D., & Stanley, J. (1982). *Diseños experimentales y cuasi experimentales en la investigación social*. Buenos Aires: Ammorrortu Editores.

Cano, A. (2008). Técnicas conversacionales para la recogida de datos en investigación cualitativa: El grupo de discusión (I). *Nure Investigación*, 35, Julio-Agosto.

Carrero, V., Soriano, R.M., & Trinidad, A. (2006). *Teoría fundamentada "Grounded theory". La construcción de la teoría a través del análisis interpretacional*. Madrid: Edit. CIS (Centro de Investigaciones Sociológicas).

Cea D'Áncora, M.A. (1999). *Metodología cuantitativa. Estrategias y técnicas de investigación social*. Madrid: Síntesis.

Chenobilsky, L.B. (2006). *El uso de la computadora como auxiliar en el análisis de datos cualitativos. "Estrategias de Investigación Cualitativa"*. Barcelona: Gedisa.

Cornejo, M., & Salas, N. (2011). Rigor y Calidad Metodológicos: Un Reto a la Investigación Social Cualitativa. *Psicoperspectivas*, 10(2), 12-34.

Creswell, J. (2005). *Educational research: Planning, conducting, and evaluating quantitative and qualitative research*. Upper Saddle River: Pearson Education.

De la Cuesta, C. (2006). Estrategias cualitativas más usadas en el campo de la salud. *Nure Investigación*, 25, Noviembre-Diciembre.

Deegan, M.J., & Hill, M. (1987). *Women and symbolic interaction*. Boston: Allen and Unwin.

Glaser, B.G., & Strauss, A.L. (1967). *The Discovery of Grounded Theory: Strategies for Qualitative Research*. Chicago: Aldine.

González, F., & Villegas, M. (2009). Fundamentos epistemológicos en la construcción de una metódica de investigación. *Atos de Pesquisa em Educação*, 4(1), 89-121.

González, T., & Cano, A. (2010). Introducción al análisis de datos en investigación cualitativa: concepto y características (I). *Nure Investigación*, 44, Enero-Febrero.

González, T., & Cano, A. (2010). Los softwares como recurso de apoyo al procesamiento y organización de los datos cualitativos. *Nure Investigación*, 47, Julio-Agosto.

Goulding, C. (2005). Grounded theory, ethnogra-phy and phenomenology. *European Journal of Marketing*, 39(3/4), 294-308. http://dx.doi.org/10.1108/03090560510581782

Gutiérrez, J. (2011). Grupo de Discusión: ¿Prolongación, variación o ruptura con el focus group? *Cinta moebio*, 41, 105-122.

Hernández, R., Fernández, C., & Baptista, P. (2003). *Metodología de la Investigación*. Mac. Graw Hill.

Herzberg, F. (1968). *One more time: how do you motivate employees? Harvard Business Review,* January-February.

Ibañez, J. (1994). *El regreso del sujeto. La investigación social de segundo orden*. Madrid: Siglo XXI.

Ibáñez, J. (1989). Cómo se realiza una investigación mediante grupos de discusión. En Ibáñez, J., Alvira, F. *El análisis de la realidad social. Métodos y técnicas de investigación*. 3ª ed. Madrid: Alianza Editorial. 283-297.

Ibáñez, J. (1979). *Más allá de la sociología. El grupo de discusión: técnica y crítica*. Madrid: Siglo XXI.

Johnston, W., Leach, M., & Liu, A. (1999). Theory testing using case studies in business-to-business research. *Industrial Marketing Management*, 28, 201-213. http://dx.doi.org/10.1016/S0019-8501(98)00040-6

Jones, D., Manzelli, H., & Pecheny, M. (2004). Grounded theory. Una aplicación de la teoría fundamentada a la salud. *Cinta de Moebio: Revista Electrónica de Epistemología de Ciencias Sociales*, (19), 56-67.

Linstone, H.A., & Turoff, M. (1975). *The Delphi method: Techniques and applications*. Reading, MA: Addison Wesley Publishing.

Martínez, P. (2006). El método de estudio de caso estrategia metodológica de la investigación científica. *Pensamiento & gestión*, 20. Universidad del Norte, 165-193.

Martínez, M. (2006). La investigación cualitativa (Síntesis conceptual). *Revista de investigación en psicología*, 9(1), 123-146.

Maslow, A. (1954). *Motivation and Personality*. New York: Harper and Brothers.

Maxwell, J.A. (1996). *Qualitative Research Design. An Interactive Approach*. California: Sage Publications.

Mayo, E. (1945). *The Social Problems of an Industrial Civilisation*. Boston: HGS & A.

Alonso, L.E. (1999). *Sujeto y discurso: el lugar de la entrevista abierta en las prácticas de la sociología cualitativa*. Madrid: Síntesis. 225-240.

Mccutcheon, D., & Meredith, J.R. (1993). Conducting case study research in operations management. *Journal of Operations Management*, 11, 239-256. http://dx.doi.org/10.1016/0272-6963(93)90002-7

McGregor, D. (1960). *The Human Side of Enterprise*. New York: McGraw Hill.

Mejía, J. (2011). Problemas centrales del análisis de datos cualitativos. *Revista Latinoamericana de Metodología de la Investigación Social,* 1, Abril-Sept, 47 - 60.

Mucchielli, R. (1970). *El método del caso*. Madrid: Ibérico europea de ediciones.

Mucchielli, R. (1972). *Preparación y dirección de reuniones de grupo*. Madrid: Ibérico europea de ediciones.

Mucchielli, R. (1977). *La dinámica de grupos*. Barcelona: Ibérico europea de ediciones.

Nonaka, I., & Takeuchi, H. (1995). *The knowledge-Creating Company: How Japanese Companies Create the Dynamics of Innovation*. New York: Oxford University Press.

Parisca, S. (1995). El método Delphi. Gestión tecnológica y competitividad. En Parisca, S. *Estrategia y filosofía para alcanzar la calidad total y el éxito en la gestión impresional*. La Habana: Academia, 129-130.

Pita, S., & Pértegas, S. (2002). Investigación cuantitativa y cualitativa. *Cuadernos Atención Primaria*, 9, 76-78.

Polanyi, M. (1958). *Personal Knowledge: Towards a Post-Critical Philosophy*. University of Chicago Press.

Polanyi, M. (1967). *The Tacit Dimension*. University of Chicago Press (2009 reimpreso).

Polit, D., & Hungler, B. (2000). *Investigación científica en Ciencias de la salud*. Mc. Graw- Hill Interamericana. 249-266.

Reichart, Ch.S., & Cook, T.D. (1986) Hacia una superación del enfrentamiento entre los métodos cualitativos y cuantitativos. En Cook T.D., Reichart Ch.R. (Ed.). *Métodos cualitativos y cuantitativos en investigación evaluativa*. Madrid: Morata.

Ruiz, J., & Ispizua , M.A. (1989). La técnica Delphi. En Ruiz Olabuénaga, J. e Ispizua, M. A. *La desco-dificación de la vida cotidiana. Métodos de investigación cualitativa*. Bilbao, 171-179.

Salamanca, A, & Martín-Crespo, C. (2007). El muestreo en la investigación cualitativa. *Nure Investigación*, 27, Marzo-Abril.

Sarduy, Y. (2007). El análisis de información y las investigaciones cuantitativa y cualitativa. *Rev. Cubana Salud Pública*, 33(2).

Serbia, J. (2007). Diseño, muestreo y análisis en la investigación cualitativa. *Hologramática*. Facultad de Ciencias Sociales. UNLZ, 7(3), 123-146.

Sisto, V. (2008). La investigación como una aventura de producción dialógica: La relación con el otro y los criterios de validación en la metodología cualitativa contemporánea. *Psicoperspectivas*, 7, 114-136.

Soler, P., & Fernández, B. (2010). La Grounded Theory y la investigación cualitativa en comunicación y marketing. *Revista Icono,* 14(2), 203-213.

Sols, A. (2000). *Fiabilidad, Mantenibilidad, Efectividad, un enfoque sistémico*. Madrid: Comillas.

Strauss, A.L. (1987). *Qualitative analysis for social scientists*. Cambridge: Edit. University Press. http://dx.doi.org/10.1017/CBO9780511557842

Valles, M. (1997). *Técnicas cualitativas de investigación social: reflexión metodológica y práctica profesional*. Madrid: Síntesis.

Valles, M. (2002). *Entrevistas cualitativas. Cuadernos metodológicos nº 32*. Centro de Investigaciones Sociológicas.

Villarreal, O., & Landeta, J. (2010). El estudio de casos como metodología de investigación científica en dirección y economía de la empresa. *Investigaciones Europeas*, 16(3), 31-52.

Villegas, M.M., & González, F. (2011). La investigación cualitativa de la vida cotidiana. Medio para la construcción de conocimiento sobre lo social a partir de lo individual. *Psicoperspectivas*, 10(2), 35-59. http://dx.doi.org/10.5027/psicoperspectivas-Vol10-Issue2-fulltext-147

Wiersma, W. (1995). *Research methods in education: An introduction* (sexta edición). Boston: Allyn and Bacon.

Yin, R.K. (1989). *Case Study Research: Design and Methods, Applied social research Methods Series*. Newbury Park CA, Sage.

Yin, R.K. (1998). The Abridged Version of Case Study Research. En Bickman, L. y rog, D.J. (Eds.). *Handbook of Applied Social Research Methods*, Sage Publications, Thousand Oaks. 229-259.

Yin, R.K. (1993). *Applications of Case Study Research, Applied Social Research Methods Series.* Vol. 34. Newbury Park, CA, Sage.

Yin, R.K. (1994). *Case Study Research – Design and Methods, Applied Social Research Methods.* Vol. 5, 2nd ed., Newbury Park, CA, Sage.

4.2. La "materia oscura" del mantenimiento industrial: El conocimiento tácito. Una aproximación cualitativa al problema

Resumen: Las técnicas operativas de mantenimiento industrial, están ampliamente estudiadas desde el punto de vista de los sistemas, equipos o maquinaria intervinientes en la operatividad del proceso o servicio que debe prestar dicha empresa con alto componente de instalaciones. Se ha visto con gran puntualización los procesos de fallo de los elementos tangibles, con el fin de reducir la tasa de fallo de dichos elementos técnicos, sin embargo existe un elemento, muchas veces olvidado, otras veces obviado, que sin embargo, una vez analizado, se convierte en uno de los elementos más influyentes en la mejora operativa y reducción del tiempo de reposición o actuación ante el fallo en las acciones tácticas del mantenimiento industrial: El conocimiento tácito. En este estudio, se ha podido comprobar que dicho factor puede influir, en valores superiores en más de 3000%, en los tiempos de resolución de fallos, con el valor añadido en numerosas ocasiones, de ser uno de los factores que analizado al principio, supone un menor coste en el proceso de reducción final de dicha tasa de reposición o fallo, así como la reducción de costes (muchas veces asumidos) que se plantean por la interrupción del proceso de producción final de la empresa (industrias con procesos productivos para generación de un producto) o por el servicio a prestar en el caso de empresas de servicios (hoteles, edificios oficinas, centros comerciales, etc.). Esto sugiere una revisión o superación, siquiera parcial, de estos sistemas, introduciendo la variable del conocimiento tácito, factor subjetivo y difícil de medir, que sin embargo afecta de manera incipiente en todos los procesos del mantenimiento industrial, y por ello en la eficiencia y productividad de los procesos o servicios de la empresa.

Palabras Clave: Mantenimiento industrial, Factor humano, Gestión del conocimiento, Conocimiento tácito, Proceso del fallo, Gestión del capital intelectual.

1. Introducción

Analizar en que afecta el factor "conocimiento tácito" en los procesos tácticos fundamentales del mantenimiento industrial es el objetivo fundamental de esta investigación. Dicho factor, con un alto componente de subjetividad (Stern, 1989; Polanyi, 1967,1958), se puede considerar como un elemento altamente intrínseco al personal afecto a la actividad, y al ser raramente investigado en el campo de esta operativa industrial, se puede considerar como una "materia oscura", difícil de observar y en mayor amplitud, con alta dificultad en su medición, y sin embargo, componente fundamental en la eficiencia humana en los procesos de decisión y fallo (Dhillon et al., 2006; Marquez et al., 2006; Hobbs et al., 2003, 2002; Jo et al., 2003; Rankin et al., 2002; Sasou et al., 1999; Vidal et al., 2002; Wiegmann et al., 2001; Ferdows, 2006) .

Es por ello necesario, proponer algunas cuestiones para clarificar el tema: ¿Afecta el conocimiento tácito al tiempo de acoplamiento de nuevo personal a la actividad de operación y mantenimiento de edificios industriales o de servicios?, ¿En qué medida afecta a la resolución de fallos o paradas en dichas estructuras técnicas?, ¿Qué otros aspectos tácticos de la ingeniería del mantenimiento se ven afectados, por un alto componente de información tácita?, ¿Cómo se puede medir el nivel de información no registrada o tácita?, ¿Es posible la captura del conocimiento tácito y transformarlo en explícito y útil?, ¿Qué carga económica representa?

Dichas preguntas, aunque puedan parecer obvias, y conocidas por el personal afecto a los servicios técnicos de mantenimiento, normalmente se pueden dar como no resueltas, dado que dicha medición para responderlas afectan a numerosos factores de difícil medida cuantitativa.

Para responder a las cuestiones anteriormente indicadas, se ha procedido al análisis de los componentes que pueden afectar a la gestión del conocimiento en los servicios técnicos de mantenimiento de varias empresas, en lo referente a su nivel de información no registrada, mediante técnicas de investigación cualitativas basados en la teoría fundamentada "Grounded Theory" (Charmaz, 2006; Glaser y Strauss, 1967), con entrevistas preparadas y analizadas en un entorno industrial medio real. Se analizarán los puntos de partida en cuanto a las carencias observadas en relación a la gestión del conocimiento en el entorno de la actividad de mantenimiento.

Mediante esta investigación se pretende hacer una aproximación a identificar el carácter del conocimiento tácito que está presente de una manera muy intensa en todas las organizaciones de mantenimiento industrial y caracterizar los factores sobre los que incide, que afectan directamente a la operatividad y eficiencia de la propia organización técnica de mantenimiento e indudablemente sobre los factores tácticos de la empresa. Para tal efecto, se han realizado entrevistas con personal técnico y mandos de organizaciones de mantenimiento de diversas empresas, de sectores diferentes en la Comunidad Valenciana. Para el estudio y análisis de datos se utiliza la metodología de Teoría Fundamentada (*Grounded Theory*) (Charmaz, 2006; Glaser y Strauss, 1967), una metodología de investigación cualitativa novedosa en el estudio de la actividad de mantenimiento industrial, pero ampliamente utilizada en otras áreas y en especial en las ciencias sociales (Eich, 2008; Douglas, 2004; Partington, 2000). Con esta metodología se tratará de clarificar la incidencia y los obstáculos en la transmisión del conocimiento en esta área fundamental en la empresa, y marcar las condiciones para plantear los métodos para hacerla más fluida.

El artículo introduce en la problemática existente, a continuación se detalla el marco teórico y la metodología empleada. Posteriormente, se presentan los resultados, la discusión de los mismos y las conclusiones del artículo.

2. El efecto de la transmisión del conocimiento en el mantenimiento industrial

Las empresas se ven obligadas a actuar sobre los factores que afectan a su nivel competitivo. El mantenimiento industrial tiene por objetivo principal conseguir una utilización óptima de los activos productivos de la compañía, manteniéndolos en el estado requerido para una producción eficiente con unos costes mínimos (Tianqing et al., 2009; Pintelon et al., 2006; Eti 2006a, 2006b, 2006c), así como reducir los tiempos de parada no programados.

El mantenimiento industrial, como cualquier actividad humana, precisa de unos niveles de información y conocimiento que definen su eficacia, con multiples modelos desarrollados por la técnica actual (Al-Najjar et al., 2003; Alardhi et al., 2007; Barata et al., 2002; Cadini et al., 2009; Chen, 2006; Chung et al., 2010; Chien et al., 2010). La gestión del conocimiento, desde una visión como proceso, está integrada por la generación, la transferencia y la utilización del conocimiento dentro de la empresa (Wiig, 1997). El conocimiento es generado y transmitido por distintos medios que no son genéticos. Es por ello que se aplican dos tipos de conocimiento, el conocimiento tácito y el explícito. Es por ello preciso, analizar el proceso de creación y transferencia del conocimiento en las organizaciones identificando el stock de conocimiento que posee y cómo se usa para generar nuevo conocimiento (Camelo, 2000), que marque una sinergia adecuada entre mantenimiento y los procesos de la planta de producción (Goel et al., 2003;. Jin et al., 2009; Liu et al., 2004;

El conocimiento tácito es aquel usado por los individuos, organizaciones o empresas para lograr alcanzar un propósito práctico, pero este propósito no se puede explicar o comunicar de manera sencilla. Aquí entra la inteligencia de los individuos para interpretar la información o el conocimiento generado a partir de este. Quizá la única forma de comunicar este conocimiento es a través de relación "maestro-aprendiz". Las habilidades de los individuos es una importante clase de conocimiento tácito, de aquí que nace la idea de la relación, con el fin de enseñar inteligentemente las habilidades que tiene un individuo a otro.

El conocimiento tácito es acumulado por el hombre, y por su propia característica no puede ser articulado ni expresado formalmente, teniendo un alto componente intuitivo (Polanyi,1967). Está compuesto por ideas, intuiciones y habilidades, internamente arraigado en las personas, que influye en su manera de comportarse y que se manifiesta a través de su aplicación (Grant, 1996). Por esas características es difícil de compartir con otros, haciendo difícil, lento e incierto su transferencia entre las personas (Kogut y Zander, 1992). Este conocimiento tiene un gran interés estratégico en la empresa, dado que marca sus habilidades y el "saber hacer" o know how (Polanyi, 1967), y puede definir las practicas de la empresa (Kogut y Zander, 1992), y por consiguiente en la actividad de mantenimiento.

El conocimiento explícito en cambio, es aquel que puede ser representado o expresado formalmente de acuerdo a una codificación y que se puede comunicar fácilmente. Este tipo de conocimiento puede ser transmitido mediante lenguaje formal y de una forma estructurada. Los dos conocimiento son complementarios, el conocimiento explícito debe ser tácitamente entendido y aplicado, es decir, el conocimiento explícito debe aplicar mecanismos que permitan a los individuos aprender, interpretar y entender el contenido codificado.

El otro tipo de conocimiento, el explícito se puede cuantificar, tiene forma y se recoge en documentos y fórmulas. También se le ha definido (Zapata, 2001) como aquella información documentada que facilita la acción. Es el tipo de conocimiento al que la cultura occidental ha prestado más importancia, por ser relativamente más sencillo de documentar y compartir usando números y palabras, y porque bajo el paradigma de la organización como una máquina de procesar información es el que mejor se adapta (Nonaka y Takeuchi, 1995). Es el conocimiento que puede ser comunicado o transmitido de un individuo a otro en mediante el lenguaje formal y sistemático, de manera que quien lo recibe llega a obtener el mismo conocimiento que el emisor, sin que su transferencia lo destruya o desgaste. Su principal característica es que es fácil de transferir al no requerir medios o mecanismos complejos (Zapata, 2001).

Las organizaciones deberían ser estudiadas a través de sus procesos internos, desde el punto de vista de cómo éstas crean y transfieren conocimiento (Nonaka, 1994; Nonaka y Takeuchi, 1995; Kogut y Zander 1992).

De todo lo argumentado se extrae la necesidad de capturar, administrar, almacenar, transferir y difundir el conocimiento de nuestra organización y el entorno que la rodea para que la organización sea capaz de integrar eficazmente la percepción, la creación de conocimiento y la toma de decisiones se pueda describir como una organización inteligente [Choo, 1999]. Es en la organización de mantenimiento, por sus propias caracteristicas de funcionamiento y experiencia requerida, donde se haga mas acuciante analizar los efectos de su gestión del conocimiento, y en especial el tácito.

El mantenimiento se puede definir en un enfoque Kantiano. El enfoque sistémico kantiano plantea la posibilidad de estudiar y entender cualquier fenómeno, dado que define que cualquier sistema está compuesto básicamente por tres elementos: personas, artefactos y entorno (Mora, 2005). Dentro de este sistema, y tal como se ha comentado, se plantea en concreto abordar esa transferencia de conocimiento que sin duda existe en la relación entre los tres elementos (Figura 74), y que es de gran transcendencia en las funciones requeridas a los servicios de mantenimiento.

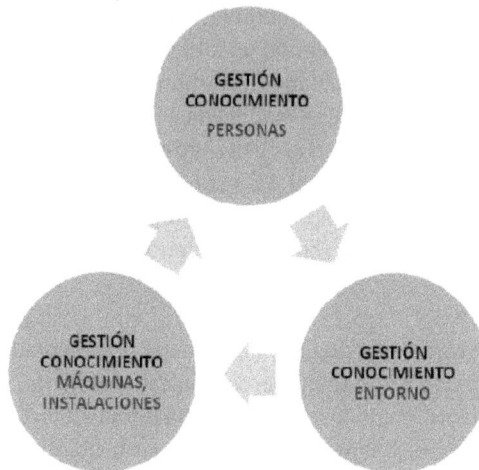

Figura 74. Enfoque Kantiano de la actividad de mantenimiento en relación a la G.C.
Fuente: elaboración propia

Los humanos no están nunca separados del universo que observan, sino que participan personalmente en él, y por tanto no se puede desarrollar el conocimiento "objetivo" puro y no sesgado. Las destrezas humanas, los prejuicios, y las pasiones no son defectos sino que juegan un papel importante y necesario guiando el descubrimiento y la validación (Polanyi, 1958).

En este artículo se considera que el conocimiento que se acumula en una empresa (entorno), en su actividad y explotación técnica es la base de la que se deriva gran parte de las soluciones necesarias y convenientes para el desempeño con mayor eficiencia conforme a los niveles de desempeño de mantenimiento que han fijado sus órganos de decisión (Figura 75).

Es precisamente esta base del conocimiento, la que suele estar des-estructurada, en islas de conocimiento, con lo cual sólo es utilizada en pequeña medida.

3. Consecuencias de la mala gestión del conocimiento. Análisis de casos

En base a entender la problemática de una manera simple, se pueden citar varios ejemplos (extraídos de las experiencias en base a las entrevistas realizadas en la investigación), que aunque evidentes, y que se suelen producir con relativa frecuencia en el conjunto de las empresas industriales o de servicios, hacen mostrar la escasa o nula gestión del conocimiento en el desempeño del mantenimiento industrial, y donde se observa de manera incipiente el peso del conocimiento tácito, y que afecta a la cadena del proceso colaborativo en relación al conocimiento entre los órganos intervinientes (Whipple et al., 2007):

a) Fallo esporádico de un sistema de protección y acoplamiento de baja tensión en una instalación industrial (Figura 76):

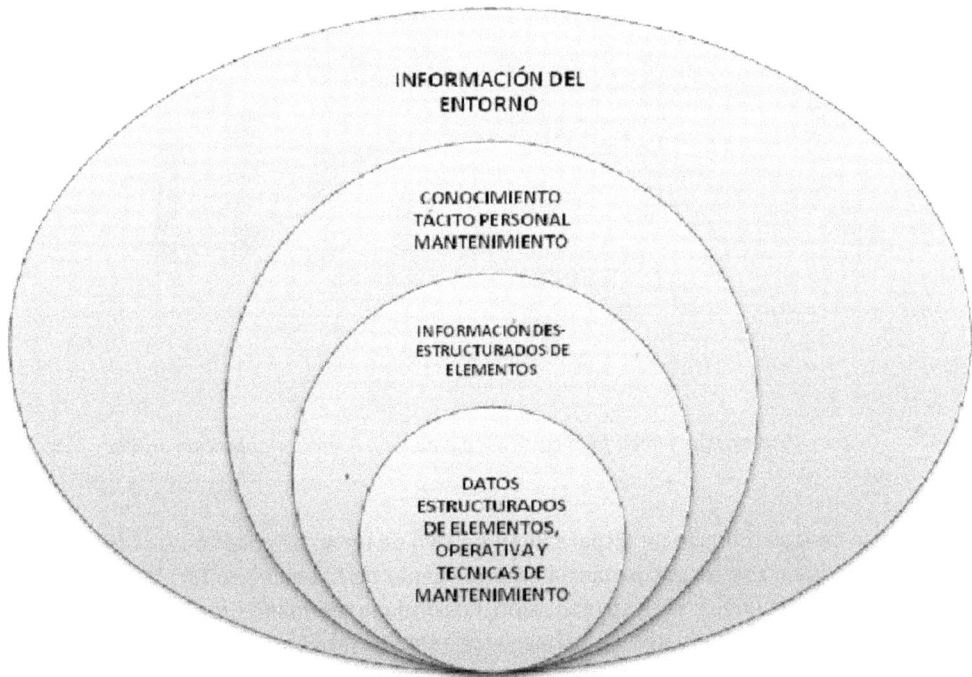

Figura 75. Conjunto de información y conocimiento en entorno empresa. Fuente: elaboración propia

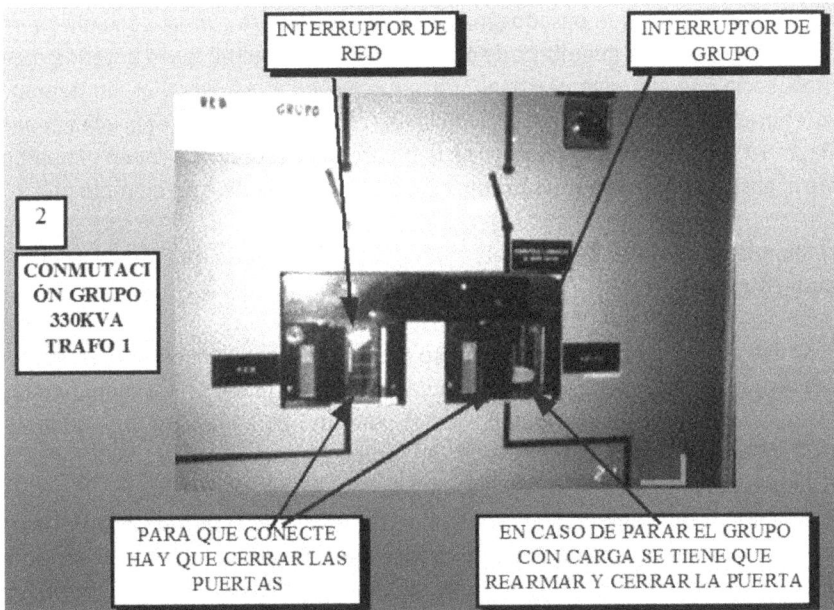

Figura 76. Detalle de Interruptor de potencia y acoplamiento en BT. Fuente: elaboración propia

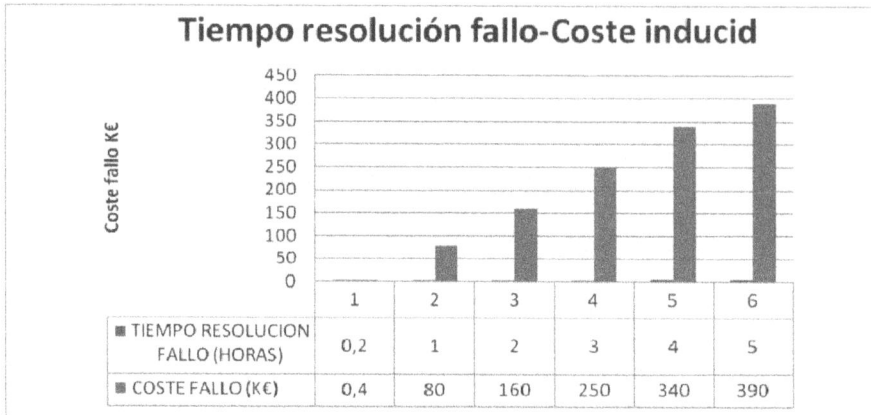

Tiempo resolución fallo-Coste inducid

	1	2	3	4	5	6
■ TIEMPO RESOLUCION FALLO (HORAS)	0,2	1	2	3	4	5
■ COSTE FALLO (K€)	0,4	80	160	250	340	390

Figura 77. Relación tiempo fallo-coste del ejemplo a). Fuente: elaboración propia

En este caso se produce un disparo intempestivo de un acoplamiento de potencia en baja tensión, que no se tenía constancia anteriormente de haberse producido. El personal de mantenimiento que acude a su reposición, no consigue rearmarlo (por desconocer el manejo intrínseco de dicho material), se hacen todo tipo de pruebas aguas abajo sin conseguirlo y se intenta buscar la documentación de operación del elemento (Dicha documentación almacenada entre miles de hojas de información). Se tarda en reponer en un periodo de 2,5 horas, ocasionando pérdidas por no producción de 190.000 €. Tal y como se ve en la Figura 76, con el conocimiento básico del elemento, su tiempo de reposición debería haber sido de escasos 5 minutos. El personal que operó la avería, no transcribió de manera fehaciente dicho registro, con lo que pasados más de dos años de esa avería, se vuelve a repetir, no estando ninguno de los miembros de mantenimiento que actuó la vez anterior, dando como consecuencia que el nuevo personal que actuó, volvió a resolverla en un tiempo superior a las 3 horas, teniendo como consecuencia unas pérdidas equivalentes a la vez anterior. En la Figura 77, se muestra una relación de la repercusión económica según el tiempo en fallo sobre el gasto soportado por no producción de la empresa de este ejemplo a).

b) Mantenimiento preventivo y maniobras en grupo electrógeno de emergencia de 705 KVAs (Figura 78):

Ante la entrada en la empresa de un nuevo técnico de mantenimiento, se produce un tiempo de acoplamiento para tener la misma pericia y desempeño en los mantenimientos preventivos y operación de los equipo, que el resto del personal con antigüedad en varios años. Esta transmisión del conocimiento se produce por el resto de compañeros de mayor antigüedad de la organización, siendo durante esa etapa de formación un coste asumido por la empresa. Dicho tiempo de acoplamiento oscilaba en este caso de aproximadamente 14 meses, para ser completamente operativo y autónomo en las actividades normales de la empresa donde desempeña su función, siendo un gasto que puede oscilar en función del nivel salarial del personal, así como otros gastos inducidos por esa falta de operatividad, y aumento de tiempo de resolución ante averías o maniobras.

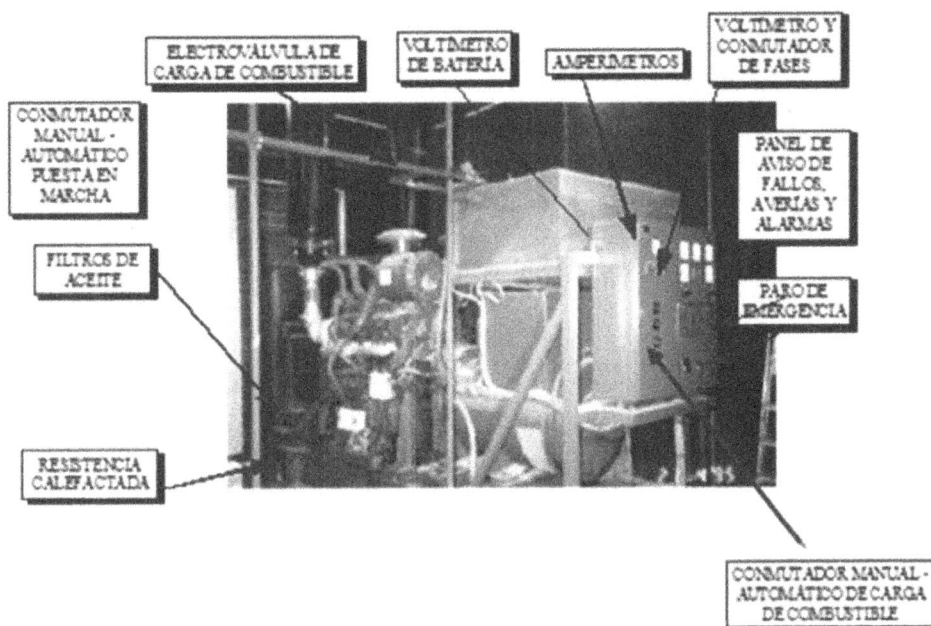

Figura 78. Detalle de Grupo electrógeno 705 KVAs. Fuente: elaboración propia

En la Figura 79 se indican los costes por el tiempo de acoplamiento del personal de nuevo ingreso en la empresa. Estos costes ademas de ser una carga improductiva en la empresa, suponen un lastre para el resto de los miembros de la organización durante dichos periodos de acoplamiento. Estos costes, muchas veces no analizados por las empresas, tienen un carácter elevado en empresas donde el ciclo de renovación de personal es importante.

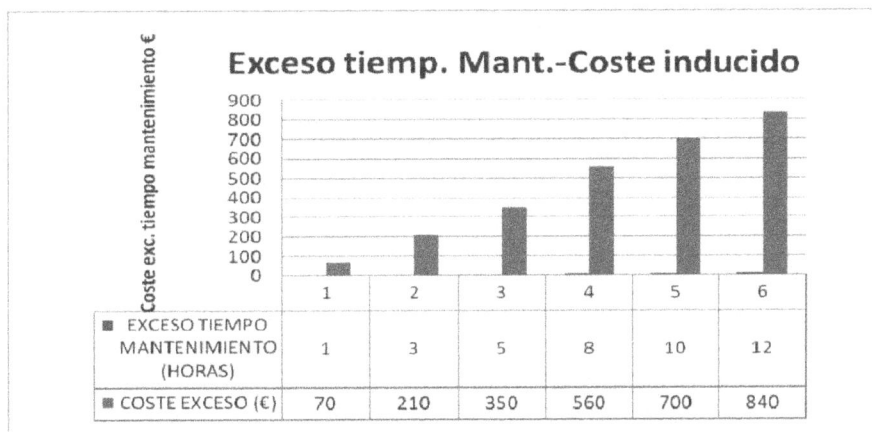

Figura 79. Relación tiempo fallo-coste del ejemplo a). Fuente: elaboración propia

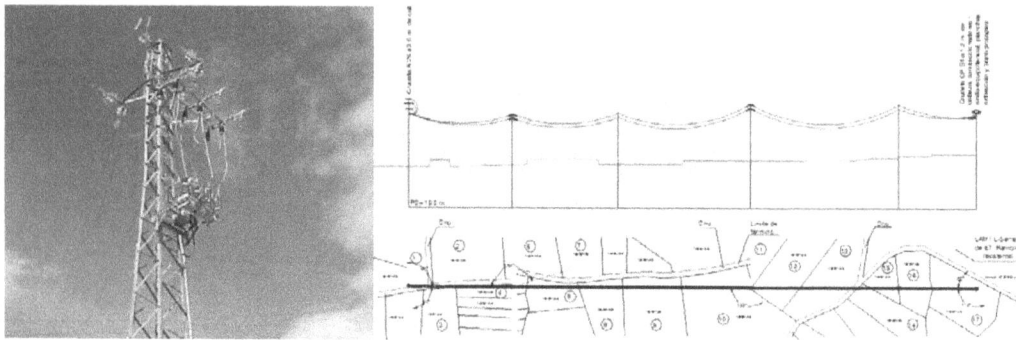

Figura 80. Elemento maniobra red 20 KV y plano distribución de red. Fuente: elaboración propia

c) Maniobras en redes de distribución de energía eléctrica a 20 KV, ante averías o disparo de líneas.

En empresas distribuidoras de energía eléctrica, tradicionalmente, y dado la gran dispersión territorial que pueden tener las redes de distribución eléctrica de una zona, las reposiciones o maniobras operativas de líneas, son realizadas por personal ya acoplado a dicha zona de trabajo. El problema reside, que aunque los elementos de maniobra (Figura 80) y operación son pocos en comparación a una instalación industrial, debido a la dispersión de dichos elementos a nivel territorial, que se deben conocer donde están situados, de qué manera llegar hasta allí (muchas veces a través de caminos o zonas que no están reflejados en planimetrías tradicionales), y que hacen que el nuevo personal asignado a esa zona tenga un tiempo de acoplamiento importante, la dificultad para utilizar personal con experiencia de otra zona, y como consecuencia directa un aumento de tiempo para las reposiciones de servicio, disminución de la fiabilidad operativa (en ocasiones sólo el desconocimiento del camino de entrada para el acceso a la maniobra de un seccionador conlleva retraso de horas en la reposición de servicio) y un coste económico para la empresa distribuidora, no sólo por el tiempo de acoplamiento del nuevo personal (puede oscilar en más de 24 meses), sino por la energía no comercializada por dicha falta de operatividad.

d) Disminución de la eficiencia energética en sistemas de refrigeración industrial por desconocimiento de la información operativa de todo el sistema:

El estudio de la mejor política de uso y eficiencia de la energía es vital para la empresa y sus procesos (Sorrell et al., 2004; Weber , 1999; Schleich et al., 2004ª, 2004b; Rohdin et al., 2006, 2007; Lowe et al., 2008; Thollander et al., 2007; Palm et al., 2010). Con relativa frecuencia, en equipos críticos y que utilizan intensivamente energía para partes importantes del proceso de la empresa, se realiza un mantenimiento preventivo correcto, pero debido a la dispersión de la información, la falta de análisis inicial y la propia inercia de trabajo de de los servicios de mantenimiento, hace que no se estudien en profundidad las acciones de eficiencia energética que se pueden introducir en el elemento, y las relaciones de eficiencia que se pueden tener en cuenta de los elementos aislados en función al sistema global

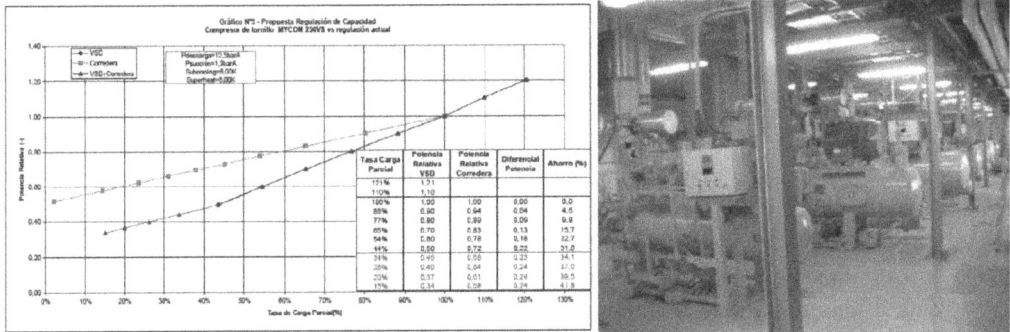

Figura 81. Gráfica operación compresor e imagen de grupos frigoríficos. Fuente: elaboración propia

(Cárcel, 2010). Muchas de esas acciones o propuestas pueden ser captadas por los propios técnicos de mantenimiento que operan en la empresa, pero son mal transmitidas u olvidadas por los organos de mando del departamento de mantenimiento. Se observa en estas actividades un defecto en la transmisión y aplicación del conocimient para conseguir una mejora de la eficiencia energética. Estas acciones de eficiencia energética en una instalación de refrigeración industrial (Figura 81, Tabla 41), no sólo dependen de un elemento aislado (compresor), sino que se debe observar la influencia de combinar velocidad con volumen de corredera y presión de aspiración, entre otros factores. En este ejemplo, acciones de análisis y mejora del conocimiento de dichas instalaciones, produjeron ahorros energéticos por la actuación de uno sólo de los compresores (Tabla 41) de 180.000 KWhe, y de manera global

COMP. A9		Pot Abs (kW)	Pot frigorif (kW)	COP (sin VSD)	Pot Abs (kW)	COP (VSD)	Ahorro específico	Ahorro estimado (kWh)
Capacidad (%)	Tiempo							
95-100	13,53%	270,10	403,9	1,50	278,20	1,45	2,00%	6.404
90-95	4,98%	259,00	354,9	1,37	248,84	1,43	-3,92%	-4.429
85-90	4,31%	251,80	323,5	1,28	230,30	1,40	-8,54%	-8.125
80-85	3,89%	245,40	294,8	1,20	213,31	1,38	-13,08%	-10.929
75-80	3,40%	239,50	268,4	1,12	197,55	1,36	-17,52%	-12.513
70-75	2,86%	234,00	243,9	1,04	182,82	1,33	-21,87%	-12.809
65-70	2,44%	229,00	221,1	0,97	169,23	1,31	-26,10%	-12.765
60-65	2,84%	224,30	199,5	0,89	156,04	1,28	-30,43%	-16.979
55-60	2,84%	207,60	164,0	0,79	136,06	1,21	-34,46%	-17.787
50-55	7,07%	204,70	152,1	0,74	131,84	1,15	-35,59%	-45.119
45-50	0,71%							
40-45	0,75%							
35-40	0,74%							
30-35	0,86%	191,10	95,0	0,50	111,54	0,87	-42,86%	-49.471
25-30	0,86%							
20-25	0,87%							
15-20	0,84%							
10-15	1,27%							
0-10	44,95%	0,00	0,0	0,00	0,00	0,00	0,00	0

Tabla 41. Tabla operación compresor en función de su capacidad y ahorro energético estimado.
Fuente: elaboración propia

en todo el sistema de 380.000 KWhe anuales, así como una mejora en el conocimiento por parte del personal de mantenimiento, y como consecuencia una mejora de la fiabilidad y mantenibilidad de los equipos.

e) Conducción operativa de instalaciones en un entorno de grandes dimensiones:

En entornos de grandes dimensiones como pueden ser un gran centro comercial, un parque de ocio o temático, hoteles, grandes industrias, etc., ante la operación de las instalaciones (puesta en marcha de sistemas de climatización, rearmado de interruptores de protección ante disparos fortuitos, etc), normalmente estas operaciones que consisten en operar un elemento que se encuentra en una zona diferente a la zona que queremos restablecer o poner en servicio (Figura 82), maniobras que en sí son sencillas, suponen un tiempo importante cuando el personal que debe hacer dicha maniobra (aún teniendo experiencia como técnico de mantenimiento), desconoce donde se encuentra dicho cuadro eléctrico, o la procedencia del cuadro aguas arriba del elemento a reponer (Está en otra zona, o se encuentra dentro de un patinillo técnico no identificado, o la válvula de maniobra esta en una zona poco accesible y se ha manipulado en pocas ocasiones). Esta perdida de operatividad (más evidente en entornos en los que el personal de mantenimiento suele estar subcontratado y suele variar la plantilla con relativa frecuencia), se muestra durante los primeros meses de acoplamiento de personal (Disminuye cuando acumulan el conocimiento tácito por la experiencia en el sitio), suponen una perdida importante para la empresa, no sólo por la falta de operatividad hasta el acoplamiemto del personal, sino debido a la repercusión del tipo de fallo (mayor tiempo en reponer el servicio), y repercusión sobre el producto producido o servicio a prestar.

Después de aclarar la problemática existente se pueden plantear las hipótesis de trabajo sobre las que se va a sustentar la presente investigación, para hacer una aproximación cualitativa al problema:

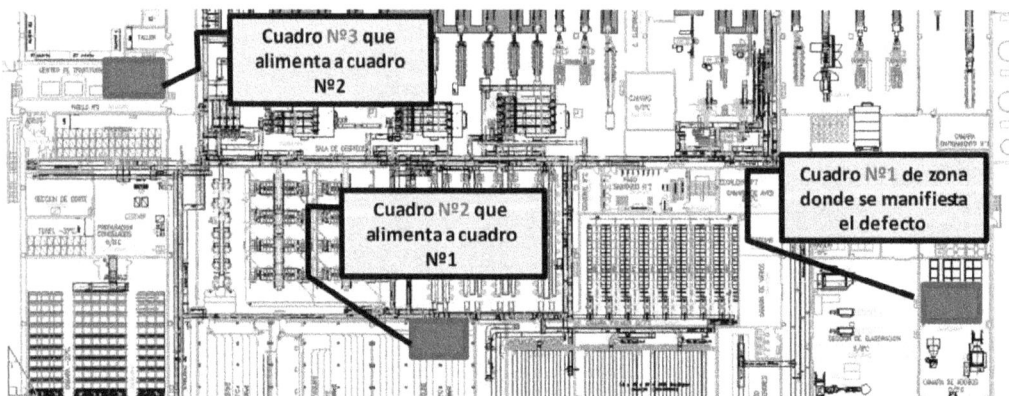

Figura 82. Cuadros eléctricos en una red radial en entornos de grandes superficies.
Fuente: elaboración propia

1. H1: La inadecuada gestión del conocimiento, en especial el tácito, induce como consecuencia un *elevado tiempo de acoplamiento operativo* del nuevo personal de mantenimiento.

2. H2: La inadecuada gestión del conocimiento, en especial el tácito, induce como consecuencia un *elevado tiempo de respuesta operativa ante fallos o maniobras* de las instalaciones o equipos de la empresa.

3. H3: La inadecuada gestión del conocimiento, en especial el tácito, induce como consecuencia un *empeoramiento en la eficiencia energética de los sistemas* de la empresa.

4. H4: La inadecuada gestión del conocimiento, en especial el tácito, induce como consecuencia una disminución en la *eficiencia en la mantenibilidad de los activos tangibles* de la empresa.

5. H5: La adecuada Gestión del Conocimiento por parte de la organización de mantenimiento, puede influir de manera positiva sobre la operatividad de la empresa y unión de equipos de trabajo.

En consecuencia, el futuro de una organización de mantenimiento estará condicionado según la idoneidad y pertinencia del conocimiento que las entidades de éste obtengan, generen, apliquen, apropien, difundan y exploten al resolver sus diversas problemáticas que constituyen las barreras para alcanzar su mayor eficiencia operativa.

Se ha utilizado para extraer las conclusiones del efecto del conocimiento tácito en la actividad de mantenimiento, técnicas cualitativas basadas en la teoría fundamentada, para observar su implicación en sus misiones tácticas fundamentales como son la fiabilidad de los sistemas, la mantenibilidad, operatividad y eficiencia energética.

4. El mantenimiento industrial y el conocimiento tácito

No se entra a formalizar el concepto de mantenimiento con una discusión sobre el mismo (Alsyouf, 2009; Garg et al., 2006; Crespo et al., 2006; Sheu et al., 2005; Hui et al., 2003; McKone et al., 2002), ya que se aleja del enfoque elegido para el presente estudio. No obstante, en la Tabla 42 se recogen algunas de las normas que presentan referencias básicas sobre los conceptos y terminología usuales en mantenimiento. Sí, en cambio, conviene determinar, atendiendo a los objetivos de este artículo, los elementos que configuran la naturaleza del mantenimiento industrial, a partir de una conceptualización operativa generalmente aceptada.

Las empresas se ven obligadas a actuar sobre los factores que afectan a su nivel competitivo (Cassady, 2001; Abancets et al, 1986). Una variable relevante sobre la que pueden actuar es la eficiencia del proceso productivo (Pinjala et al., 2006; Tarakci et al., 2009; Tsang, 2002). El mantenimiento industrial debe tener en cuenta los objetivos de la empresa, y se debe llevar a cabo en el marco de un gasto materializado por un presupuesto, o en relación a una determinada actividad (Souris, 1992).

Aspectos tratados	*Normas*
Terminología.	AFNOR X 60-010, UNI 10147/00 EN-13306
Fiabilidad, Mantenibilidad.	BSI 6548, BSI 5760, VDI 2892, VDI 4003, VDI 4004.
Gestión del mantenimiento.	VDI 2890, VDI 2891, VDI 2895, VDI, 2896, VDI 2897, VDI 2899, AFNOR X 60-020, VDI 2893, UNI 10388/00., UNI 10749.
Monitorización de la condición	VDI 2888, VDI 2889.
Clasificación de los servicios de mantenimiento.	UNI 10144
Evaluación de los servicios de mantenimiento.	AFNOR X 60-150 y VDI 2886.
Calidad en mantenimiento.	AFNOR X 60-151 y VDI 2887.
Contratos de mantenimiento	AFNOR X 60-90, AFNOR X 60-101, AFNOR X 60-104, AFNOR X 60-105, AFNOR X 60-600, UNI 10685, UNI 10146, UNI 10148, ENV 13269
Redacción de documentos	AFNOR X 60-200, AFNOR X 60-210, AFNOR X 60-211, AFNOR X 60- 212, AFNOR X 60-250. EN 13460

Tabla 42. Normativa sobre mantenimiento. Fuente: Adaptado de Moreu y Crespo, 2000

La importancia de las técnicas de mantenimiento ha crecido constantemente en los últimos años (Gonzalez, 2003), ya que el mundo empresarial es consciente de que para ser competitivos es necesario no sólo introducir mejoras e innovaciones en sus productos, servicios y procesos productivos, sino que también, la disponibilidad de los equipos ha de ser óptima y esto sólo se consigue mediante un mantenimiento adecuado.

La gestión efectiva del mantenimiento supone, en consecuencia, una de las actividades cruciales de la mayor parte de las empresas con activos físicos. Son por ello lógicos los esfuerzos orientados a optimizar su funcionamiento, involucrando para tal fin tanto a medios humanos como técnicos, y con los modelo y estrategias más adecuadas a cada empresa (Zhou et al., 2009; Sun et al., 2007; Pongpech et al., 2006; Oke, et al., 2005).

Aún así, el ingeniero y los técnicos de planta sigue detectando muchos problemas y defectos de los sistemas, modelos, técnicas y procedimientos implementados, muy especialmente los relativos a una fluida transmisión de la experiencia y de los conocimientos, unas veces olvidados, otras retenidos por los especialistas y, en todo caso, insuficientemente formalizados o "protocolizados". El conocimiento que podemos adquirir acerca del comportamiento de un sistema físico se fundamenta principalmente en la adquisición y valoración de dos tipos de información, cuantitativa (por instrumentos de medición) y cualitativa (adquirida por humanos) (Chacón, 2001).

Una tal definición operativa de Mantenimiento Industrial podría ser el conjunto de técnicas que tienen por objeto conseguir una utilización óptima de los activos productivos, manteniéndolos en el estado que requiere una producción eficiente.

Pueden extraerse de esta definición los siguientes elementos:

- Estado requerido.

- Exigencias de disponibilidad o conservación de ese estado.

- Conjunto de técnicas y procedimientos orientados a esa conservación.

- Actividad de reemplazo, reparación o modificación de unidades, componentes, conjuntos, equipos o sistemas de una planta industrial.

Se observa, cómo ya en la misma naturaleza del mantenimiento aparecen elementos ligados al conocimiento, ya que la técnica puede ser definida como la forma o manera de realizar una actividad, implicando, en consecuencia, la presencia de capital intelectual incorporado o no a los activos industriales o al personal. La especial acción o actividad del mantenimiento exige técnicas o conocimientos muy específicos y contingentes, de alto valor estratégico, que implican complejidad y elevados esfuerzos en su registro, transmisión y aplicación.

En cuanto a la expresión de su meta: la consecución de requerimientos de disponibilidad en equipos e instalaciones, implica la ubicación de las actividades de mantenimiento en escenarios de elevada contingencia e incertidumbre, dónde contenidos informativos muy dinámicos, perecederos y específicos, y sus procedimientos de aplicación, se revelan como imprescindibles para una marcha eficiente de la planta. En otro caso, el mantenimiento de la planta debería responder de elevados costes de intervención, basados en una búsqueda repetitiva e inconsistente de información en las fases de detección, diagnóstico, prevención y reparación del fallo.

También la investigación e identificación del estado requerido es función del conocimiento, en especial, como se ha mencionado, cuando éste depende de tantas circunstancias y variables.

Por último, la actividad de mantenimiento requiere conocimientos muy específicos y variados; destacando el de diferentes y, en muchas ocasiones, novedosas tecnologías. Su optimización es compleja y la toma de decisiones se desenvuelve en un ambiente de incertidumbre.

El objetivo básico de la función de mantenimiento puede expresarse como la gestión optimizada de los activos físicos. Esta optimización debe obviamente orientarse a la consecución de los objetivos empresariales, algunos de los cuales se reflejan a continuación, clasificados en varios epígrafes:

- *Económicos:* mayor rentabilidad y beneficio, menores costes de fallo, mayor ahorro empresarial, menor inversión en inmovilizado o en circulante, etc.

- *Laborales:* condiciones adecuadas de trabajo, de seguridad e higiene, etc.

- *Técnicos:* disponibilidad y durabilidad de los equipos, máquinas e instalaciones, operativa en explotación.

- Sociales: ausencia de contaminación, ahorro de energía, etc.

A partir de unos objetivos bien definidos, se plantea la planificación y control de la actividad de mantenimiento orientada, así, a alcanzar esos objetivos. Esto pasa por el control o dominio del comportamiento de los sistemas, equipos o instalaciones de la planta y por una gestión adecuada de esos activos; entendiéndose por tal, una actuación que optimice tanto el valor real de los activos como su funcionamiento.

La función de mantenimiento cumple, en consecuencia, con dos grandes objetivos: en primer lugar, conservar el estado de los activos, en segundo, mejorar sus niveles de disponibilidad al más bajo coste.

En la Figura 83 se representa de forma esquemática el modelo de conocimiento que se propone, en consonancia con los aspectos que, según se acaba de formular, desarrolla la función de mantenimiento.

De ahí se derivan las siguientes conclusiones en relación con los conocimientos básicos necesarios para las actuaciones llevadas a cabo por la función de mantenimiento:

- Conocimientos necesarios para llevar a cabo las actuaciones de selección, adquisición, instalación y puesta en marcha de los equipos e instalaciones generales:

  - El conocimiento de los requerimientos de la planta en relación con las necesidades de capacidad y funcionamiento normal de los equipos.
  - El conocimiento de la respuesta real de los equipos a esos requerimientos.

- Conocimientos necesarios para llevar a cabo las actuaciones de predicción, prevención y corrección operativa de los equipos:

  - El conocimiento de los requerimientos de la planta en relación con las necesidades de funcionamiento de los equipos.
  - El conocimiento de la respuesta real de los equipos a esos requerimientos.

Al ser la naturaleza de la función de mantenimiento la de servicio que se presta a la principal y básica de producción-distribución, no tiene un objeto en sí, sino el de coadyuvar al buen hacer de

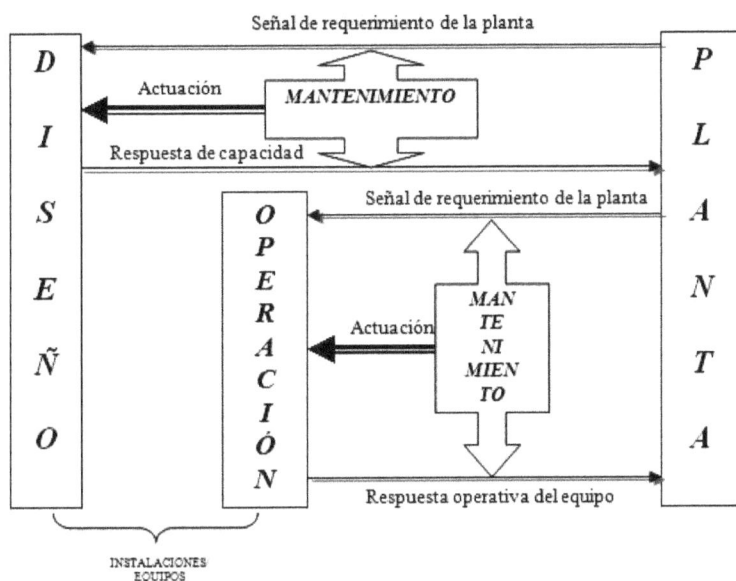

*Figura 83. Esquema básico de actuación en mantenimiento basado en el conocimiento
de las señales de requerimiento/respuesta*

sus clientes internos. Es decir, posee unos objetivos dependientes y ligados a los de los procesos principales de la planta y en concreto a los de los procesos de negocio.

Esto conlleva el que el servicio que presta la función de mantenimiento a la planta es ciertamente diverso y requiere habilidades y competencias muy dispares.

Por todo ello, la gestión efectiva del mantenimiento supone, en consecuencia, una de las actividades cruciales de la mayor parte de las plantas industriales. Son por ello lógicos los esfuerzos orientados a optimizar su funcionamiento, involucrando para tal fin tanto a medios humanos como técnicos.

Algunos de los problemas más frecuentes y críticos, en relación al conocimiento tácito y la gestión del conocimiento, con los que los especialistas y técnicos de mantenimiento se encuentran son:

- Cambios de personal de la plantilla.

- Poca experiencia de los operarios.

- Falta de información de medidas a tomar y pasos a seguir ante ciertas averías o incidencias.

- Dependencia del conocimiento y experiencia tácita de los operarios.

- Históricos de avería y análisis de causas imperfectos.

- Desorganización de la información acerca de las instalaciones.

- Carencia de sistemas de aprendizaje y reciclaje del personal.

Los problemas derivados de los cambios de personal en la plantilla de mantenimiento se traducen en pérdidas económicas debido al desconocimiento por parte del operario de: las instalaciones existentes, fallos típicos y medidas a adoptar ante los mismos, tiempo de rodaje y adaptación a la forma y sistemas de trabajo, etc. La escasa experiencia del operario obliga a otros a abandonar sus tareas para poder enseñarle las ubicaciones, tipos de instalaciones, modo de trabajo, etc., con la consiguiente pérdida de productividad y rendimiento que ello conlleva.

En empresas de mayor tamaño el problema se agudiza y el coste de estos cambios se incrementa considerablemente, ya que las instalaciones a conocer, los trabajos a efectuar, etc., son mucho mayores. También hay que tener en cuenta para analizar estos costes, la inoperatividad (el aumento en el tiempo medio de resolución de fallos).

Habiendo considerado los costes de inoperatividad o ineficiencia, que suponen a la empresa el incorporar nuevos operarios a los equipos de mantenimiento, tal y como indica la tendencia de la figura anterior, es necesario destacar además otros costes inducidos.

Estos costes inducidos se derivan de la incapacidad del operario de resolver una avería crítica en un momento determinado. Estas averías críticas, a diferencia de las averías no críticas, se diferencian en que éstas suponen un coste elevado a la empresa como, por ejemplo, la paralización de la producción hasta que no se subsane dicha avería.

Otro de los problemas relevantes a la hora de realizar un buen mantenimiento de instalaciones es la falta de información sobre medidas específicas a adoptar, y orden de ejecución secuencial de las mismas ante averías que no se han presentado antes, o bien que no han ocurrido en presencia del operario.

En la mayoría de los casos, son los operarios más antiguos quienes conocen mejor las instalaciones y equipos, así como, su comportamiento específico, medidas a tomar ante cualquier incidencia, qué revisar y cómo hacerlo, en concreto, para cada máquina, etc.

Esta experiencia adquirida a través de los años, denominada "know-how", o simplemente conocimiento o experiencia, no es cometido o competencia del Sistema Educativo y, sin embargo, es de vital importancia para el buen funcionamiento de la empresa.

El problema reside en que si el operario que posee ese conocimiento, abandona el puesto de trabajo, la empresa lo pierde, sufriendo los problemas operativos y económicos que de ellos se derivan.

5. Metodología de la investigación

Se han utilizado métodos de investigación cualitativos. En la investigación cualitativa (Strauss y Corbin, 1998), ser objetivos no significa controlar las variables sino ser abiertos, tener la voluntad de escuchar y de "darle la voz" a los entrevistados, sean estos individuos u organizaciones. Significa oír lo que otros tienen para decir, y ver lo que otros hacen, y representarlos tan precisamente como sea posible. Significa, al mismo tiempo, comprender y reconocer que lo que conocen los investigadores suele estar basado en los valores, cultura, educación y experiencias que traen a las situaciones investigativas y que puede ser muy diferente de lo de sus entrevistados.

Dentro de las técnicas cualitativas, en el análisis de los datos de la investigación, se ha utilizado la teoría fundamentada (Grounded Theory) (Charmaz, 2006; Glaser y Strauss, 1967). Para ello, se ha seguido el proceso indicado por Charmaz (Charmaz, 2006):

- Recogida de datos mediante muestreo teórico.

- Codificación inicial.

- Codificación orientada.

- Elevación de los códigos a categorías provisionales por codificación teórica.

- Redacción de los resultados obtenidos.

La característica fundamental de la investigación con teoría fundamentada es el procedimiento de muestreo teórico, donde se deben seleccionar los casos en función de su potencial para el desarrollo de nuevos puntos de vista y refinamiento de aquellos ya obtenidos. (Pace, 2004)

Como resultados de la aplicación de la teoría fundamentada, se debe obtener (Cutcliffe, 2005):

- La exposición de las principales variables que explican cómo resuelven sus problemas el colectivo estudiado.

- Los resultados identifican y conceptualizan los procesos básicos que las personas usan para resolver los problemas que consideran como clave.

- No es suficiente con describir los fenómenos. Es necesario dar un paso más y llegar a interpretar y explicar lo que sucede.

A diferencia de los estudios cualitativos, la muestra que se utiliza es muy diferente, comenzándose por una muestra general del tipo de empresas o personas donde deben comenzar las entrevistas, y la muestra será ajustada conforme avanza la investigación del tema de estudio (Figura 84).

Para este artículo, se ha utilizado una población formada por empresas (Tabla 43) que utilizan la función de mantenimiento, con un alto impacto en su producción (empresas industriales) o sobre el servicio que prestan (Empresas servicios terciarios). Las empresas seleccionadas para entrevistar a diverso personal técnico de mantenimiento, tienen una implantación a nivel nacional, y las personas seleccionadas para las entrevistas, fueron mandos de los departamentos de mantenimiento o técnicos de mantenimiento. En la selección, la experiencia mínima en el desempeño de dichas

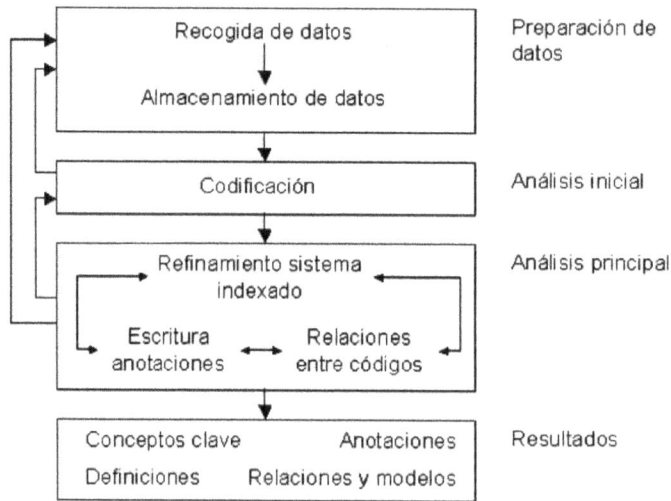

Figura 84. Fases de un análisis cualitativo. Fuente: Muñoz, 2003

actividades que se ha buscado en las personas seleccionadas para la entrevista es de 10 años, de manera que sepan en profundidad y conocimiento el desempeño de sus funciones, así como las limitaciones normales en su puesto de trabajo. Se comienza con la recogida de datos hasta que se alcanza la saturación teórica, que es el punto donde un aumento de la muestra no aporta elementos ni categorías a los resultados (Pace, 2004).

Se han entrevistado a 15 personas de seis empresas diferentes, con actividades diferentes (Distribución de energía eléctrica, Servicios subcontratados de mantenimiento industrial, industrias manufactureras con alto componente de equipamiento, Servicios terciarios (edificios destinados a

Categoria entrevistados	Actividad empresa				
	Distr. Energ. Electrica	Servicios industriales	Industria	Servicios terciarios hotel	Servicios terciarios centro comercial
Mandos mantenimiento	1	1	2		
Técnicos mantenimiento	2	2	3	2	2
Total	3	3	5	2	2
Total entrevistados	15				

Tabla 43. Población y muestra del estudio cualitativo Fuente: elaboración propia

hoteles o grandes centros comerciales). Se ha buscado así mismo que haya una distribución entre mandos de mantenimiento (4), con formación técnica universitaria, y personal operativo (11), con formación académica básica o formación profesional.

Con el fin de obtener información que no estén condicionadas las respuestas de los entrevistados, se sigue un protocolo de entrevista en profundidad semi-estructurada con un estilo flexible, para extraer y entender las experiencias desde la visión del entrevistado, todos ellos con larga trayectoria y experiencia en el sector de mantenimiento.

El guión de la entrevista que se preparó fue el siguiente:

Basándose en su experiencia superior a 10 años en el ámbito de la ingeniería del mantenimiento industrial, se pretende estudiar los factores en relación entre el desempeño de su función y el conocimiento adquirido y utilizado, contésteme a las siguientes preguntas:

1. *Cuando comenzó su trabajo en actividades de mantenimiento, ¿recuerda su tiempo de acoplamiento hasta ser totalmente operativo en su trabajo?¿Dónde o cómo obtenía la información/conocimiento que necesitaba? ¿Cuál suele ser el tiempo de acoplamiento de otros nuevos compañeros?*

2. *¿Qué relación existe entre el conocimiento tácito (el que tiene usted en base a su experiencia y no está registrado en la organización) y las actividades de operación/explotación de las instalaciones e infraestructura?*

3. *¿Cómo se encuentra estructurada la información explícita en su organización para el desempeño de su trabajo en mantenimiento? ¿Qué virtudes y carencias observa en dicha información?*

4. *¿En qué medida afecta el nivel del conocimiento tácito a la resolución de fallos o paradas no programadas en dichas estructuras técnica?*

5. *¿Qué otros aspectos tácticos de la ingeniería del mantenimiento se ven afectados, por un alto componente de información tácita?*

6. *¿Cómo se puede medir el nivel de información no registrada o tácita?*

7. *¿Es posible la captura del conocimiento tácito y transformarlo en explícito útil?*

8. *¿En qué factor económico incide en la empresa?*

9. *¿Existe implicación de la dirección o gerencia de la empresa en la gestión del conocimiento en el ámbito de mantenimiento?*

Se realizaron las entrevistas de esta investigación entre los meses de Septiembre de 2010 hasta Diciembre de 2010, siendo grabadas (se tomaron 740 minutos de grabación en total) y transcritas (48.706 palabras), creándose códigos (Glaser y Strauss, 1967) basados en las respuestas obtenidas.

Se utiliza la codificación in-vivo y la codificación focalizada. El análisis de los datos se realizó con la ayuda de la aplicación Atlas.ti 5.0 de la empresa ResearchTalk Inc.

Aunque las empresas utilizadas en este estudio, tienen ámbito de trabajo a nivel nacional y una a nivel internacional (empresas de primer nivel en su actividad principal), con diversas delegaciones o factorías situadas en diversas zonas geográficas, el personal entrevistado, tiene su ámbito de trabajo en la comunidad valenciana (España), siendo esta la principal limitación del estudio, dado que no se puede generar los datos obtenidos a otras poblaciones, que debería analizadas en investigaciones posteriores.

6. Resultados

En este apartado se enumeran los diferentes elementos identificados en relación al conocimiento tácito, que actúan sobre las tareas y actividades normales de mantenimiento, y que marca la tendencia normal de estos departamentos en las empresas donde actúan.

Relación del conocimiento tácito al tiempo de acoplamiento de nuevo personal a la actividad de operación y mantenimiento de edificios industriales o de servicios

La totalidad de los entrevistados, da por hecho que se produce un tiempo de acoplamiento para el nuevo personal que se incorpora al servicio, que dependiendo de la empresa en la que trabajan (y su nivel de complejidad) oscila entre los 6 y 14 meses de media. Dicha consideración la observan en el seguimiento de nuevos compañeros que se han acoplado a la organización, así como en su experiencia en su propio periodo de acoplamiento: *"[...] durante ese tiempo, los nuevos compañeros siempre van acompañado a técnicos con experiencia en el centro [...] y pasado ese tiempo comienzan a ser más independientes y autónomos [...]"*. Ponen todos de manifiesto, que el problema fundamental es la gran complejidad de las instalaciones, y el desenvolverse con habilidad se produce cuando se acoplan al entorno en una gran instalación: *"La documentación suele ser muy genérica, y el conocer donde están los puntos vitales, sólo se conoce con el tiempo y al moverse por las instalaciones [...]"*.

Se pone de manifiesto en 14 de los 15 entrevistados, que la experiencia hace operativo a los técnicos (aún teniendo la formación académica adecuada), habiendo un alto componente de conocimiento tácito. Dicho tiempo repercute directamente en la operatividad de los técnicos nóveles, y por consiguiente en un valor económico para la empresa, aunque se considera asumido por todos los componentes: *"[...] siempre ha sido de esta manera [...]"*. Estas repercusiones de operatividad y valor económico suponen un gran valor en empresas con alta variación de personal.

Relación del conocimiento tácito y operación/explotación de las instalaciones e infraestructuras

Todos los componentes relacionan que las maniobras de operación de los equipos e instalaciones, las resuelven con mayor eficiencia y menor tiempo los componentes que tienen más experiencia en mantenimiento, y han sufrido más anécdotas y experiencias (un alto componente tácito): *"[...] muchas de las maniobras o reposiciones de servicio son por fallos no controlados, la reposición suele ser rápida cuando conoces la disposición de los cuadros eléctricos o válvulas de maniobra, [...] el problema radica, en que muchas veces defectos que se solventarían en muy poco tiempo, minutos, se tarda varias horas en encontrar el elemento o la situación de maniobra, porque normalmente no suele ocurrir [...]"*. Se observa que todas las experiencias operativas, son pocas veces informadas en detalle, para capturar la experiencia ante actuaciones, sólo en 8 de los 15 entrevistados, se comenta que se realiza una anotación breve en el programa de gestión de mantenimiento. Se manifiesta un alto componente de conocimiento tácito para la resolución efectiva de acciones operativas ante maniobras o fallos de equipos e instalaciones.

Relación del nivel del conocimiento tácito y la resolución de fallos o paradas no programadas en dichas estructuras técnicas

Todos los entrevistados consideran que la resolución de averías en máquinas o instalaciones conlleva un lato grado de aprendizaje en el entorno donde desenvuelven su trabajo, en las zonas más criticas suelen operar los operarios con mayor experiencia (y un alto componente tácito): *"[...] ante actuaciones de emergencia en una zona que normalmente no prestó el servicio, soluciones de varios minutos me ha costado horas resolverlo [...] esas experiencias le habían ocurrido a algún compañero anteriormente, pero yo lo desconocía y no estaba registrado [...]"*. Estas actuaciones de reposición de averías o paradas se da en mayor medida en empresas cuya área de actuación es muy extensa (empresas de distribución de energía eléctrica): *"[...] hay veces que para hacer una maniobra de un seccionador de una línea eléctrica a 20 KV, el problema es encontrar la manera de llegar a dicho seccionador [...] no encontramos el camino de entrada para llegar a el [...] podemos llegar a tardar horas en una reposición, que se haría en minutos teniendo claro los puntos de acceso, o que lo hubiera comentado algún compañero que hubiese actuado anteriormente [...]"*. En entornos industriales, el problema que se detecta es ante actuaciones esporádicas, que normalmente no se suelen dar y en esencia son críticas (maniobras de celdas de alta tensión, o cierre de válvulas generales), se denota la falta de transmisión de dichas experiencias por compañeros que en algún momento han vivido dichas experiencias: *"[...] Hay veces que debo cambiar de área, y problemas de resolución trivial me pueden costar un 2000% de tiempo más de resolución, intento hablar con compañeros que les haya pasado [...]"*. Se observa, que muchas de las actuaciones ante fallos críticos, se habrían resuelto con mayor rapidez si dicha información hubiera sido captada al personal que hubiera sufrido la experiencia anteriormente, y haciéndola explícita y transferida al resto de los componentes.

Aspectos tácticos de la ingeniería del mantenimiento que se ven afectados, por un alto componente de información tácita

Todos las personas entrevistadas consideran como fundamentales además de la fiabilidad y operativa de explotación, en igual medida la mantenibilidad de las instalaciones y el control de la eficiencia energética. En todas estas acciones indican un alto componente tácito en su realización: *"[...] Tenemos mucha documentación, pero es demasiado extensa, y hay veces que otra no la lo-*

calizamos [...] debería estar más accesible, concisa y con nuestro punto de vista para la utilización práctica [...]". De igual manera ante actuaciones de mantenimiento: *"[...] normalmente actuamos en mantenimiento con nuestra experiencia, dado que el parte de trabajo es muy conciso, indicando sólo los puntos a revisar o acciones resumidas[...]compañeros nuevos, se acoplan como ayudantes en los trabajos de mantenimiento preventivo o correctivo, hasta que pasan unos meses y son operativos [...]".* En detección de acciones de mejora de eficiencia energética se detecta que muchas de las acciones pueden ser ejecutadas, aunque suele haber una descoordinación de la información entre áreas de mantenimiento: *"[...] en algunas acciones de eficiencia deberíamos coordinar las acciones del equipo de mantenimiento mecánico que se encargan de los fluidos con los componentes de mantenimiento eléctrico [...] muchas acciones nos damos cuenta en que se podían haber ejecutado meses anteriores [...]"*

Luego se detecta además de la fiabilidad y operación de las instalaciones y equipo, la mantenibilidad y eficiencia energética como acciones tácticas fundamentales. En todos estos trabajos se detecta un alto componente tácito.

Medición del nivel de información no registrada o tácita

Se confirma por parte de todos los entrevistados, de la problemática de la medición cuantitativa de la relación de información tácita que dispone la organización. Depende de las personas y en ninguna organización existe un procedimiento formal para captura del conocimiento tácito útil y su transformación a explícito: *"[...] normalmente la consulta de la información puesta al alcance por la empresa, se consulta en momento puntuales de actuación, u ante una actuación fuera de lo normal [...] normalmente la planimetría suele estar desfasada, o la información demasiado extensa. Se actúa muchas veces consultando a otros compañeros con más experiencia" [...]".* De una manera subjetiva, todos los entrevistados comentan que su nivel de relación entre la información tácita y la explícita útil que pueden utilizar, oscilan entre el 60 al 90% superior la tácita. Todos consideran que es una tasa importante en la realización de su trabajo diario. De igual manera esa relación es diferente entre los mandos de mantenimiento, que por su formación y características organizativas de su puesto de trabajo, consideran que tienden a formalizar explícitamente muchas de sus acciones diarias, que en los técnicos operativos de planta, donde es menos normal al formalización de las experiencias, y por consiguiente, la tasa de conocimiento tácito es mayor. La tasa de conocimiento tácito, se da en mayor medida cuando el área de actuación de la actividad de mantenimiento es mayor: Ante grandes factorías u edificios muy grandes y complejos, y en mantenimiento de redes de distribución de energía donde el área de actuación puede ser un término municipal o mayor.

Posibilidad de captura del conocimiento tácito y transformarlo en explícito útil

Todos los entrevistados confirman la dificultad de la captura de ese conocimiento tácito útil y estratégico: *"[...] cuando se va a jubilar alguna persona de mantenimiento, el año anterior se acopla una nueva persona para transferir sus experiencias [...] el problema resulta ante una baja repentina o continuada u ante una persona que abandona la empresa, no es posible transferir ese conocimiento a un nuevo compañero, se pierde ese saber hacer [...]".* Para el tratamiento de la información, todos consideran el dotar de medios (en tiempo), y procedimientos técnicos que deben ser aprobados por los miembros de la organización para ser útiles. Algunas de las organizaciones tienen sistemas de tratamiento documental, pero consideran que son poco útiles para la captación de las experiencias diarias. También se ha identificado, que se ve la necesidad de formación sobre todo al personal operativo, y esa formación debe ser sobre sus áreas de trabajo. Una posibilidad barajada es la autoformación basada en las experiencias de los compañeros. Todos consideran el introducir la figura de un coordinador o gestor del conocimiento en mantenimiento, cuya misión sea la de coordinar y transmitir a todos los miembros la necesidad de capturar las experiencias operativas, y llevarlas a fin de una manera explícita. Dicho coordinador, de las conclusiones sacadas de la entrevista, debe tener formación técnica y larga experiencia en las labores de mantenimiento. Se debe fomentar y potenciar la participación de todos los miembros operativos de mantenimiento.

Factor económico incidencia en la empresa

Se detecta entre todos los entrevistados, el valor económico del conocimiento, y más en concreto, las experiencias no transmitidas: *"[...] en multitud de ocasiones, el no conocer una actuación de un compañero y como se ha resuelto, me ha costado mucho más tiempo en resolverlo [...] ese tiempo adicional cuesta a la empresa dado que es tiempo no productivo [...]"*. Este coste según se desprende de la investigación, está asumido por la empresa, no llegándose a analizar el coste extra debido a la no eficiencia en la transmisión del conocimiento.

La implicación de la dirección o gerencia de la empresa

El mantenimiento es valorado por la empresa como una labor de apoyo a la producción o al servicio, y en la mayoría de los entrevistados, como un gasto a asumir: *"[...] los órganos de gerencia, sólo nos ven cuando existen problemas [...] no se ve como un órgano táctico fundamental, y dotarlo de medios es complicado [...]"*. Se detecta el mejorar la información y la implicación a los órganos directivos de las empresas del valor táctico y estratégico de una adecuada sección de mantenimiento y las ventajas funcionales y económicas que se producirían con una adecuada gestión del conocimiento en dicha actividad.

7. Discusión

El mantenimiento industrial, siendo una de las actividades tácticas y estratégicas fundamentales de las empresas, tiene grandes carencias en cuanto a la gestión del conocimiento, y con una gran dependencia del conocimiento tácito de todos sus integrantes. En la Tabla 44 se muestran un resumen de las principales implicaciones que dicho conocimiento tácito pueden tener para la organización, en base a los datos obtenidos en la investigación.

Se extrae de la investigación, el alto componente tácito que tiene entre todos los componentes humanos de la actividad de mantenimiento, un valor que aún medido desde la visión subjetiva de los participantes se puede considerar que oscila entre el 50 y el 90%, dependiendo del área de

Actividad estrategica mantenimiento	Componente conocimiento tácito	Repercusión en empresa
Acoplamiento personal	Muy elevado	Pérdida económica Pérdida eficiencia
Operación/ explotación	Muy elevado	Repercusión en la producción o servicio
Fiabilidad	Muy elevado	Tiempos mayores de reposición Valor económico por perdida producción
Mantenibilidad	Muy elevado	Pérdida eficiencia
Eficiencia energética	Elevado	Pérdida eficiencia Repercusión económica
Nivel información	Elevado	Perdida capital intelectual Valor sustitución personal
Repercusión económica	Puede tener una repercusión muy elevada	Puede afectar de una manera elevada ante acciones críticas o de emergencia
Relación con la gerencia	Se asumen los componentes tácitos en los trabajos de mantenimiento	Pérdida de capital intelectual Perdida de recursos operativos Visión sesgada del valor estratégico

Tabla 44. Implicaciones del conocimiento tácito en el mantenimiento industrial

actividad de la empresa y la extensión del área de trabajo. La tasa de conocimiento tácito, se da en mayor medida cuando el área de actuación de la actividad de mantenimiento es mayor: Ante grandes factorías u edificios muy grandes y complejos, y en mantenimiento de redes de distribución de energía donde el área de actuación puede ser un término municipal o mayor.

Esas experiencias operativas, que es un conocimiento interno que van acumulando todos los integrantes, y difícilmente transmitido, hace que en los periodos de acoplamiento de nuevo personal, transcurra un tiempo considerable hasta el acoplamiento y ser realmente operativo dicha persona. A parte de la pérdida operativa y económica que supone el acoplamiento de una nueva persona, el personal con experiencia debe utilizar parte de su tiempo en la formación de los nuevos integrantes, debiéndose valorar esto último desde una vertiente económica o falta de eficacia durante dichos procesos. Estas repercusiones de operatividad y valor económico suponen un gran valor en empresas con alta variación de personal.

Las experiencias operativas, son pocas veces informadas en detalle, para capturar la experiencia ante actuaciones. Se manifiesta un alto componente de conocimiento tácito para la resolución efectiva de acciones operativas ante maniobras o fallos de equipos e instalaciones.

Ante fallos críticos, se habrían resuelto con mayor rapidez si dicha información hubiera sido captada del personal que hubiera sufrido la experiencia anteriormente, y haciéndola explícita y transferida al resto de los componentes. Estas pérdidas en la eficiencia en tiempo en resolver acciones críticas, pueden tener un gran valor económico, dado que repercute a muchos estamentos de la empresa y en especial a la producción. Según datos extraídos de las entrevista y facilitados por los entrevistados, pueden suponer cantidades importantes.

La tasa de conocimiento tácito, es sensiblemente mayor entre el personal operario técnico que operan en las acciones habituales de mantenimiento que en los mandos e ingenieros de mantenimiento, que por su formación y características organizativas de su puesto de trabajo, consideran que tienden a formalizar explícitamente muchas de sus acciones diarias. Estos últimos documentan con mayor facilidad sus actuaciones, aunque se reconoce que el la mayor parte de su trabajo diario se basan en su propia experiencia vivida.

Es difícil la medición cuantitativa de la relación de información tácita que dispone la organización. Depende de las personas y en ninguna organización analizada existe un procedimiento formal para captura del conocimiento tácito útil y su transformación a explícito.

Se confirma la dificultad de la captura de ese conocimiento tácito útil y estratégico.

Para el tratamiento de la información, todos consideran el dotar de medios (en tiempo), y procedimientos técnicos que deben ser aprobados por los miembros de la organización para ser útiles. Algunas de las organizaciones tienen sistemas de tratamiento documental, pero consideran que son poco útiles para la captación de las experiencias diarias.

Se detecta la necesidad de formación sobre todo al personal operativo, y esa formación debe ser sobre sus áreas de trabajo. Una posibilidad barajada es la autoformación basada en las experiencias de los compañeros.

Una figura clave sería la creación de la figura de un coordinador o gestor del conocimiento en mantenimiento, cuya misión sea la de coordinar y transmitir a todos los miembros la necesidad de capturar las experiencias operativas, y llevarlas a fin de una manera explícita. Dicho coordinador, de las conclusiones sacadas de la entrevista, debe tener formación técnica y larga experiencia en las labores de mantenimiento. Se debe fomentar y potenciar la participación de todos los miembros operativos de mantenimiento.

Se detecta entre todos los entrevistados, el valor económico del conocimiento, y más en concreto, las experiencias no transmitidas.

Este coste según se desprende de la investigación, está asumido por la empresa, no llegándose a analizar el coste extra debido a la no eficiencia en la transmisión del conocimiento.

Sería recomendable el mejorar la información y la implicación a los órganos directivos de las empresas del valor táctico y estratégico de una adecuada sección de mantenimiento y las ventajas funcionales y económicas que se producirían con una adecuada gestión del conocimiento en dicha actividad.

8. Conclusiones

Las principales contribuciones de la investigación que se presentan en este artículo, y permiten entender la problemática del nivel de conocimiento tácito en las organizaciones de mantenimiento de las empresas, son:

- Se ha relacionado el nivel de conocimiento tácito que se manifiesta entre todos los miembros humanos integrantes de las organizaciones de mantenimiento de las empresas, extrayendo como conclusión, que tiene un componente elevado, y forma parte intrínseca de dicha profesión.

- Que al funcionar dicha organización con tan alto componente tácito, los tiempos de acoplamiento de nuevo personal o sustituciones, son elevados, transformándose dicho factor en una pérdida de eficiencia y en una pérdida de recursos económicos para la empresa.

- Ante actuaciones críticas o de emergencias, el no tener una adecuada gestión del conocimiento, conlleva unas pérdidas operativas importantes y como consecuencia económicas a la empresa. Se ve la necesidad de reducir la tasa de conocimiento tácito ante estas actuaciones, haciendo explícito dicha información. Se observa la conveniencia de un gestor del conocimiento dentro del mantenimiento.

- El coste económico que supondría la transformación del conocimiento tácito en explícito, podía ser analizado desde una visión rentable por parte de la empresa.

La principal limitación de este estudio radica en que todos los miembros de las empresas entrevistados, tienen su área de trabajo en la Comunidad valenciana (España). El resultado podría ser extensible tanto a nivel nacional como internacional, dado que algunas de las empresas analizadas tienen presencia nacional como internacional.

Sería también conveniente continuar con la línea de investigación, realizando un análisis más profundo, teniendo en cuenta la relación de la gestión del conocimiento, en especial con sus misiones tácticas fundamentales, y el análisis cuantitativo que permitiera validar los estudios cualitativos observados.

9. Referencias

Abancens, A., Lasheras, J.M. (1986). *Organización industrial, organización, control y seguridad e higiene en el trabajo*, 1. Ed. Donostierra.

Alardhi, M., & Hannam, R.G. (2007). Preventive maintenance scheduling for multi-cogeneration plants with production constraints. *Journal of Quality in Maintenance Engineering*, 13(3), 276-292. http://dx.doi.org/10.1108/13552510710780294

Al-Najjar, B., & Alsyouf, I. (2003). Selecting the most efficient maintenance approach using fuzzy multiple criteria decision making. *International Journal of Production Economics*, 84(1), 85-100. http://dx.doi.org/10.1016/S0925-5273(02)00380-8

Alsyouf, I. (2007). The role of maintenance in improving companies productivity and profitability. *International Journal of Production Economics*, 105(1), 70-78. http://dx.doi.org/10.1016/j.ijpe.2004.06.057

Barata, C.J., Guedes, S., Marseguerra, M., & Zio, E. (2002). Simulation modelling of repairable multi-component deteriorating systems for on condition maintenance optimisation. *Reliability Engineering & System Safety*, 76(3), 255-264. http://dx.doi.org/10.1016/S0951-8320(02)00017-0

Cadini, F., Zio, E. and Avram, D. (2009). Model-based Monte Carlo state estimation for condition-based component replacement. *Reliability Engineering & System Safety*, 94(3), 752-758. http://dx.doi.org/10.1016/j.ress.2008.08.003

Camelo, C. (2000). *La Estrategia de la Diversificación Interna: Una aproximación desde la Teoría basada en el Conocimiento*. Madrid: Biblioteca Civitas Economía y Empresa.

Cárcel Carrasco, F.J. (2010). Aspectos estratégicos del mantenimiento industrial relativos a la eficiencia energética. *Articulo 1er Congreso de dirección de operaciones en la empresa.* 25 y 26 de Junio, Madrid.

Cassady, C.R. (2001). Selective maintenance modeling for industrial systems. *Journal of Quality in Maintenance Engineering*, 7(2), 104-117. http://dx.doi.org/10.1108/13552510110397412

Chacón, J. (200l). *Diagnóstico de fallos mediante la utilización de información incompleta e incierta*. Tesis Doctoral. UPV Valencia, España.

Charmaz, K. (2006). *Constructing grounded theory. A practical guide through qualitative analysis* London: SAGE.

Chen, J. (2006). Optimization models for the machine scheduling problem with a single flexible maintenance activity. *Engineering Optimization*, 38(1), 53-71. http://dx.doi.org/10.1080/03052150500270594

Chien, Y.H., & Chen, J.-A. (2010). Optimal spare ordering policy for preventive replacementunder cost effectiveness criterion. *Applied Mathematical Modeling*, 34(10), 716-724. http://dx.doi.org/10.1016/j.apm.2009.06.017

Choo, C. W. (1999). *La Organización Inteligente*. México: Oxford University Press.

Chung, S.H., Lau, H.C.W., Choy, K.L., Ho, G.T.S., & Tse, Y.K. (2010). Application of genetic approach for advanced planning in multi-factory environment. *International Journal of Production Economics*, 127(2), 300-308. http://dx.doi.org/10.1016/j.ijpe.2009.08.019

Crespo Marquez, A., & Gupta, J. (2006). Contemporary maintenance management: process, framework and supporting pillars. *Omega*, 34(3), 313-326. http://dx.doi.org/10.1016/j.omega.2004.11.003

Cutcliffe, J. (2005). Adapt or Adopt: Developing and Transgressing the Methodological Boundaries of Grounded Theory. *Journal of Advanced Nursing*, 21(4), 421. http://dx.doi.org/10.1111/j.1365-2648.2005.03514.x

Dhillon, B.S., & Liu, Y. (2006). Human error in maintenance: a review. *Journal of Quality in Maintenance Engineering*, 12(1), 21-36. http://dx.doi.org/10.1108/13552510610654510

Douglas, D. (2004). Grounded theory and the 'And' in entrepreneurship research. *Electronic Journal of Business Research Methods*, 2(2).

Eich, D. (2008). A Grounded Theory of High-Quality Leadership Programs:Perspectives From Student Leadership Development Programs in Higher Education. *Journal of Leadership and Organizational Studies*, 15(2), 176-187. http://dx.doi.org/10.1177/1548051808324099

Eti, M.C., Ogaji, S., & Probert, S. (2006a). Reducing the cost of preventive maintenance (PM) through adopting a proactive reliability-focused culture. *Applied Energy,* 83, 1235-1248. http://dx.doi.org/10.1016/j.apenergy.2006.01.002

Eti, M.C., Ogaji, S., & Probert, S. (2006b). Development and implementation of preventive-maintenance practices in Nigerian industries. *Applied Energy,* 83, 1163-1179. http://dx.doi.org/10.1016/j.apenergy.2006.01.001

Eti, M.C., Ogaji, S., & Probert, S. (2006c). Impact of corporate culture on plant maintenance in the Nigerian electric-power industry. *Applied Energy,* 83, 299-310. http://dx.doi.org/10.1016/j.apenergy.2005.03.002

Ferdows, K. (2006). Transfer of changing production know-how. *Production and Operations Management*, 15(1), 1-9. http://dx.doi.org/10.1111/j.1937-5956.2006.tb00031.x

Garg, A., & Deshmukh, S.G. (2006). Maintenance management: literature review and directions. *Journal of Quality in Maintenance Engineering*, 12(3), 205-238. http://dx.doi.org/10.1108/13552510610685075

Glaser, B.G., & Strauss, A.L. (1967). *The discovery of grounded theory.* New York: Aldine de Gruyter.

Goel, H.D., Grievink, J., & Weijnen, M.P.C. (2003). Integrated optimal reliable design, production, and maintenance planning for multipurpose process plants. *Computers & Chemical Engineering*, 27(11), 1543-1555. http://dx.doi.org/10.1016/S0098-1354(03)00090-5

Gonzalez Fernandez, F.J. (2003). *Mantenimiento industrial avanzado*, Ed. Fundación Confemetal.

Grant, R.M. (1996). Toward a knowledge-based theory of the firm. *Strategy Management Journal*, 17(Winter special issue), 109-122.

Hobbs, A., & Williamson, A. (2002). Skills, rules and knowledge in aircraft maintenance: errors in context. *Ergonomics*, 45(4), 290-308. http://dx.doi.org/10.1080/00140130110116100

Hobbs, A., & Williamson, A. (2003). Associations between errors and contributing factors in aircraft maintenance. *Human Factors*, 45(2), 186-201. http://dx.doi.org/10.1518/hfes.45.2.186.27244

Hui, E., & Tsang, A. (2004). Sourcing strategies of facilities management. *Journal of Quality in Maintenance Engineering*, 10(2), 85-92. http://dx.doi.org/10.1108/13552510410539169

Jin, X., Li, L., & Ni, J. (2009). Option model for joint production and preventive maintenance system. *International Journal of Production Economics*, 119(2), 347-353. http://dx.doi.org/10.1016/j.ijpe.2009.03.005

Jo, Y.-D., & Park, K.-S. (2003). Dynamic management of human error to reduce total risk. *Journal of Loss Prevention in Process Industries*, 16(4), 313-321. http://dx.doi.org/10.1016/S0950-4230(03)00019-6

Kogut, B., & Zander, U. (1992). Knowledge of the firm: combinative capabilities, and the replication of technology. En L. Prusak (Ed.). *Knowledge in Organizations. Resources for the Knowledge Based Economy*.

Liu, J., & Yu, D. (2004). Evaluation of plant maintenance based on data envelopment analysis. *Journal of Quality in Maintenance Engineering*, 10(3), 203-209. http://dx.doi.org/10.1108/13552510410553253

Lowe, R., & Oreszczyn, T. (2008). Regulatory standards and barriers to improved performance for housing. *Energy Policy*, 36, 4475-4481. http://dx.doi.org/10.1016/j.enpol.2008.09.024

Marquez, A.C., & Guptab, J.N.D. (2006). Contemporary maintenance management: process, framework and supporting pillars. *Omega, The International Journal of Management Science*, 34, 313-326. http://dx.doi.org/10.1016/j.omega.2004.11.003

McKone, K., & Weiss, E. (2002). Guidelines for implementing predictive maintenance. *Production and Operations Management*, 11(2), 109-124. http://dx.doi.org/10.1111/j.1937-5956.2002.tb00486.x

Mora, A. (2005). *Mantenimiento estratégico para empresas de servicios e industriales*. AMG.

Moreu, E., & Crespo, A. (2000). Estado de la Normativa Existente sobre Mantenimiento y un Modelo para la Documentación. *Revista Mantenimiento,* 125.

Muñoz, J. (2003). *Análisis de datos cualitativos con Atlas/ti*. JMJ.

Nonaka, I. (1994). A dynamic theory of organizational knowledge creation. *Organization Science*, 5(1), 14-37. http://dx.doi.org/10.1287/orsc.5.1.14

Nonaka, I., & Takeuchi, N. (1995). *The Knowledge Creating Company*. Oxford University Press.

Oke, S.A. (2005). An analytical model for the optimization of maintenance profitability. *International Journal of Productivity and Performance Management*, 54(2), 113-136. http://dx.doi.org/10.1108/17410400510576612

Pace, S. (2004). A grounded theory of the flow experiences of Web users. *International Journal of Human-Computer Studies*, 60(3), 327-363. http://dx.doi.org/10.1016/j.ijhcs.2003.08.005

Palm, J., & Thollander, P. (2010). An interdisciplinary perspective on industrial energy efficiency. *Applied Energy,* 87, 3255-3261. http://dx.doi.org/10.1016/j.apenergy.2010.04.019

Partington, D. (2000). Building grounded theories of management action. *British Journal of Management*, 11, 91-102. http://dx.doi.org/10.1111/1467-8551.00153

Pinjala, S., Pintelon, L., & Vereecke, A. (2006). An empirical investigation on the relationship between business and maintenance strategies. *International Journal of Production Economics*, 104(1), 214-229. http://dx.doi.org/10.1016/j.ijpe.2004.12.024

Pintelon, L., Kumar, P.S., & Vereecke, A. (2006). Evaluating the effectiveness of maintenance strategies. *Journal of Quality in Maintenance Engineering*, 12(1), 7-20. http://dx.doi.org/10.1108/13552510610654501

Polanyi, M. (1958). *Personal Knowledge: Towards a Post-Critical Philosophy*. University of Chicago Press.

Polanyi, M. (1967)(2009 reprint). *The Tacit Dimension*. University of Chicago Press.

Pongpech, J., Murthy, D.N.P., & Boondiskulchock, R. (2006). Maintenance strategies for used equipment under lease. *Journal of Quality in Maintenance Engineering*, 5(4), 287-295.

Rankin, W., Hibit, R., & Sargent, R. (2000). Development and evaluation of the maintenance error decision aid (MEDA), process. *International Journal of Industrial Ergonomics*, 26(2), 261-276. http://dx.doi.org/10.1016/S0169-8141(99)00070-0

Rohdin, P., Thollander, P., & Solding, P. (2007). Barriers to and drivers for energy efficiency in the Swedish foundry industry. *Energy Policy*, 35, 672-677. http://dx.doi.org/10.1016/j.enpol.2006.01.010

Rohdin, P., & Thollander, P. (2006). Barriers to and driving forces for energy efficiency in the non-energy intensive manufacturing industry in Sweden. *Energy*, 31(12), 1836-1844. http://dx.doi.org/10.1016/j.energy.2005.10.010

Sasou, K., & Reason, J. (1999). Team errors: definition and taxonomy. *Reliability Engineering & System Safety*, 65(1), 1-9. http://dx.doi.org/10.1016/S0951-8320(98)00074-X

Schleich, J., & Gruber, E. (2004a). Beyond case studies: barriers to energy efficiency in commerce and the services sector. *Energy Econ.*, 30, 449-464. http://dx.doi.org/10.1016/j.eneco.2006.08.004

Schleich, J. (2004b). Do energy audits help reduce barriers to energy efficiency? An empirical analysis for Germany. *Int J Energy Technol. Policy*, 2, 226-239. http://dx.doi.org/10.1504/IJETP.2004.005155

Sheu, S., Lin, Y., & Liao, G. (2005). Optimal policies with decreasing probability of imperfect maintenance. *IEEE Transactions on Reliability*, 54(2), 347-357. http://dx.doi.org/10.1109/TR.2005.847252

Sorrell, S., O'Malley, E., Schleich, J., & Scott, S. (2004). *The economics of energy efficiency: barriers to cost-effective investment*. Cheltenham: Edward Elgar.

Souris, J.P. (1992). *Mantenimiento: Fuente de beneficios*. Ed. Díaz de Santos.

Stern, P.C., & Aronsson, E. (1984). *Energy use: the human dimension*. New York: Freeman.

Strauss, A., & Corvin, J.L. (1998). *Bases de la investigación cualitativa*. U. Antioquia, 2ª ed.

Sun, Y., Ma, L., & Mathew, J. (2007). Prediction of system reliability for component repair. *Journal of Quality in Maintenance Engineering*, 13(2), 111-124. http://dx.doi.org/10.1108/13552510710753023

Tarakci, H., Tang, K., & Teyarachakul, S. (2009). Learning effects on maintenance outsourcing. *European Journal of Operational Research*, 192(1), 138-150. http://dx.doi.org/10.1016/j.ejor.2007.09.016

Thollander, P., Danestig, M., & Rohdin, P. (2007). Energy policies for increased industrial energy efficiency: evaluation of a local energy programme for manufacturing SMEs. *Energy Policy*, 35, 5774-5783. http://dx.doi.org/10.1016/j.enpol.2007.06.013

Tianqing, S., Xiaohua, W., & Xianguo, M. (2009). Relationship between the economic cost and the reliability of the electric power supply system in city: A case in Shanghai of China. *Applied Energy*, 86, 2262-2267. http://dx.doi.org/10.1016/j.apenergy.2008.12.008

Tsang, A. (2002). Strategic dimensions of maintenance management. *Journal of Quality on Maintenance Engineering*, 8(1), 7-39. http://dx.doi.org/10.1108/13552510210420577

Vidal-Gomel, C., & Samurçay, R. (2002). Qualitative analyses of accidents and incidents to identify competencies. The electrical systems maintenance case. *Safety Science*, 40(6), 479-500. http://dx.doi.org/10.1016/S0925-7535(01)00016-9

Weber, L. (1997). Some reflections on barriers to the efficient use of energy. *Energy Policy*, 25, 833-835. http://dx.doi.org/10.1016/S0301-4215(97)00084-0

Wiegmann, D.A., & Shappell, S.A. (2001). Human error analysis of commercial aviation accidents: application of the human factors analysis and classification system (HFACS). *Aviation, Space, and Environmental Medicine*, 72(11), 1006-1016.

Wiig, K. (1997). Integrating Intellectual Capital and Knowledge Management. *Long Range Planning*, 30(3), 399-405. http://dx.doi.org/10.1016/S0024-6301(97)90256-9

Zapata, L. (2001). *La Gestión del Conocimiento en Pequeñas Empresas de Tecnología de la Información: Una Investigación Exploratoria*, Document de treball núm. 2001/8, DEE UAB.

Zhou, X., Xi, L., & Lee, J. (2009). Opportunistic preventive maintenance scheduling for a multiunit series system based on dynamic programming. *International Journal of Production Economics*, 118(2), 361-366. http://dx.doi.org/10.1016/j.ijpe.2008.09.012

4.3. Facilitadores y barreras para la aplicación de la Gestión del Conocimiento en la ingeniería del mantenimiento industrial: Un análisis mediante técnicas cualitativas

Resumen: En el desempeño del mantenimiento industrial deben entrar en juego factores técnicos y humanos muy sofisticados para la consecución del proceso o servicio a prestar por la empresa. Es por ello una de las actividades estratégicas en las empresas, dado que afecta su servicio a la operación global, su eficiencia y su disponibilidad. Sin embargo, la gestión y aplicación del conocimiento en dicha actividad, muchas veces es relegado a un tercer nivel (o simplemente olvidado), cuando puede ser una fuente generadora de mejora técnica, funcional y económica. El presente estudio tiene por objeto identificar, clasificar y priorizar las diferentes barreras y facilitadores que se pueden encontrar en las organizaciones de mantenimiento de las empresas en referencia a la gestión del conocimiento en las actividades estratégicas de mantenimiento, y que ventajas competitivas podrían introducir su adecuada gestión. Para ello se han utilizado técnicas cualitativas mediante un estudio de campo y observación, así como entrevistas semi-estructuradas entre dirigentes de empresas y operarios de mantenimiento en empresas de primer nivel de diversos sectores (industrial o servicios), para extraer conclusiones sobre la aplicación de técnicas de gestión del conocimiento. Como conclusiones se extraen las principales observaciones detectadas, que ayudan a posicionar los principios de una empresa que dese abordar un proyecto de gestión de conocimiento dentro de la actividad de mantenimiento.

Palabras Clave: Mantenimiento industrial, Gestión del conocimiento, Métodos cualitativos.

1. Introducción

La "Gestión del Conocimiento" es una disciplina emergente que se va afirmando con la aparición de nuevos paradigmas en los sistemas económicos nacionales e internacionales (Coakes et al., 2010; Kalkan, 2008; Peluffo et al., 2002; Marshall et al., 2001), e introducida de una manera incipiente en los aspectos globales de las empresas, asumiendo lo que se ha denominado una "Economía basada en el Conocimiento y el Aprendizaje" (Lundvall et al., 2007; García et al., 2007), en donde se intensifica el conocimiento como eje de los cambios y la innovación (Tan et al., 2011; Lichtenthaler, 2010; Lim et al., 2010; Lee et al., 2010; González et al., 2011).

El mantenimiento industrial, depende de altos componentes técnicos y de conocimiento muy sofisticados, y una alta implicación del factor humano para su desempeño, con un alto componente de conocimiento tácito (Polanyi, 1967, 1958), y aunque los factores organizativos, comportamiento de materiales, estudio del fallo, están ampliamente estudiados, no suele serlo de igual manera, los procesos de gestión del conocimiento en dicha actividad, aunque en otros departamentos de la empresa (marketing, comercio, desarrollo, comunicaciones, etc.), se ha comenzado a introducir como un referente más de competitividad e innovación (Bravo-ibarra et al., 2009; Griffiths et al., 2008; Argote et al., 2000; Claver et al., 2007; Pérez et al., 2009).

El presente documento contiene el resultado del estudio cuyo objetivo principal fue definir un marco de referencia que permitiera comprender y abordar la Gestión del Conocimiento dentro de las actividades de mantenimiento, visualizando las acciones tácticas fundamentales que desempeña en el entorno de la empresa, así como extraer las barreras y facilitadores fundamentales que harían un servicio más eficiente con el diseño de estrategias de trabajo basadas en la creación, transmisión y utilización de conocimiento.

El punto de partida es, por tanto, la visualización de este recurso como estratégico y significativo (Pawlowski et al., 2012;en cualquier planteamiento orientado al desarrollo eficiente de un departamento de mantenimiento, y por tanto de la propia empresa.

Mediante la utilización de técnicas de investigación cualitativas, se muestran las relaciones de la fiabilidad, mantenibilidad, operatividad en explotación y eficiencia energética, factores fundamentales de la función mantenimiento, y su relación con la gestión del conocimiento. Para tal efecto, se han realizado entrevistas con directivos de empresas y personal operativo mantenimiento u operación y explotación de diversas empresas, de diversos sectores en la Comunidad Valenciana.

El artículo introduce en las actividades estratégicas del mantenimiento industrial, marcando su relevancia, y su implicación con la información y el conocimiento que necesita para su desempeño. Posteriormente, se presenta el estudio cualitativo realizado, los resultados, la discusión de los mismos y las conclusiones del artículo.

2. Las actividades estratégicas del Mantenimiento Industrial y su relación con la Gestión del Conocimiento

Hay que considerar que las organizaciones deberían ser estudiadas a través de sus procesos internos, visualizando cómo éstas crean y transfieren conocimiento, e identificando el stock de conocimiento que poseen y cómo se usa para generar nuevo conocimiento (Nonaka, 1991; Nonaka et al., 1995; Garud et al.,1994; Kogut et al., 1992), y dentro de una empresa, el mantenimiento es una sub-organización, con unas características especiales, y un peso alto sobre la sostenibilidad y productividad de la empresa.

Así pues, todas las contribuciones teóricas de la gestión del conocimiento tienen un punto en común: analizar a las organizaciones desde una perspectiva basada en los conocimientos que éstas poseen (Foss et al., 1995), como transferirlos y utilizarlos.

En referencia a las características del conocimiento, se podrían señalar tres (Andreu et al., 1999):

- Es personal, ya que se origina y reside en las personas que lo asimilan como resultado de su propia experiencia y lo incorporan a su acervo personal al estar convencidas de su significado y de sus implicaciones (Esta característica tiene un alto peso dentro del personal operativo del mantenimiento).

- Es permanente e incremental, ya que su utilización puede repetirse sin que se consuma o desgaste como sucede con otros bienes físicos. Por el contrario, se incrementa al utilizarse con un conocimiento recientemente adquirido.

- Es guía para la acción de las personas, en el sentido de decidir qué hacer en cada momento ya que esa acción tiene por objetivo mejorar las consecuencias de los fenómenos percibidos por cada individuo.

De igual manera, el conocimiento tiene un componente de arraigo muy fuerte (Howells, 2002). Con un componente territorial debido a que:

- El conocimiento se concentra en los individuos y estos dependen de un desarrollo humano que estará condicionado por unas percepciones sociales, culturales y cognitivas que a su vez dependerán del lugar dónde éste habita.

- Dicho conocimiento estará condicionado por las interacciones humanas que se produzcan en la zona donde interacciona la persona.

- El proceso de adquisición de información, tanto en forma explícita como tácita, también estará condicionado por la distancia, disponibilidad, costes de búsqueda, etc.

- El proceso de aprendizaje, necesario en todo proceso de generación de conocimiento, también se contextualiza en un espacio físico (geográfico, entorno de una empresa, etc.), social y económico.

- La información recogida por las personas se interpreta y filtra de acuerdo con unos esquemas basados, en parte, en las experiencias.

Es por ello de vital importancia el definir y extraer los mecanismos de coordinación estructural, facilitadores y creación de conocimiento (Lloira et al, 2007), que se producen en una organización de mantenimiento, que inducen una mejora en sus procesos operativos, una pro-actividad a la innovación (Hoelzle et al, 2009; Camelo et al., 2010), transmitiendo una mejora en toda la empresa y con ello una gestión de los recursos humanos hacia el logro de la gestión del conocimiento (Yahya et al., 2002) con una finalidad útil y productiva.

Entre las que se pueden barajar, consideramos como actividades estratégicas del mantenimiento industrial, aquellas que afectan de forma directa a la empresa, como son, la parada de la producción o servicio a prestar, la mantenibilidad y la eficiencia energética:

La fiabilidad

Fiabilidad implica el funcionamiento de un sistema o equipo en las condiciones requeridas, y que dependía de forma directa del MTBF (tiempo medio entre fallos). Con el sistema de mantenimiento basado en el conocimiento, la *fiabilidad operativa* debe incrementarse por diversas razones ligadas a la mejora de la actividad de mantenimiento.

La fiabilidad viene íntimamente unida al estudio del proceso del fallo y se relaciona los aspectos de confiabilidad y calidad en el servicio prestado por mantenimiento (IEE Std 493, 2007; Koval et al., 2003; Wang et al., 2004; Yañez et al., 2003, Cacique, 2007; Baeza et al., 2003), y se hace posible establecer nuevos indicadores que permitan estimar el nivel de seguridad de dichos sistemas, en los cuales se describa el impacto sobre la infraestructura y los riesgos asociados (McGranaghan, 2007, Sexto, 2005).

En este sentido, fallo parece asociarse a un estado del equipo o sistema que le impide cumplir con lo que se le requiere. Pero de la misma definición operativa parece desprenderse que más que de un estado único, se trata de una sucesión de estados o proceso que desemboca en una anomalía (o estado anómalo) relativa al incumplimiento de las especificaciones de funcionamiento. Lo relevante a todos los efectos es el proceso más que el estado o estados finales anómalos, ya que aquel explica las causas u orígenes, la evolución, las manifestaciones y efectos consiguientes. El mecanismo causa-efecto es el que se sitúa en la esencia del mantenimiento.

La mantenibilidad y disponibilidad

Los costos de manutención y la disponibilidad para la producción se ven fuertemente afectados por las condiciones de Mantenibilidad. Como consecuencia, una buena especificación de esta característica, durante la fase de proyecto, se traducirá en mejores condiciones operativas durante la fase de producción.

La especificación de la Mantenibilidad se inicia con la definición del entorno en que estará instalado el equipo y las condiciones de operación, así como los recursos que estarán disponibles.

El objetivo básico de un programa de mantenimiento es conseguir la disponibilidad efectiva de la planta. Esto requiere:

- Alcanzar el nivel de disponibilidad requerida en equipos e instalaciones.

- Hacerlo al menor coste posible.

- Incorporar otros objetivos como menor tiempo de actuación o elevada calidad del trabajo realizado.

Para conseguir estos objetivos se hará preciso alcanzar otros como los siguientes:

- Evaluar los requerimientos y capacidades técnicas de los equipos e instalaciones. Esta información influirá en el diseño o selección de los mismos y en la determinación de las condiciones de operación.

- Identificar los factores o causas que impiden al sistema alcanzar los niveles de disponibilidad especificados, entre otros, los insuficientes niveles de fiabilidad de diseño u operativa o de mantenibilidad.

- Proponer acciones eficientes encaminadas a alcanzar los niveles de disponibilidad objetivo.

- Determinar y evaluar las tecnologías y técnicas de detección, diagnóstico, verificación y prueba, y de restauración de las condiciones iniciales, incluyendo los correspondientes procedimientos.

- Seguir y controlar la aplicación correcta de las técnicas y procedimientos, y de la actividad de mantenimiento en general.

- Recomendar acciones de mejora continua de la disponibilidad y de sus factores causales.

- Integrar la actividad y función de mantenimiento con el resto de funciones que intervienen en el ciclo de vida del sistema, evaluando su esperanza de vida y, en consecuencia, la rentabilidad a través de la actualización de los flujos de efectivo.

Dado que, como se ha señalado, el objetivo de la actividad de mantenimiento es conseguir de forma eficiente los valores requeridos de disponibilidad, conviene reflexionar sobre el conocimiento hacia la disponibilidad, los factores clave que influyen en ella y cómo se plantea en la actualidad su conocimiento.

La operativa en explotación

Hay que tener en cuenta los principales factores que determinan la confiabilidad operacional (de índole humano y técnico) de la actividad de mantenimiento (Altman, 2006; Armendola, 2002, 2004; Tavares, 2004). La operativa de explotación (también llamada conducción de las instalaciones), son los procesos normales que se dan en el transcurso de la producción o servicio prestado de la empresa, que implica maniobras de las instalaciones, rearmado de interruptores, maniobras de puesta en marcha o parada de procesos, etc.

La eficiencia energética

En especial, se considera lo relativo a la energía necesaria en los procesos, el nivel de conocimiento requerido para conseguirla, su repercusión en el ciclo de vida de las máquinas y equipamiento, así como entrar en procesos de reingeniería de planta que redunden en un mayor nivel de fiabilidad con menor consumo energético.

Con el análisis de los procesos energéticos de la organización así como de cada uno de los principales equipos consumidores de energía que intervienen en las mismas, se identifican qué partes de los procesos tienen un mayor consumo energético, determinando el potencial de reducción de consumo energético y definiendo las propuestas de mejora. Con ello se consigue un conocimiento profundo de todas las acciones que inciden en el flujo energético y que afectan el servicio prestado del departamento de mantenimiento.

Con estrategias de eficiencia energética se implementan medidas que permitan la optimización de los activos tangibles e intangibles (tener equipos eficientes y saber usarlos eficientemente), siendo proactivos, buscando soluciones de eficiencia, teniendo en cuenta que:

- La energía es un recurso equiparable al resto de los factores de producción.

- La incidencia de los costes energéticos sobre los costes de producción, y por tanto del precio de venta, debe tenerse siempre en cuenta.

- La recogida sistemática de información, a poder ser mediante sistemas informáticos, permite estudiar las series históricas de producción y consumos de energía.

- La implantación de un sistema de gestión energética no representa una inversión apreciable.

- Permite identificar oportunidades de aumento de eficiencia y reducción de costes.

- Optimizar la eficiencia de equipos y procesos analizando los flujos de energía en los mismos. Este análisis mostrará si es posible ahorrar más energía rediseñando el equipo o proceso o utilizando otro alternativo.

La auditoría energética, proporciona información relevante sobre cómo se producen todos los procesos de transferencia de energía, su uso, la limitación de fugas y la eficiencia de los equipos, misión fundamental de mantenimiento. La metodología se basa en las normas UNE (UNE 216501, 2009; UNE 16001, 2010), y mediante la realización de auditorías energéticas se afianzan las políticas internas para la mejora de la gestión energética, así como las acciones rutinarias, correctivas y preventivas que debe realizar la organización de mantenimiento.

Los problemas fundamentales en mantenimiento

Alguno de los problemas fundamentales para la optimización de la función de mantenimiento, vienen como consecuencia del factor humano, que sin embargo afectan a funciones transcendentales de la empresa (fiabilidad, productividad, eficiencia energética, etc.) y que se hace todavía más patente en el caso de grandes compañías, que tienen multitud de plantas con una gran diversificación geográfica. En estos casos, el intercambio y transvase de información entre ellas, así como, el disponer de una gestión de conocimiento común, hace que ésta se vea mejorada. Podría ponerse algunos ejemplos, en relación al mantenimiento industrial, en que el uso de técnicas de gestión del conocimiento, pueden actuar como catalizadores para la mejora de la eficiencia de las acciones:

1. Problemas derivados de los cambios de personal en la plantilla de mantenimiento.

2. La captura y utilización del alto componente de conocimiento tácito que se da en la organización de mantenimiento.

3. Falta de experiencia de los operarios para resolver determinados problemas que obliga a que otros los solucionen, con la pérdida operativa correspondiente.

4. Falta de información sobre medidas específicas a adoptar ante averías que no se le han presentado antes al operario.

5. La dependencia por parte de la empresa de la experiencia de los operarios de mantenimiento, imprescindible para el buen funcionamiento de la empresa.

6. Existencia únicamente de históricos de avería teóricos, sin poseer documentación alguna sobre las averías que no suelen ocurrir, y que sin embargo han sido resueltas en alguna ocasión por algún operario.

7. Una incorrecta gestión de la documentación técnica que se encuentra descentralizada y/o parcialmente disponible.

8. La carencia de sistemas de aprendizaje y reciclaje del personal, en el entorno específico del mantenimiento.

La gestión de conocimiento en mantenimiento

Dentro del contexto táctico de mantenimiento, si definimos la gestión del conocimiento como un proceso a tener en cuenta dentro de dicha actividad, un enfoque de este podría estar integrado básicamente, por la generación, la codificación, la transferencia y la utilización del conocimiento (Nonaka et al., 1995; Wiig, 1997; Bueno 2002).

- *Generación del conocimiento:* abordar los procesos de adquisición de conocimiento externo y de creación del mismo en la propia organización, poniendo en acción los conocimientos poseídos por las personas.

- *Codificación, almacenamiento o integración del conocimiento:* poner al alcance de todos el conocimiento organizativo, ya sea de forma explícita o localizando a la persona que lo concentra.

- *Transferencia del conocimiento:* analizando los espacios de intercambio del conocimiento y los procesos técnicos o plataformas que lo hacen posible. Esta fase puede realizarse a través de mecanismos formales y/o informales de comunicación.

- *Utilización del conocimiento:* la aplicación del conocimiento recientemente adquirido en las actividades rutinarias de la empresa.

3. Metodología de la investigación

La investigación se ha centrado en tres vertientes fundamentales, con el fin de describir las sensaciones, inquietudes y características en que se desarrollan los procesos de gestión del conocimiento en mantenimiento y su incidencia en sus acciones tácticas fundamentales, mediante la percepción de los órganos directivos de las empresas, por las propias jefaturas de la organización de mantenimiento, por la percepción de los operarios de mantenimiento (Figura 85).

Todo ello está enfocado en presentar las diferentes barreras y facilitadores para aplicar técnicas de gestión del conocimiento en la actividad del mantenimiento industrial, y detectar su implicación en los factores esenciales considerados del mantenimiento (Fiabilidad, operación en explotación, mantenibilidad y eficiencia energética). Para ello, se han utilizado técnicas de investigación cualitativas en diversas fases (Figura 85), con el fin de detectar, la evolución en las empresas, la evolución en los departamentos de mantenimiento, y la implicación de las personas.

En la investigación cualitativa (Strauss y Corbin, 1998), ser objetivos no significa controlar las variables sino ser abiertos, tener la voluntad de escuchar y de "darle la voz" a los entrevistados, sean estos individuos u organizaciones. Significa oír lo que otros tienen para decir, y ver lo que otros hacen, y representarlos tan precisamente como sea posible. Significa, al mismo tiempo, compren-

PANEL DELPHI
- Recopilación de opiniones de expertos sobre aspectos tácticos y estratégicos del mantenimiento industrial, con el fin de incorporar dichos juicios en la configuración de un cuestionario y conseguir un consenso a través de la convergencia de las opiniones .
- Participación de 5 expertos en mantenimiento industrial, con titulación técnica superior y experiencia superior a 20 años en sus funciones.

TÉCNICA ESTUDIO DE CASOS
- Permite analizar el fenómeno objeto de estudio en su contexto real, utilizando múltiples fuentes de evidencia, cuantitativas y/o cualitativas simultáneamente.
- Participación de 10 empresas, 4 del sector industrial, 3 del sector servicios terciarios, 1 del sector de distribución eléctrica, 1 del sector distribución agua, 1 del sector servicios subcontratación mantenimiento.

TECNICA OBSERVACIÓN
- Es el examen atento de los diferentes aspectos de un fenómeno a fin de estudiar sus características y comportamiento dentro del medio en donde se desenvuelve éste.
- La observación directa de un fenómeno ayuda a realizar el planteamiento adecuado de la problemática a estudiar.
- Apoyo a la técnica de estudios de casos y la teoría fundamentada.

TEORÍA FUNDAMENTADA (Empresas)
- Con la teoría fundamentada se busca una teoría que generalice un área conceptual, a partir de los datos.
- El objetivo de este método es el de generar teoría a partir de datos recogidos en contextos naturales, por tanto sus hallazgos son formulaciones teóricas de la realidad .
- En la Teoría fundamentada, los datos se recolectan a través de entrevistas y observación participante.
- Participación de 10 Jefes de mantenimiento , o responsables de la empresa, de las analizadas en el estudio de casos.

GRUPO DISCUSIÓN
- El objetivo fundamental del grupo de discusión es ordenar y dar sentido al discurso social que se va a reproducir.
- Técnicamente el grupo de discusión lo que hace es reunir a un grupo de personas, o participantes seleccionados, que son una muestra estructural con características propias.
- Participación de 5 personas responsables de diferentes áreas de mantenimiento industrial del entorno de una empresa.

TEORÍA FUNDAMENTADA (Técnicos)
- Con la teoría fundamentada se busca una teoría que generalice un área conceptual, a partir de los datos.
- El objetivo de este método es el de generar teoría a partir de datos recogidos en contextos naturales, por tanto sus hallazgos son formulaciones teóricas de la realidad .
- En la Teoría fundamentada, los datos se recolectan a través de entrevistas y observación participante.
- Participación de 16 personas, técnicos operativos de mantenimiento con diferente experiencia laboral.

ENCUESTAS
- utilizadas para la captación de datos con el fin de centrar o delimitar la percepción de los operarios.
- Utilizada para captación de datos con el fin de cuantificar percepción del conocimiento propio y el explícito de la organización.
- Es la aplicación o puesta en práctica de un procedimiento estandarizado para recabar información de una muestra amplia de sujetos..
- Participación de una muestra de 124 técnicos operativos de mantenimiento.

Figura 85. Proceso y muestra de la investigación cualitativa. Fuente: elaboración propia

der y reconocer que lo que conocen los investigadores suele estar basado en los valores, cultura, educación y experiencias que traen a las situaciones investigativas y que puede ser muy diferente de lo de sus entrevistados.

Con el panel Delphi, el objetivo es la recopilación de opiniones de expertos sobre un tema particular con el fin de incorporar dichos juicios en la configuración de un cuestionario y conseguir un consenso a través de la convergencia de las opiniones (Linstone et al., 1975).

Dentro de las técnicas cualitativas, en el análisis de los datos de la investigación, se ha utilizado la teoría fundamentada (Grounded Theory) (Charmaz, 2006; Glaser y Strauss, 1967). Para ello, se ha seguido el proceso indicado por Charmaz (Charmaz, 2006):

- Recogida de datos mediante muestreo teórico.

- Codificación inicial.

- Codificación orientada.

- Elevación de los códigos a categorías provisionales por codificación teórica.

- Redacción de los resultados obtenidos.

La característica fundamental de la investigación con teoría fundamentada es el procedimiento de muestreo teórico, donde se deben seleccionar los casos en función de su potencial para el desarrollo de nuevos puntos de vista y refinamiento de aquellos ya obtenidos. (Pace, 2004).

Como resultados de la aplicación de la teoría fundamentada, se debe obtener (Cutcliffe, 2005):

- La exposición de las principales variables que explican cómo resuelven sus problemas el colectivo estudiado.

- Los resultados identifican y conceptualizan los procesos básicos que las personas usan para resolver los problemas que consideran como clave.

- No es suficiente con describir los fenómenos. Es necesario dar un paso más y llegar a interpretar y explicar lo que sucede.

A diferencia de los estudios cualitativos, la muestra que se utiliza es muy diferente, comenzándose por una muestra general del tipo de empresas o personas donde deben comenzar las entrevistas, y la muestra será ajustada conforme avanza la investigación del tema de estudio.

Con las técnicas de observación, se realiza el examen atento de los diferentes aspectos de un fenómeno a fin de estudiar sus características y comportamiento dentro del medio en donde se desenvuelve éste. Es una técnica que consiste en observar, el hecho o caso, tomar información y registrarla para su posterior análisis.

La observación directa de un fenómeno ayuda a realizar el planteamiento adecuado de la problemática a estudiar. Adicionalmente, entre muchas otras ventajas, permite hacer una formulación global de la investigación, incluyendo sus planes, programas, técnicas y herramientas a utilizar.

Mediante el estudio de casos, se permite analizar el fenómeno objeto de estudio en su contexto real, utilizando múltiples fuentes de evidencia, cuantitativas y/o cualitativas simultáneamente. Por otra parte, ello conlleva el empleo de abundante información subjetiva, la imposibilidad de aplicar la inferencia estadística y una elevada influencia del juicio subjetivo del investigador en la selección e interpretación de la información.

El método de estudio de caso es una herramienta valiosa de investigación, y su mayor fortaleza radica en que a través del mismo se mide y registra la conducta de las personas involucradas en el fenómeno estudiado (Martínez, 2006).

Las características de cada una de las fases de la investigación para conseguir los objetivos definidos, pueden resumirse de la siguiente manera:

a) En una primera fase, se ha utilizado la técnica del panel delphi, con la participación de cinco expertos en la actividad de mantenimiento industrial con más de 20 años de experiencia en dicho entorno, con el fin de consensuar, las preguntas de investigación a utilizar mediante la teoría fundamentada y consensuar un test que sirviera para analizar datos de una manera masiva entre los técnicos operativos de mantenimiento. Fue utilizado para marcar los factores fundamentales en la ingeniería del mantenimiento industrial, en relación a los factores intervinientes en los procesos de gestión del conocimiento con respecto a la operación- explotación, fiabilidad y eficiencia energética. Participaron cinco expertos de mantenimiento industrial de empresas diferentes. El panel sirvió para marcar los procesos de un modelo de mantenimiento basado en técnicas de gestión del conocimiento, así como los cuestionarios generales y encuestas que sirvieran para la captación de la información primaria de comienzo de la investigación.

b) Con posterioridad y con el fin de centrar la investigación en una empresa que reuniera las condiciones optimas del estudio, y marcar las condiciones en que influye la gestión del conocimiento dentro de las empresas, se realizo un estudio de casos con apoyo de técnicas de observación directa y entrevistas a las personas responsables, de manera que se pudieran detectar en primera persona, las condiciones generales sobre sus departamentos de mantenimiento, sus acciones estratégicas fundamentales, y su relación general con la gestión del conocimiento y su utilidad. Previo a la investigación de campo en la factoría. Se realizó a diez empresas del área industrial o de servicios en sus actividades de mantenimiento. Sirvió para tomar la determinación de las características globales que inciden en todas las empresas en el entorno de mantenimiento, así como la selección de la empresa donde se pudiera realizar la investigación de campo. En concreto las actividades o sectores de las empresas visitadas para el estudio, en total 10 (Tabla 45), pertenecen a las siguientes actividades:

- 3 empresas del sector industrial agroalimentario.

- 1 empresas del sector industrial manufacturero.

Empresa	Características fundamentales	Observaciones
Empresa 1	• Plantilla total empresa: 1230 personas • Plantilla mantenimiento: 230 personas • Actividad principal: Sector industria alimentaria (Producción de productos cárnicos embasados en crudo) • Zona de implantación: Nivel nacional, tres factorías distribuidas en España	• Grandes necesidades de fiabilidad y sometido a estrictas normativas sanitarias • Elevado número de instalaciones técnicas críticas orientadas hacia la producción de productos cárnicos • Diversas secciones de mantenimiento especializadas con personal propio
Empresa 2	• Plantilla total empresa: 360 personas • Plantilla mantenimiento: 45 personas • Actividad principal: Sector industria alimentaria (Producción de productos precocinados) • Zona de implantación: Nivel regional, (Comunidad valenciana-España)	• Sometido a estrictas normativas sanitarias • La parada no programada del proceso productivo comporta grandes pérdidas indirectas
Empresa 3	• Plantilla total empresa: 340 personas • Plantilla mantenimiento: 15 personas • Actividad principal: Sector industria alimentaria (Producción de embutidos cárnicos) • Zona de implantación: Nivel regional, (Comunidad valenciana-España)	• Sometido a estrictas normativas sanitarias • La parada no programada del proceso productivo comporta grandes pérdidas indirectas
Empresa 4	• Plantilla total empresa: 290 personas • Plantilla mantenimiento: 11 personas • Actividad principal: Sector industrial (Producción embases sanitarios) • Zona de implantación: Nivel internacional, (Comunidad valenciana-España)	• Producción industrial y requerimiento de seguridad aumentado por las características del proceso productivo
Empresa 5	• Plantilla total empresa: 11000 personas • Plantilla mantenimiento y operación: 4100 personas • Actividad principal: Producción, distribución y venta de energía eléctrica • Zona de implantación: Nivel internacional	• Mantenimiento y operación de redes eléctricas de alta y baja tensión • Aunque el ámbito de la empresa es internacional, se ha centrado el estudio en un sector o zona de actuación de la empresa
Empresa 6	• Plantilla total empresa: 900 personas • Plantilla mantenimiento y operación: 400 personas • Actividad principal: Abastecimiento y distribución agua potable a poblaciones • Zona de implantación: Nivel regional, (Comunidad valenciana-España)	• Mantenimiento y operación de redes de distribución de agua potable a poblaciones

Continúa

Empresa	Características fundamentales	Observaciones
Empresa 7	• Plantilla total empresa: 6 personas • Plantilla mantenimiento: 6 personas • Actividad principal: Locales comerciales • Zona de implantación: Nivel regional, (Comunidad valenciana-España)	• Instalaciones técnicas orientadas a los diversos locales comerciales ubicados en el centro y sus servicios comunes • Reducido personal propio El personal de mantenimiento está subcontratado a empresas externas
Empresa 8	• Plantilla total empresa: 68 personas • Plantilla mantenimiento: 15 personas • Actividad principal: Instalaciones eléctricas, fabricación de cuadros eléctricos y servicios subcontratados de mantenimiento • Zona de implantación: Nivel regional, (Comunidad valenciana-España)	• Servicios de mantenimiento subcontratado a diversas empresas
Empresa 9	• Plantilla total empresa: 22 personas • Plantilla mantenimiento: 5 personas • Actividad principal: Servicios hoteleros • Zona de implantación: Nivel regional, (Comunidad valenciana-España)	• Instalaciones técnicas orientadas a dar servicio de calidad a las habitaciones y servicios de un hotel de 4 estrellas • Personal de mantenimiento mixto, propio y subcontratado
Empresa 10	• Plantilla total empresa: 35 personas • Plantilla mantenimiento: 5 personas • Actividad principal: Servicios hoteleros • Zona de implantación: Nivel regional, (Comunidad valenciana-España)	• Instalaciones técnicas orientadas a dar servicio de calidad a las habitaciones y servicios de un hotel de 5 estrellas • Personal de mantenimiento mixto, propio y subcontratado

Tabla 45. Características de las empresas de la muestra. Fuente: elaboración propia

- 1 empresa sector distribución energía eléctrica.

- 1 empresa distribución agua sanitaria a poblaciones.

- 2 empresas servicio terciarios (Hoteles).

- 1 empresa servicio terciarios (Gran centro comercial).

- 1 empresa servicios subcontratados mantenimiento.

Mediante el estudio de casos y la observación directa de las 10 empresas, se seleccionó una de ellas con el fin de centrar la investigación y profundizar en sus características internas de funcionamiento operativo de sus departamentos de mantenimiento. Los criterios para la selección de la empresa donde profundizar el estudio fueron los siguientes:

- Empresa con elevado componente de elementos críticos.

- Tener varias factorías o zonas de trabajo en diferentes poblaciones.

- Departamentos de mantenimiento consolidados.

- Disponibilidad y facilidad para hacer la investigación.

En concreto se seleccionó la empresa Nº1, dado el alto volumen de instalaciones y equipamiento técnico de que disponía, con una gran plantilla de mantenimiento y trabajo en un entorno de requerimientos para conseguir la producción requerida. Así como una concienciación y facilidades para realizar la investigación. Se firmó un convenio con la Universidad Politécnica de Valencia, con fecha desde el 1 de Septiembre de 2010 hasta el 1 de Septiembre del 2012. En concreto el proceso indicado de esta fase de investigación, fue realizado durante un periodo de cinco meses desde Enero hasta Mayo de 2011. Se trata de una empresa de primer nivel dedicada al sector agro-alimentario con una plantilla total de 1137 empleados distribuida en tres sedes y un grupo de mantenimiento formado por 230 personas.

c) En una tercera fase y mediante la teoría fundamentada, se entrevistaron 10 personas pertenecientes a personal directivo de las empresas analizadas. Con el fin de obtener información que no estén condicionadas las respuestas de los entrevistados, se sigue un protocolo de entrevista en profundidad semi-estructurada con un estilo flexible, para extraer y entender las experiencias desde la visión del entrevistado, todos ellos pertenecientes a la dirección general de la empresa.

El formato de las preguntas para la entrevista individual se basa en diez preguntas básicas, siendo el guión básico de la entrevista como se indica a continuación:

Se pretende estudiar los factores que intervienen en la Gestión del conocimiento en la ingeniería del mantenimiento dentro de la empresa. Basándose en su experiencia personal, conteste a las siguientes preguntas:

B01. *¿Qué políticas tiene la empresa sobre la gestión de conocimiento estratégico? ¿De qué manera se implica la dirección?*

B02. *¿Existen estrategias para la captación y utilización del conocimiento?¿Incluye los departamentos de mantenimiento?*

B03. *¿Qué barreras o facilitadores cree que serian importantes en un proyecto de GC? ¿Qué cree que podría hacer la dirección para mejorarlo?*

B04. *¿Se ha realizado alguna auditoría del conocimiento?¿Se han creado o utilizado mapas de conocimiento para clarificar los flujos de conocimiento, dentro de las actividades tácticas más importantes?*

B05. *¿Qué se exige por parte de la dirección de la empresa al departamento de mantenimiento?¿Considera importante el conocimiento y la información manejada por el departamento de mantenimiento?¿En que influye en la empresa?*

B06. *¿Qué particularidades observa que se dan entre el personal de mantenimiento?¿Es fácil su renovación?*

d) En una cuarta fase, mediante la técnica de grupos de discusión, en un proceso preliminar, antes de profundizar con los técnicos operativos de mantenimiento. Se partió con un grupo seleccionado de 5 personas, responsables de las diferentes secciones de mantenimiento de la empresa. Son 5 personas, pertenecientes a diferentes áreas de mantenimiento (Mecánica, eléctrica, sistemas, maquinaria producción, oficina técnica), dentro de un ambiente distendido y con la presencia del investigador como moderador, mediante unas preguntas guía utilizadas. El formato de las preguntas guías abiertas a discutir fueron:

D01. *¿Cuáles son los aspectos de éxito de las funciones que desempeña cada una de las áreas de mantenimiento hacia la empresa?*

D02. *¿Cómo se pueden mejorar las acciones estratégicas con una adecuada gestión del conocimiento?*

D03. *¿Qué tipo de conocimiento está relacionado con cada una de las actividades estratégicas de mantenimiento?*

D04. *¿Cómo se puede mejorar los procesos de captación, transmisión y utilización del conocimiento entre los técnicos operativos?¿Qué mejoraría con ello en la eficiencia de los procesos de mantenimiento?*

D05. *¿Qué medios o herramientas serían adecuadas para la ayuda a la captura y transmisión del conocimiento estratégico?*

D06. *¿Qué barreras se observan y que facilitadores serían necesarios para implementar un proyecto de gestión de mantenimiento en las áreas de mantenimiento?*

e) En una quinta fase y mediante la teoría fundamentada, se entrevistaron 16 personas pertenecientes a personal operativo de mantenimiento de las diferentes secciones (Tabla 46). Al mismo tiempo se utilizó la técnica de observación directa, durante esta fase de investigación, con acceso a las instalaciones, documentación y equipamiento de la factoría por parte del investigador, se contrastaban las características reales de los trabajos realizados en mantenimiento, el estudio de sus relaciones internas, las características de la información utilizada por los equipos de mantenimiento, dando una visión de los fenómenos en el entorno de investigación por parte del investigador. Con ello se consigue el examen atento de los diferentes aspectos de un fenómeno a fin de estudiar sus características y comportamiento dentro del medio en donde se desenvuelve éste.

El formato de las preguntas para la entrevista individual (y utilizada también en otras técnicas cualitativas) se basa en 22 preguntas básicas, siendo el guión básico de la entrevista como se indica a continuación:

Categoría laboral	Experiencia laboral (menor de 5 años)	Experiencia laboral (entre 10 y 15 años)	Experiencia laboral (>15 años)
Técnicos mantenimiento operativos (Mecánicos)	1	5	1
Técnicos mantenimiento operativos (Eléctricos-sistemas)	1	3	1
Técnicos mantenimiento operativos (Producción)	1	2	1
Total parcial	3	10	3
Total	16		

Tabla 46. Características de los técnicos entrevistados. Fuente: elaboración propia

Basándose en su experiencia en el ámbito de la ingeniería del mantenimiento industrial, se pretende estudiar los factores estratégicos del mantenimiento y su relación y evolución con procesos de gestión del conocimiento, contésteme a las siguientes preguntas:

C01. *¿Cuáles consideras que son las **actividades estratégicas** de la actividad de mantenimiento que afectan en mayor medida a la empresa?*

C02. *¿En qué grado cree que afecta la experiencia del personal técnico de mantenimiento a dichas actividades estratégicas?*

C03. *¿Qué grado de información/conocimiento maneja usted a nivel propio en relación a las actividades de mantenimiento (conocimiento tácito, no registrado), y cual está documentado de manera precisa en la empresa (conocimiento explícito)?¿Podría poner algún ejemplo?*

C04. *De la información explícita a la que puede tener acceso de la empresa para el desempeño de su trabajo (programas informáticos, manuales de maquinaria y equipos, planimetría, ordenes de trabajo, etc.), ¿En qué medida le es útil y que carencias observa en ella?*

C05. *¿De qué manera documentas o transmites tus trabajos/experiencias diarias en tu trabajo en mantenimiento, y cuanto tiempo utilizas en ello?*

C06. *¿Cuál es la manera habitual en que captas las experiencias operativas (importantes) de tus compañeros (mediante reuniones, conversaciones informales, etc.), para que tú pudieras resolver dicha actuación cuando te pudiera pasar (ejemplo: maniobras operativas ante averías) o realizar dicha tarea (ejemplo: labores de mantenimiento)?*

C07. *¿Se ha implantado algún programa de gestión del conocimiento en tu organización que involucre las acciones tácticas del mantenimiento?, ¿Si es que sí, que opinión te merece?*

C08. *¿Qué información/conocimiento debería capturarse o hacerse explícito, que te ayude en el desempeño de tus funciones?*

C09. *¿De qué forma debería estar estructurada dicha información/conocimiento, su accesibilidad (para compartirla), y su mantenimiento (como recogerla y actualizarla), de manera que sea fácilmente utilizable y accesible para usted?*

C10. *¿En qué beneficiaría tener la captura y conversión del conocimiento tácito a explícito, a nivel personal y a nivel de la empresa?*

C11. *¿Qué facilitaría bajo su opinión, la captura y conversión del conocimiento tácito a explícito?, ¿Cómo se debería hacer dicha captura de conocimiento?*

C12. *¿Qué barreras consideras más importantes para la puesta en marcha de un programa de gestión del conocimiento en la actividad de mantenimiento?*

C13. *¿Qué te motivaría en tu apoyo e interés para capturar y registrar tu conocimiento tácito y el de tus compañeros, que pudiera mejorar el trabajo de tus compañeros y ayude a mejorar la productividad y eficiencia de la empresa?*

C14. *¿Qué tipo de acciones/experiencias deberían documentarse que afecten a acciones tácticas de la ingeniería del mantenimiento, tales como: Fiabilidad de los equipos y sistemas, Operación/explotación de las instalaciones, Eficiencia energética, Mantenibilidad?*

C15. *¿Cómo crees que afectaría al tiempo de acoplamiento de nuevo personal, y a los tiempos de actuación de todo los técnicos de mantenimiento, si estuvieran documentadas de manera útil, concisa y precisa, la estructuración y captación de dicha información de las acciones tácticas así como las experiencias operativas vividas en base a la experiencia?*

C16. *¿Qué factores deberían controlarse cuantitativamente (medirse), para ver en que afecta la mejora de la Gestión del conocimiento en las acciones tácticas del mantenimiento?*

C17. *Ante una **nueva** instalación, maquinaria, reforma, etc. ¿Sería conveniente introducir en los diagramas de gant/pert de duración de los trabajos, una nueva actividad en que se encuentre el registro y la recogida del conocimiento adquirido práctico y útil, plasmando las acciones o información relevante que ayuden en futuras instalaciones?*

C18. *¿Qué herramientas/técnicas, medios, etc., crees que te ayudarían a plasmar la información táctica y estratégica importante en tu actividad en el mantenimiento?*

C19. *¿Bajo tu criterio, que consideración tiene la gerencia de la empresa y los clientes de mantenimiento (producción, otras áreas de la empresa, etc.), de las actividades y misiones que desempeña el departamento de mantenimiento?*

EXPERIENCIA EMPLEADOS	NÚMERO
< 3 AÑOS	24
3 a 5 AÑOS	28
>5 AÑOS	72
TOTAL	124

Tabla 47. Características de la encuesta entre los miembros operativos de mantenimiento. Fuente: elaboración propia

C20. *¿Necesita saber más sobre estos temas, en referencia a la gestión del conocimiento en la actividad de mantenimiento?, ¿Qué lagunas de conocimiento tiene sobre estos temas, que le impide sacar más provecho?*

C21. *¿Qué tipo de formación sería conveniente recibir, en qué grado y manera, para que le hicieran mejorar en la eficiencia de tu trabajo?*

C22. *Introduce a continuación cualquier dato o* ***sugerencia*** *que consideres relevante y que no se haya tratado en el cuestionario*

f) Así mismo y con el fin de profundizar sobre la percepción sobre el conocimiento sobre las acciones estratégicas (fiabilidad, operación, eficiencia energética y mantenibilidad) por parte de los operarios de mantenimiento, y acceder de manera masiva a mayor número de personal de la plantilla operativa (Tabla 47), fue pasada una encuesta (Figura 86) a todo el personal

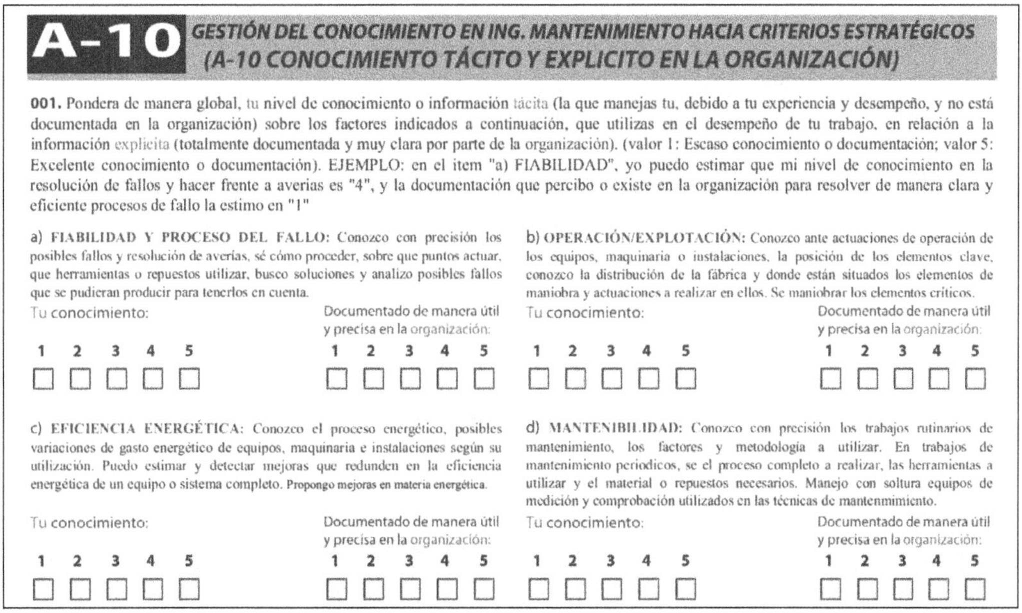
A-10 GESTIÓN DEL CONOCIMIENTO EN ING. MANTENIMIENTO HACIA CRITERIOS ESTRATÉGICOS (A-10 CONOCIMIENTO TÁCITO Y EXPLICITO EN LA ORGANIZACIÓN)

001. Pondera de manera global, tu nivel de conocimiento o información tácita (la que manejas tu, debido a tu experiencia y desempeño, y no está documentada en la organización) sobre los factores indicados a continuación, que utilizas en el desempeño de tu trabajo, en relación a la información explicita (totalmente documentada y muy clara por parte de la organización). (valor 1: Escaso conocimiento o documentación; valor 5: Excelente conocimiento o documentación). EJEMPLO: en el item "a) FIABILIDAD", yo puedo estimar que mi nivel de conocimiento en la resolución de fallos y hacer frente a averias es "4", y la documentación que percibo o existe en la organización para resolver de manera clara y eficiente procesos de fallo la estimo en "1"

a) **FIABILIDAD Y PROCESO DEL FALLO:** Conozco con precisión los posibles fallos y resolución de averías, sé cómo proceder, sobre que puntos actuar, que herramientas o repuestos utilizar, busco soluciones y analizo posibles fallos que se pudieran producir para tenerlos en cuenta.

Tu conocimiento: 1 2 3 4 5 — Documentado de manera útil y precisa en la organización: 1 2 3 4 5

b) **OPERACIÓN/EXPLOTACIÓN:** Conozco ante actuaciones de operación de los equipos, maquinaria o instalaciones, la posición de los elementos clave, conozco la distribución de la fábrica y donde están situados los elementos de maniobra y actuaciones a realizar en ellos. Se maniobrar los elementos críticos.

Tu conocimiento: 1 2 3 4 5 — Documentado de manera útil y precisa en la organización: 1 2 3 4 5

c) **EFICIENCIA ENERGÉTICA:** Conozco el proceso energético, posibles variaciones de gasto energético de equipos, maquinaria e instalaciones según su utilización. Puedo estimar y detectar mejoras que redunden en la eficiencia energética de un equipo o sistema completo. Propongo mejoras en materia energética.

Tu conocimiento: 1 2 3 4 5 — Documentado de manera útil y precisa en la organización: 1 2 3 4 5

d) **MANTENIBILIDAD:** Conozco con precisión los trabajos rutinarios de mantenimiento, los factores y metodología a utilizar. En trabajos de mantenimiento periodicos, se el proceso completo a realizar, las herramientas a utilizar y el material o repuestos necesarios. Manejo con soltura equipos de medición y comprobación utilizados en las técnicas de mantenmimiento.

Tu conocimiento: 1 2 3 4 5 — Documentado de manera útil y precisa en la organización: 1 2 3 4 5

Figura 86. Características de la encuesta entre los miembros operativos de mantenimiento. Fuente: elaboración propia operativo con el fin de identificar y cuantificar su percepción, entre el conocimiento propio que utilizan (tácito) y el conocimiento que perciben que existe documentado de manera útil y precisa por parte de la organización (explícito), factores intervinientes en el desempeño de sus funciones.

4. Resultados

En este apartado se enumeran los diferentes elementos detectados que actúan como barreras y facilitadores en la gestión del conocimiento en relación con la incidencia en las acciones estratégicas de mantenimiento. Se comentará en primer lugar desde la visión general de la dirección de la empresa, pasando posteriormente por la propia organización de mantenimiento.

La percepción de la dirección de la empresa

Políticas de GC e implicación de la empresa

Se establece por la totalidad de los entrevistados, que la implicación de los órganos de dirección de la empresa es un elemento clave para la implantación y sostenimiento de proyectos de gestión de conocimiento. El apoyo de la dirección es, además, indispensable para la continuidad de los proyectos promovidos y su sostenibilidad.

Sin embargo, se detecta una confusión en ocho de las diez empresas entrevistadas entre la diferencia entre la gestión de la información y la gestión de conocimiento. Todas las empresas han adaptado o están en fase acoplar, políticas para la gestión de la información, enfocada principalmente hacia las áreas administrativas (procedimientos administrativos, recursos humanos, comercial, compras y marketing, etc.), sin embargo ninguno de los entrevistados, incluso considerando la importancia de mantenimiento para la sostenibilidad de los objetivos de la empresa, ha adoptado medidas para la introducción en esa área. Consideran la dificultad de entrar en esa área de la empresa, donde observan que anida mayor conocimiento experto en base a la experiencia y especialización requerida para su desempeño.

Estrategias de captación y utilización del conocimiento

Todos los entrevistados afirman que es necesario formalizar estrategias para captación, generación y utilización del conocimiento, que incidan en la competitividad de la empresa. Las estrategias utilizadas actualmente por las empresas entrevistadas, consisten en su mayoría en la utilización de las intranets y reuniones periódicas o informales con los directivos de la empresa. Se encuentran formalizados mapas de conocimiento tipo "páginas amarillas", con los nombres de las personas con información y atribuciones en las diferentes áreas de la empresa.

Los documentos son los que tienen un mayor impacto en la organización al momento de transferir el conocimiento, pero desafortunadamente no existe tiempo suficiente para documentar aquellas actividades o acciones importantes para el desarrollo de los servicios que se prestan. Las reuniones son relevantes para la organización como un medio para transferir el conocimiento. Éstas se realizan con cierta frecuencia, entre los mandos y jefes de mantenimiento, que permiten conocer las estrategias globales.

Barreras y facilitadores para la GC

De igual manera, en la presente investigación, se ha detectado que una actitud proactiva de la dirección, la existencia de cultura organizativa en la empresa y que pueda ser transmitida al propio departamento de mantenimiento y una motivación del personal involucrado que infunda oportunidades de aprender, son elementos importantes en la generación del conocimiento. En cuanto las barreras, plantillas ajustadas, la poca disponibilidad de tiempo, para utilizarlo en acciones que no sean propias de la actividad de mantenimiento, la dispersión o no actualización de la información necesaria.

Papel del mantenimiento en la empresa

Coinciden con ciertas matizaciones, en las cuatro actividades estratégicas que debe cumplir la organización de mantenimiento:

Fiabilidad: Es la actividad estratégica fundamental para las empresas de producción industrial y servicios de distribución de energía eléctrica y de agua. El acotar los procesos de fallo, así como los reducir tiempos de reposición de servicio ante averías es fundamental por el elevado coste indirecto repercutido sobre el resto de áreas de la empresa. El conocimiento de la resolución de averías es crítico, dado que afecta de forma intensa a la producción de la empresa o del servicio que presta. No suele haber un estudio crítico de la fiabilidad, y mapa de conocimiento ante crisis. Es preciso un conocimiento profundo de los procesos clave.

Mantenibilidad: Todos la consideran como la razón en donde se centra la actividad de mantenimiento, indispensable para conseguir la disponibilidad de los equipos e instalaciones y alargar el ciclo de vida de la maquinaria e instalaciones. En las empresas de servicios terciarios (hoteles, centros comerciales), donde se concentra el mayor nivel de subcontratación de los servicios de mantenimiento, se observa por parte de las gerencias, más como un requisito legal (mantenimiento reglamentario), que como una oportunidad de mejora de la eficiencia de los servicios. Existe una dependencia de los operarios con mayor experiencia y conocimiento de las instalaciones y equipamiento.

Eficiencia energética: El papel de vigilancia en el consumo energético eficiente, es un papel fundamental que se le asigna a los departamentos de mantenimiento. Su repercusión económica trasladada al precio del producto final (en el caso de las empresas de producción industrial), o sobre el servicio prestado (empresas de servicios terciarios), hace que sea una variable importante a tener en cuenta. Es necesario un conocimiento profundo de las instalaciones y equipamiento, así como las características de los procesos de producción utilizados, para determinar la mejor opción de eficiencia energética.

Operación/explotación: El proceso del conocimiento en las acciones rutinarias de operación, es propio de las características de las instalaciones de cada empresa y supone un tiempo de acoplamiento de los técnicos de mantenimiento. Dichas acciones operativas, afectan de forma directa en la eficiencia de los procesos o servicios que se prestan. Todos los entrevistados coinciden, que ante cambios de personal de mantenimiento o de la empresa subcontratada, se produce un quebranto durante los primeros meses de funcionamiento hasta el acoplamiento del nuevo personal, cuando se produce un mayor conocimiento de las instalaciones y características demandadas por la empresa. Se reconoce que los procesos de subcontratación, significa que la empresa subcontratista administra un conocimiento estratégico de la propia compañía, que normalmente se pierde ante el cambio o substitución de dicha empresa.

Percepción de la dirección sobre el desempeño de mantenimiento

Todos los directivos entrevistados coinciden sobre la relevancia del papel de mantenimiento en la empresa. Sin embargo, las empresas de servicios terciarios son más partidarias de la subcontratación del servicio. En las empresas industriales, la subcontratación se realiza con mayor frecuencia en aquellas áreas de mantenimiento que pueden afectar en menor medida en la producción. Reconocen que es una actividad en la que se requiere y exigen unos conocimientos técnicos profundos, una experiencia contrastada, y que ante la sustitución o ampliación del personal, requiere una búsqueda minuciosa y compleja.

La percepción de la organización de mantenimiento

Con el grupo de discusión formado por los jefes de las diferentes áreas operativas de mantenimiento, se extraen a conclusiones relevantes:

Factores de éxito de mantenimiento: Coincide el grupo en que una reducción de paradas de producción mediante el control del fallo y las acciones operativas y maniobras de explotación, es la principal exigencia por parte de la gerencia de la empresa. La acotación de la demanda energética, es fundamental dado que repercute directamente en el precio del producto elaborado. La mantenibilidad es la parte desde donde se centra las diversas acciones del departamento, e influye directamente sobre el resto de actividades estratégicas, aunque consideran que se abusa en exceso del mantenimiento correctivo, destinándose el preventivo y predictivo hacia los componentes más críticos.

Gestión del conocimiento: Se reconoce en mayor medida el funcionamiento del personal operativo en base a su propio conocimiento (tácito). Se cuenta con gran volumen de información (catálogos, manuales, planimetría, partes de trabajo, mediciones y datos cuantitativos, etc.), aunque normalmente está desestructurada, información excesiva que cuesta vislumbrar lo importante, y la reticencia del personal de explicitar las experiencias. De igual manera, la falta de tiempo, las plantillas ajustadas y las reticencias del personal son las principales barreras que observan.

Mejora de los procesos de GC: El grupo considera que muchas de las acciones fundamentales pierden eficiencia por la inadecuada transmisión del conocimiento: Muchas de las tareas experimentadas por otros, vuelven a ser deducidas por otros compañeros cuando se presenta el caso. Esto conlleva una ineficiencia importante, que ante maniobras o fallos no cíclicos, produce un aumento del coste de la consecuencia del fallo, y un mayor tiempo de reposición.

Se podrían mejorar los procesos de GC, mediante una concienciación del personal, una formación encarada al beneficio de dichas estrategias, formar grupos de trabajo para aligerar la información estratégica, y muy relevante, marcar la responsabilidad y mando del proyecto en una persona interna al departamento de mantenimiento (Gestor de conocimiento de mantenimiento).

Con las entrevistas semi-estructuradas basándose en la teoría fundamentada, a 16 operarios con diferentes experiencias laborales en la empresa, se extrae las siguientes consideraciones:

Las actividades estratégicas de mantenimiento

Todos los entrevistados han identificado como principales actividades estratégicas de los departamentos de mantenimiento las siguientes:

- La fiabilidad de los activos físicos, que incide sobre las estrategias de producción o de servicios a prestar por la empresa.

- La mantenibilidad, fundamental para garantizar la disponibilidad y aumentar el ciclo de vida de los equipos e instalaciones.

- La operación/explotación de los equipos e instalaciones, relacionada con las maniobras y acciones operativas que se registran como base de demandas o necesidades de servicio.

- La eficiencia energética, como un valor económico, ambiental y que incide sobre las demás actividades.

Experiencia y conocimiento utilizado

Reconocen que en su actividad diaria, la base de sus actuaciones se fundamenta en sus experiencias personales propias (extraídas en numerosas ocasiones en el procedimiento de prueba-error-acierto). La interiorización del conocimiento se realiza mediante comentarios de las experiencias de otros compañeros, mediante reuniones informales, habiendo pasado todos por una fase de osmosis de conocimiento entre los compañeros con mayor experiencia y que conocen en gran medida las instalaciones de la empresa. Reconocen los operarios de menor experiencia que existe un gran tiempo de acoplamiento dentro de la empresa en su periodo de incorporación.

La documentación explícita existente en la organización, se utiliza escasamente, y sólo ante acciones críticas es consultada, observándose una gran desestructuración de toda la información.

Normalmente las experiencias se documentan de una manera muy breve en los partes de trabajo diario, siendo este más un sistema de justificación del tiempo, que de recoger o fundamental las acciones importantes realizadas que sirvan al resto de compañeros de la organización.

Estrategias de utilización del conocimiento en mantenimiento

No se ha implantado ningún programa de gestión del conocimiento dentro de la organización de mantenimiento. Si se realizan sistemas para gestionar la documentación implementad (partes de trabajo) y para la gestión informática del mantenimiento mediante programas informáticos de gestión (periodos, materiales, tiempo, mantenimientos preventivos, etc.). Todos ellos consideran la conveniencia de estructurar el volumen de información de la organización, de manera de resaltar lo importante y que normalmente se utiliza, tener diagramas de bloques y de fallos de los sistemas para una visión global y rápida de los procesos, así como detallar las experiencias de una manera detallada con la inclusión de fotos y videos explicativos, que de soporte a todo el equipo de las experiencia de otros.

El intranet así como el uso del correo electrónico es utilizado en la transferencia del conocimiento por los mandos de mantenimiento. Los técnicos de mantenimiento, dado que normalmente ejecutan trabajos de oficios manuales, normalmente no disponen de un puesto informático individual, utilizando un servicio colectivo donde se introducen los datos de las acciones ejecutadas o partes de trabajo y con acceso a la intranet en conjunto. En muchas ocasiones no existe una clara definición de lo que alberga Intranet y para algunos empleados es más fácil acceder a sus propias fuentes de conocimiento.

Barreras y facilitadores para la GC en mantenimiento

Las barreras fundamentales identificadas para la adecuada gestión del conocimiento han sido la poca disponibilidad de tiempo para documentar adecuadamente acciones importantes, las barreras culturales con una cultura basada en el "saber propio", no compartido, sobre todo en los técnicos operativos (con un alto componente de conocimiento tácito y por tanto no registrado), así como el conseguir la total implicación del personal, y la disponibilidad de tiempo, son las barreras localizadas.

La formación la consideran un facilitador importante. Consideran que la formación encarada al propio entorno de trabajo (más que los cursos genéricos), es la que más utilidad le puede dar a su manera de aprendizaje, y con aplicación directa a los problemas de la empresa. Normalmente utilizan el auto-aprendizaje, como motivación y mejora para su desempeño.

Un estilo directivo proactivo y participativo que promueve el surgimiento de nueva ideas y procesos de trabajo, estimula en la colaboración del grupo de mantenimiento y alentar a compartir su conocimiento y la comunicación entre los miembros de la organización.

El establecer una o varias personas (Gestor de conocimiento de mantenimiento) que coordinen, lideren y normalicen la manera de captación y administración del conocimiento, consideran todos ellos como base de seguimiento del proyecto. Dichos coordinadores, consideran, deben pertenecer al propio departamento y con un conocimiento y experiencia profunda de las características en que se desenvuelve el trabajo y la visión de los problemas fundamentales.

Relación de la GC con las acciones estratégicas fundamentales de mantenimiento

Del estudio cualitativo en base a las entrevistas a los operarios de mantenimiento, se confirma que la adecuada gestión del conocimiento, afectaría en gran medida sobre las actividades estratégicas, mejorando las siguientes acciones:

- Captura del conocimiento tácito estratégico de los técnicos operativos de mantenimiento.

- Resolución de averías críticas en menor tiempo (en especial las no cíclicas).

- Reducción de los tiempos de maniobras operativas.

- Facilitar el cambio de área o sustituciones de personal.

- Disminución de los tiempos de acoplamiento de nuevo personal.

- Captura de información y transferencia de empresas subcontratistas.

- Compartir conocimiento de empleados que puede ser utilizado por otros que puedan detectar nuevas oportunidades de mejora.

- Mejora del conocimiento de la fiabilidad del equipo e instalaciones.

- Mejora del conocimiento para la detección y mejora de acciones de eficiencia energética.

- Optimización del tiempo, que redunda de nuevo en la gestión del conocimiento y la reducción de costes del mantenimiento.

Mantenibilidad: Afecta a todos los equipos e infraestructuras de la empresa. Consideran la gran variedad de procesos y acciones para realizar un mantenimiento eficiente en cada uno de los elementos, que requiere una gran dosis de experiencia y conocimiento. La adaptación de los empleados para realizar los trabajos de mantenimiento, se produce mediante el conocimiento del entorno donde se encuentran las instalaciones, adquiriéndose, normalmente, el conocimiento necesario mediante la observación y comentarios de los empleados con mayor experiencia, hasta ser totalmente autónomo en los procesos que la llevan a cabo. Consideran los empleados de menor experiencia laboral, unos tiempos de dudas y retrasos en la realización hasta que se consigue la seguridad en la realización de los procesos a ejecutar. Todos consideran, que aun siendo la actividad que está más documentada dentro de la organización debido a la utilización de programas de gestión de mantenimiento por ordenador, sin embargo las acciones a realizar y experiencias anecdóticas útiles, no se suelen documentar, debiéndolas a experimentar los operarios que no hayan pasado por dicha situación.

Fiabilidad: La principal demanda de los departamentos de producción es evitar las paradas de los equipos e instalaciones dependientes para la producción. Todos consideran que el conocimiento de los fallos cíclicos y no cíclicos, los han adquirido en base a su experiencia en su desempeño, teniendo mayor seguridad en la prevención y resolución de averías los empleados de mayor experiencia. No suelen estar documentados los procedimientos de resolución, habiéndose realizado el proceso de aprendizaje en base al proceso de prueba-error y comentarios informales de otros empleados que han vivido esas situaciones anteriormente. No se suelen hacer diagramas de criticidad y de procesos de fallo, y ante acciones críticas no cíclicas, se produce una pérdida de tiempo muy importante en la resolución de la avería que afecta económicamente a la empresa, por el exceso de tiempo en la reposición del servicio.

Eficiencia energética: De gran relevancia económica debido a que afecta a nivel económico en el precio final de los productos realizados por la compañía. Comentan que es la acción estratégica más controlada por la dirección de la empresa, y que normalmente se centra en la cuantificación de los consumos energéticos generales u revisión de tarifas de las compañías suministradoras. Todos consideran que existen numerosas acciones para la eficiencia energética de escasa actuación (revisión de consumos inútiles, cierres de válvulas, control de consumos de maquinaria en proceso de parada de producción, etc.), sin embargo no se suelen documentar. Muchas de las acciones de bajo impacto se realizan directamente por los operarios en su buen saber hacer, debido a su propia experiencia en la factoría y el saber las características de los procesos de fabricación. Los empleados tardan en adaptarse, y sólo cuando se tiene una experiencia consolidada en la factoría, se tiene el conocimiento suficiente para tomar decisiones útiles en esa dirección. Se admite que con la adopción de muchas de esas pequeñas acciones de eficiencia energética, se puede conseguir unos ahorros relevantes, así como el prever y planificar nuevas acciones que redunden en su mejora.

Operación/explotación: Son acciones normales y de actuación en el ciclo de funcionamiento de la factoría (maniobras de instalaciones, procesos de parada y rearmando de maquinaria, accionamiento de interruptores automáticos por disparo, etc.). En el proceso del conocimiento en las acciones rutinarias de operación, es propio de las características de las instalaciones de cada empresa y supone un tiempo de acoplamiento de los técnicos de mantenimiento muy importante. Dichas acciones operativas, afectan de forma directa en la eficiencia de los procesos o servicios que se prestan. Todos los entrevistados coinciden, que ante cambios de personal de mantenimiento o de la empresa subcontratada, se produce un quebranto durante los primeros meses de funcionamiento hasta el acoplamiento del nuevo personal, cuando se produce un mayor conocimiento de las instalaciones y características demandadas por la empresa. Se reconoce que los procesos de subcontratación, significa que la empresa subcontratista administra un conocimiento estratégico de la propia compañía, que normalmente se pierde ante el cambio o substitución de dicha empresa.

Implicación de los operarios

La implicación de los operarios es otro facilitador clave en la sostenibilidad en un proyecto de gestión de conocimiento en mantenimiento. Deben estar totalmente involucrados como fuente fundamental del conocimiento estratégico y de las mejoras desarrolladas, así como raíz de ideas y parte del proceso de las mejoras. Sin la participación e implicación de los operarios el proyecto de gestión de conocimiento está condenado al fracaso, dado que debe, como principio, implicar a todos los miembros de la organización. Para conseguir la implicación de los operarios se requiere formación, apoyo y reconocimiento explícito por parte de la dirección de la empresa y los mandos de mantenimiento.

Una gran parte de los entrevistados comentan como muy positivo la implantación de incentivos materiales en función de las mejoras conseguidas por el trabajo, tanto en grupo como individual. Al iniciar el proyecto de GC es recomendable tener incentivos, pero una vez se ha asimilado la cultura consideran suficiente con el reconocimiento expreso por parte de la empresa.

A nivel individual la motivación personal y la oportunidad de aprender facilita la generación del conocimiento que al ser compartido con otros miembros del grupo da lugar al conocimiento organizativo.

Recursos, herramientas y medios

Se confirma la necesidad de la figura de un "gestor del conocimiento", como un facilitador importante en la captación de la transferencia y utilización del conocimiento. Esta figura debería ser una persona con formación técnica, organizativa y nociones de gestión del conocimiento, con gran experiencia en el área operativa de mantenimiento (que conozca en profundidad de primera mano los factores que influyen en su trabajo), y que aglutine todos los esfuerzos de la organización de mantenimiento para gestionar un conocimiento estratégico que pueda ser utilizado por toda la organización.

Los recursos no deben ser únicamente económicos sino también recursos de personal. Además, se debe considerar la gestión del conocimiento como una carga de trabajo (con mayor incidencia en sus comienzos), es decir, se debe reservar un tiempo semanal a desarrollar las actividades para formalizar el modelo de gestión del conocimiento, como parte de las tareas diarias.

La dotación de recursos va íntimamente ligada a la implicación de los operarios. Si la dirección no dota de recursos para implantar las mejoras planteadas por los operarios, éstos sienten que dirección abandona el compromiso con el proyecto de GC, decayendo la implicación de los operarios.

De igual manera consideran que las auditorias (de mantenimiento, de conocimiento, energéticas, etc.), utilizadas en pocas ocasiones, manifiestan que la aplicación de dichas técnicas potenciaría en un primer proceso en la elaboración de una estrategia global de gestión del conocimiento.

 Confirman que las características que debería tener la plataforma tecnológica utilizada para la gestión del conocimiento debe contar con mecanismos sencillos y ágiles que les permitan compartir con rapidez y eficiencia sus experiencias, que generen conocimiento.

El auto-aprendizaje en base a la información y el conocimiento del resto de los operarios, es considerado como un facilitador que ayudaría en gran medida a adquirir la seguridad en la resolución, y evitar tiempos de actuación y acoplamiento en la experiencia en la realización de acciones.

La percepción hacia la gerencia

La mayor parte de los entrevistados considera que es fundamental la implicación de la gerencia. Un proyecto de gestión de conocimiento debe ser impulsado por el departamento de mantenimiento, con la implicación y dotación por parte de la gerencia de la empresa. Comentan que muchas de las variables que se exigen a mantenimiento vienen condicionadas con la contención del gasto y los resultados económicos. Un proyecto de GC es a largo plazo, y debe ser entendida por parte de la gerencia como una inversión de mejora que dará resultados económicos a la empresa en un medio o largo plazo.

La percepción cuantitativa de los operarios de mantenimiento

Para estimar la percepción entre la diferencia entre el conocimiento basado en la propia experiencia de los operarios de mantenimiento, en relación con el conocimiento que ellos perciben que está explícito en la organización, se ha pasado un cuestionario a todo el personal operativo de mantenimiento de la organización (124 operarios), de cuatro ítems, subdividido entre las dos percepciones. Basándose en un índice de conocimiento máximo valorado en 5, se han obtenido las siguientes medias en función de las diferentes actividades estratégicas (Figura 87), y la antigüedad de los operarios.

Se observa que la consideración entre el conocimiento que utilizan los operarios para realizar sus acciones diarias, se fundamentan en mayor medida en su saber propio (tácito), considerando que muchas de dichas acciones no están recogidas en el conocimiento explícito de la empresa. Esto se observa en mayor medida entre los operarios de mayor antigüedad donde dicho contraste en mucho mayor.

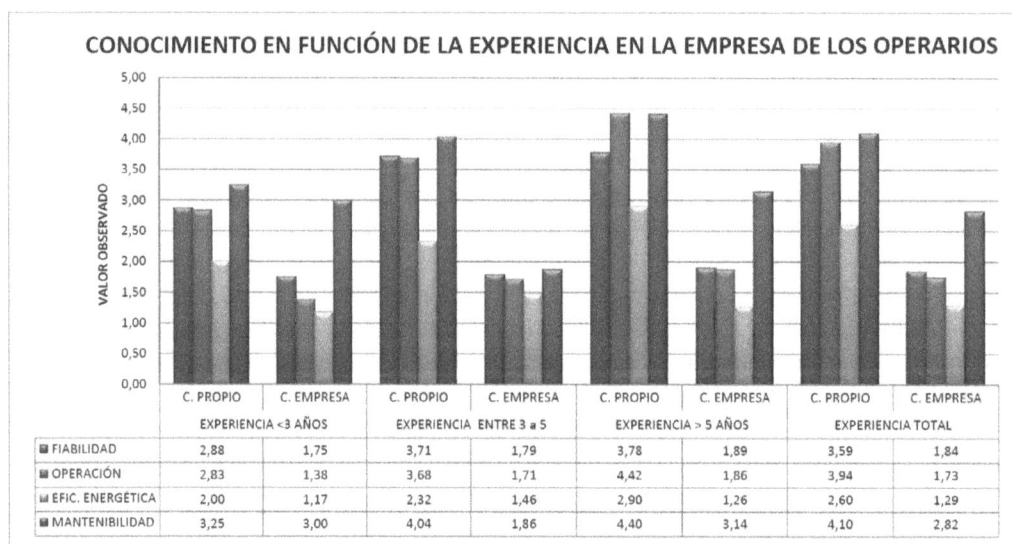

CONOCIMIENTO EN FUNCIÓN DE LA EXPERIENCIA EN LA EMPRESA DE LOS OPERARIOS

	C. PROPIO EXPERIENCIA <3 AÑOS	C. EMPRESA EXPERIENCIA <3 AÑOS	C. PROPIO EXPERIENCIA ENTRE 3 a 5	C. EMPRESA EXPERIENCIA ENTRE 3 a 5	C. PROPIO EXPERIENCIA > 5 AÑOS	C. EMPRESA EXPERIENCIA > 5 AÑOS	C. PROPIO EXPERIENCIA TOTAL	C. EMPRESA EXPERIENCIA TOTAL
FIABILIDAD	2,88	1,75	3,71	1,79	3,78	1,89	3,59	1,84
OPERACIÓN	2,83	1,38	3,68	1,71	4,42	1,86	3,94	1,73
EFIC. ENERGÉTICA	2,00	1,17	2,32	1,46	2,90	1,26	2,60	1,29
MANTENIBILIDAD	3,25	3,00	4,04	1,86	4,40	3,14	4,10	2,82

Figura 87. Características de la encuesta entre los miembros operativos de mantenimiento.
Fuente: elaboración propia

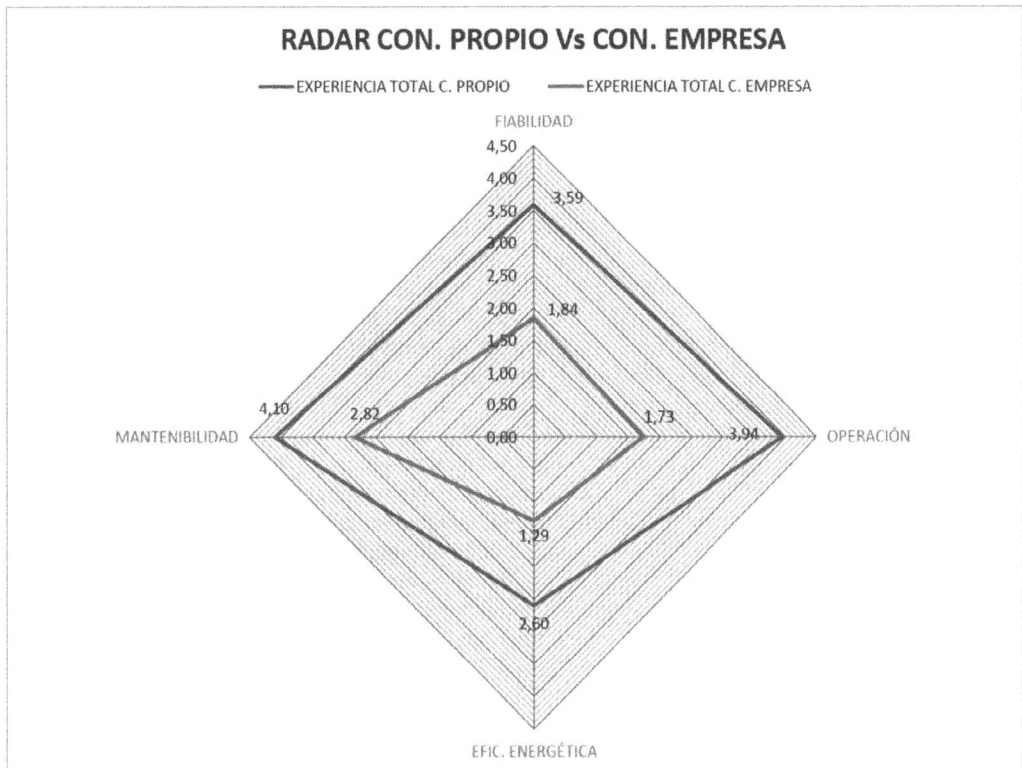

Figura 88. Radar de conocimiento propio en relación al conocimiento explicitado. Fuente: elaboración propia

En el Figura 88 de tipo radar, se puede observar, según el estudio, la comparación entre el conocimiento propio estratégico, en contraste al que dispone explícito la organización de mantenimiento. Aunque está basado en una visión subjetiva por parte de los operarios, se detecta en todos ellos un nivel superior de percepción en el conocimiento propio, como mecanismo para el desempeño de sus misiones fundamentales. Se dan mayores niveles de conocimiento por parte de los operarios y en la organización en las acciones de mantenibilidad. Esto puede ser debido en gran medida, porque es donde normalmente se concentra el grueso de la información y procedimientos del departamento de mantenimiento (programas de gestión de mantenimiento, tablas de estimaciones de mantenimiento, etc.). De igual manera se puede extraer, que el nivel de conocimiento tácito en relación al explícito de la organización, va aumentando en relación al aumento de la antigüedad y por ello la experiencia de los operarios.

5. Discusión

Mediante el estudio de casos y la observación directa a las empresas objeto de la investigación, se observan diferencias importantes en la concepción del mantenimiento, dependiendo del área económica a la que se dedican los fines de la empresa (Tabla 48).

Casos empresas	Acciones fundamentales demandadas a mantenimiento	Gestión de la información / conocimiento	Comentarios de la observación directa del estudio de casos
Tipo "producción industrial" (Nº 1, 2, 3, 4)	• Enfocado hacia la fiabilidad y prevención de paradas de producción • Actuación en un elevado número de instalaciones técnicas críticas orientadas hacia la producción • Restricción del gasto y contención económica	• Existe mayor documentación en las acciones de mantenibilidad • En numerosas ocasiones exceso de documentación, que hace poca efectiva la consulta y adquisición del conocimiento • El transvase de conocimiento en mantenimiento se realiza fundamentalmente por reuniones informales y la experiencia en el tiempo en la factoría • Existe un gran periodo de acoplamiento para conseguir la operatividad y el conocimiento necesario de los operarios	• Elevado seguimiento de los departamentos de producción sobre mantenimiento • Ante acciones críticas se observa el efecto "zafarrancho de combate", que denotan la inseguridad y falta de procedimiento en dichas actuaciones • Se observan islas de conocimiento entre las diferentes áreas de mantenimiento • La reposición del personal suele ser costosa en encontrar candidatos adecuados
Tipo "servicios distribución agua o energía" (Nº 5, 6)	• Enfocado hacia la operación y maniobras de instalaciones, y la resolución de averías • Actuación con gran dispersión de las instalaciones a nivel territorial, que hace necesario un tiempo de acoplamiento elevado de los operarios • Los tiempos en reposición del servicio afectan directamente a los resultados económicos de la compañía	• Conocimiento en base a la experiencia en las actuaciones • Los operarios de nuevo ingreso, adquieren el conocimiento necesario, acompañando y observando a operarios veteranos • Adquisición de conocimiento en base a reuniones informales y conversaciones telefónicas • Existe un gran periodo de acoplamiento para conseguir la operatividad y el conocimiento necesario	• Trabajos muy basados en la experiencia y conocimiento tácito de los operarios de mayor antigüedad • Documentación de trabajo poco elaborada, utilizando la propia "libreta práctica" de trabajo los operarios • Se observan islas de conocimiento entre las diferentes áreas de trabajo • Los empleados de un área territorial, encuentran dificultades en adaptarse a otras áreas territoriales

Continúa

Casos empresas	Acciones fundamentales demandadas a mantenimiento	Gestión de la información / conocimiento	Comentarios de la observación directa del estudio de casos
Tipo "servicios terciarios" (hoteles, centros comerciales) (nº 7, 9, 10)	• Enfocado hacia la calidad del servicio prestado • Actuación en un elevado número de instalaciones técnicas críticas orientadas hacia el servicio a los clientes • Se tiende a la subcontratación de los servicios de mantenimiento • Orientado hacia el mantenimiento legal	• Conocimiento estratégico en manos de empresas externas (subcontratista) • En numerosas ocasiones documentación perdida o desestructurada, debido normalmente al poco seguimiento de la gerencia • El transvase de conocimiento en mantenimiento se realiza de forma brusca cuando existe un cambio en la empresa subcontratista, produciéndose en esos periodos perdida de operatividad y eficiencia	• Gran dependencia de la compañía sobre la empresa subcontratista • Ante acciones críticas se observa el efecto "zafarrancho de combate", que denotan la inseguridad y falta de procedimiento en dichas actuaciones • Las gerencias observan a mantenimiento como una fuente de gastos
Tipo "apoyo subcontratado" a los servicios mantenimiento (Nº 8)	• Actuación sobre los servicios demandados por la compañía que requiere su experiencia • Actuación sobre trabajos no críticos en áreas de producción • En empresas de servicios terciarios, se puede requerir todos los trabajos de mantenimiento	• Se encuentran con grandes lagunas de información cuando se hacen cargo de instalaciones, ante un cambio de empresa subcontratista • El conocimiento en las áreas de trabajo requieren un tiempo de acoplamiento importante • No se documentan normalmente las acciones críticas y los procesos de trabajo basados en la experiencia	• Se busca la rentabilidad de la empresa de servicios subcontratado, frente muchas veces, a los propios criterios de la empresa que los requiere • Existe un gran movimiento del personal • Suele faltar cualificación en el personal de conducción de las instalaciones, posiblemente debido a salarios contenidos
Observaciones	• Se tiene mayor reconocimiento de mantenimiento por parte de las gerencias en las empresas de producción industrial, con lo cual se tiende en mayor medida al personal propio, dado que afecta directamente a su estrategia y eficiencia en la producción • En las empresas de servicios terciarios, se tiende a la subcontratación total de los servicios de mantenimiento. Se tiene una gran dependencia de la empresa subcontratista de mantenimiento. Ante cambios de la empresa existe un periodo de ineficiencia hasta el acoplamiento de la nueva empresa subcontratista. El conocimiento estratégico de la empresa está en manos de empresas ajenas		

Tabla 48. Características observadas en el estudio de casos en referencia al mantenimiento.
Fuente: elaboración propia

Se tiene mayor reconocimiento de mantenimiento por parte de las gerencias en las empresas de producción industrial, con lo cual se tiende en mayor medida al personal propio, dado que afecta directamente a su estrategia y eficiencia en la producción.

En las empresas de servicios terciarios, se tiende a la subcontratación total de los servicios de mantenimiento. Se tiene una gran dependencia de la empresa subcontratista de mantenimiento. Ante cambios de la empresa existe un periodo de ineficiencia hasta el acoplamiento de la nueva empresa subcontratista. El conocimiento estratégico de la empresa está en manos de empresas ajenas.

De los estudios cualitativos se extrae que una cultura organizativa proactiva flexible unido a un estilo participativo de la dirección, son elementos que permiten desarrollar actividades tanto de la generación como de la transferencia del conocimiento dentro de la organización.

Los operarios consideran que la motivación personal y la oportunidad de aprender, facilita la generación del conocimiento que al ser compartido con otros miembros de la empresa da lugar al conocimiento organizativo, que se intensifica con una cultura organizativa abierta. Los participantes en el estudio consideran que la posibilidad de aplicar sus conocimientos en las actividades de la organización los motiva en el auto-aprendizaje, aprender nuevas herramientas y crear nuevas formas de hacer las cosas. Cuando esta motivación personal se ve reforzada al saber que sus opiniones y sugerencias para adquirir un conocimiento externo pueden ser tomadas en cuenta, se potencian los procesos de transferencia y utilización del conocimiento.

Se hace presente, la necesidad de la figura de un "gestor del conocimiento", como un facilitador importante en la captación de la transferencia y utilización del conocimiento. Esta figura debería ser una persona con formación técnica, organizativa y nociones de gestión del conocimiento, con gran experiencia en el área operativa (que conozca en profundidad de primera mano los factores que influyen en su trabajo), y que aglutine todos los esfuerzos de la organización de mantenimiento para gestionar un conocimiento estratégico que pueda ser utilizado por toda la organización. Su dedicación podría ser parcial o total (según las características de la empresa), compartiéndola con la dedicación en otras facetas del área de mantenimiento, y podría cumplir al mismo tiempo un vínculo de enlace con el resto de la organización (producción, administración, etc.), que ayudaría a la mayor calidad del servicio prestado de mantenimiento. Esto sugiere que el conocimiento que se desea transferir necesita ser una prioridad dentro de la organización donde su transferencia requiere ser planeada como el resto de las actividades estratégicas de la empresa.

Las barreras fundamentales localizadas por este estudio son la poca disponibilidad de tiempo para documentar adecuadamente acciones importantes, las barreras culturales con una cultura basada en el "saber propio", no compartido, sobre todo en los técnicos operativos, así como el conseguir la total implicación del personal.

De igual manera se ha identificado el uso masivo de mecanismos informales de transferencia del conocimiento, que hacen que la información se encuentre en "islas" dentro de la propia organización. Se hace presente el gran volumen de conocimiento tácito manejado por parte de los

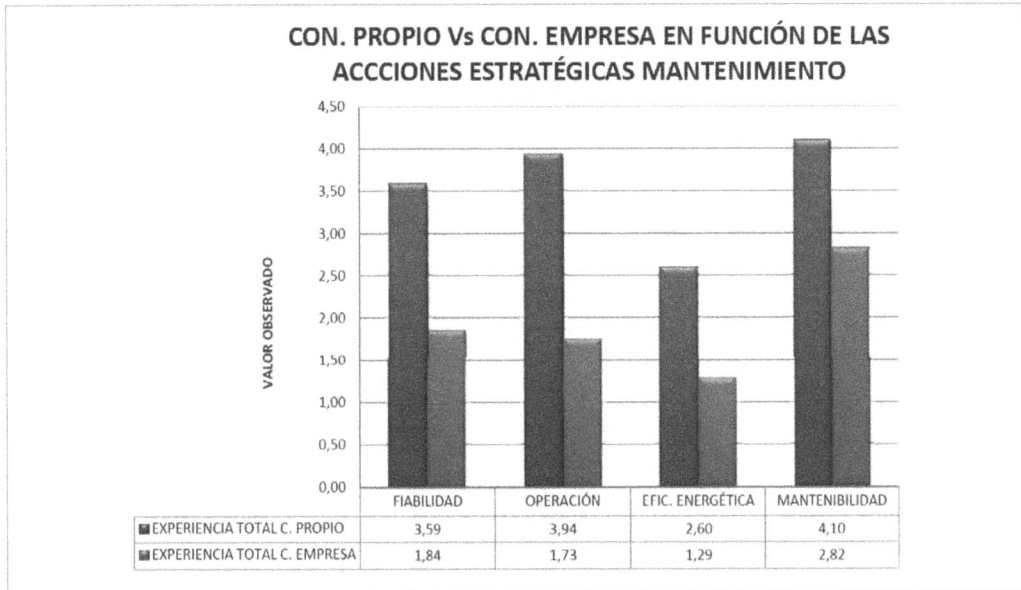

CON. PROPIO Vs CON. EMPRESA EN FUNCIÓN DE LAS ACCCIONES ESTRATÉGICAS MANTENIMIENTO

	FIABILIDAD	OPERACIÓN	EFIC. ENERGÉTICA	MANTENIBILIDAD
EXPERIENCIA TOTAL C. PROPIO	3,59	3,94	2,60	4,10
EXPERIENCIA TOTAL C. EMPRESA	1,84	1,73	1,29	2,82

Figura 89. Aspectos estratégicos del mantenimiento y su relación con la gestión del conocimiento.
Fuente: elaboración propia

operarios, que es la manera fundamental de funcionamiento, en comparación con la información o conocimiento explícito de la organización (Figura 89).

Se confirma en el presente estudio la transcendencia que una adecuada gestión del conocimiento puede tener sobre las actividades estratégicas fundamentales de mantenimiento confirmadas por todo el personal entrevistado (fiabilidad, mantenibilidad, eficiencia energética y operación/ explotación). En la Figura 90, se extraen las principales características observadas en función de las actividades estratégicas, y que redundan en la eficiencia de la actividad de la empresa.

Se reconoce, que una mejora en la gestión de la información y conocimiento, redunda positivamente en todas esas acciones, y en especial en la resolución de grandes averías, o fallos no cíclicos espaciados en el tiempo y normalmente no registrada su actuación.

En cuanto a las herramientas que pueden ser utilizadas para la recogida de información estratégica que ayude a mejorar la gestión del conocimiento, normalmente son poco utilizadas en todos los ambientes de mantenimiento. Se reconoce la poca utilización de auditorías en las acciones internas, los mapas de información y conocimiento, realizándose diagramas de criticidad sólo en determinadas instalaciones o equipamiento fundamental para la actividad de la empresa.

Se detecta un mayor uso de las reuniones informales como medio de generación y transferencia del conocimiento, sobre todo, entre los grupos de técnicos operativos, con una menor cultura organizativa que los mandos o jefes de mantenimiento.

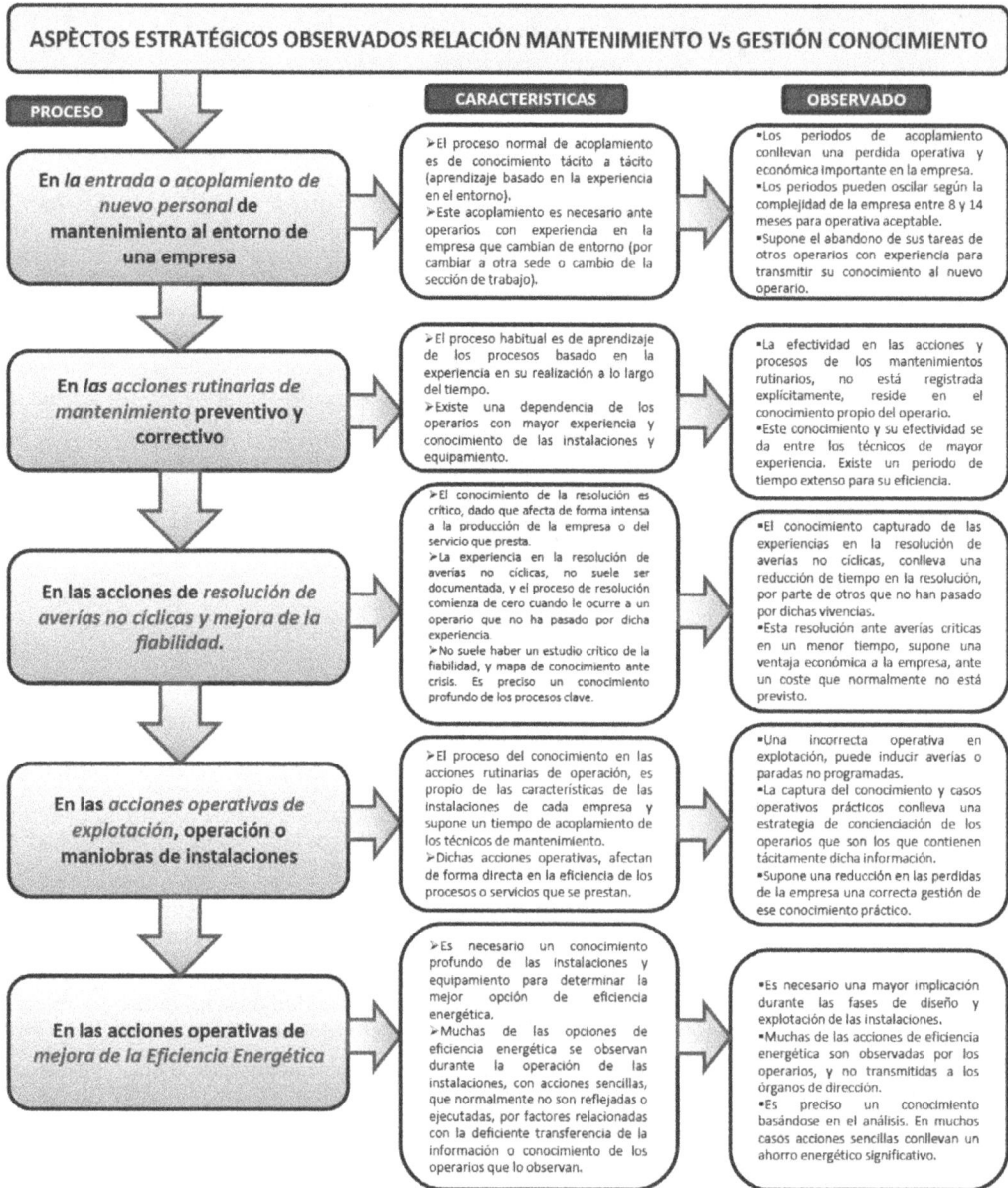

Figura 90. Aspectos estratégicos del mantenimiento y su relación con la gestión del conocimiento.
Fuente: elaboración propia

6. Conclusiones

En el presente artículo se ha hecho una revisión de las barreras y facilitadores para la adecuada gestión del conocimiento en la actividad de mantenimiento en relación a sus actividades estratégicas, mediante el análisis de casos y observación directa de diez empresas y estudio cualitativo mediante entrevistas semi-estructuradas a directivos de empresas y operarios de mantenimiento. La revisión ha sido hecha desde el punto de vista de aportar información sobre los procesos de gestión del conocimiento y los problemas de implantación en la empresa, así como los modos de superarlos.

Los procesos de la actividad de mantenimiento, caracterizados con un alto factor humano, con un elevado grado de conocimiento tácito, hacen que la introducción de técnicas de gestión del conocimiento, haga aflorar nuevo conocimiento en temas relacionados con el desempeño diario, tales como la fiabilidad operativa de la empresa, la eficiencia energética y los procesos de mantenibilidad, que redunda en una menor tasa de fallo, un menor tiempo de reposición de servicio o disponibilidad, una mejora del uso de la energía y un abaratamiento de los procesos de mantenimiento que hacen aumentar su productividad. Todo ello se traduce en una mayor eficiencia global de la empresa, unos mejores resultados económicos, un aumento en la vida útil del equipamiento e instalaciones.

Todo lo anterior sugiere que el conocimiento que se desea transferir necesita ser una prioridad en la actividad del mantenimiento industrial, es decir debe estar incluida y prevista en la planificación estratégica de la empresa.

Las principales contribuciones de la investigación que se presentan en este artículo y permiten extender el conocimiento sobre la gestión del conocimiento en la actividad de mantenimiento, son:

- Se resumen los principales facilitadores/barreras detectados en base a la investigación cualitativa realizada.

- Se confirman las principales actividades estratégicas de mantenimiento que pueden aumentar su eficiencia por la adopción de un modelo de gestión del conocimiento.

- Se confirma el elevado nivel de conocimiento tácito utilizado en esta actividad, basada normalmente en la alta experiencia de los operarios requerida, y que requiere tiempos de acoplamiento elevado en el nuevo personal.

El presente estudio pretende también dotar a los responsables de mantenimiento de las empresas de un estudio que permita a las empresas conocer que aspectos deben tener en cuenta para implantar y sostener un modelo de gestión de conocimiento. Además el artículo ayuda a las empresas a identificar los elementos claves para poder mejorar sus programas de captura de la información y conocimiento y facilitar la extensión de la misma a todas las áreas de la empresa.

La principal limitación de la presente investigación es la generalización de los resultados. Los resultados de la presente investigación están limitados a unas organizaciones determinadas con diferentes sectores de actividad. Se puede inferir que las empresas similares cuentan con características afines relacionadas a la gestión del conocimiento. Los resultados puede ser extrapolados a casos similares a los aquí analizados mas no es posible hacerlo a una población en particular, ni a otro tamaño de empresa, ni a otro entorno. Al tratarse de una investigación cualitativa, la generalización de los resultados se basan principalmente en el desarrollo de una teoría que pueda ser extendida a otros casos y no en cómo estos resultados pueden ser extrapolados a una población (Maxwell, 1996).

El resultado podría ser extensible tanto a nivel nacional como internacional, dado que alguna de las empresas analizadas tiene presencia nacional como internacional.

7. Referencias

Altmann, C. (2006). El Análisis de Causa Raíz, como herramienta en la mejora de la Confiabilidad. *2do Congreso Uruguayo de Mantenimiento, Gestión deActivos y Confiabilidad.* 16, 17 y 18 de Agosto. Montevideo. Uruguay.

Andreu, R., & Sieber, S. (1999). La gestión integral del conocimiento y del aprendizaje. *Economía Industrial,* 326, 63-72.

Argote, L., & Ingram, P. (2000). Knowledge trasnfer: A basis for competitive advantage in firms. *Organizational Behavior and Human Decision Processes*, 82(1), 150-169. http://dx.doi.org/10.1006/obhd.2000.2893

Armendola, L. (2002). *Modelos mixtos de Confiabilidad Projet Managament.* Edición Prentice Hall.

Armendola, L. (2004). *Estrategias y Técnicas en la Dirección y Gestión de Proyectos. Projet Managament.* Edición Prentice Hall.

Baeza, G., Rodríguez, P., & Hernández, J. (2003). Evaluación de confiabilidad de sistemas de distribución eléctrica en desregulación. *Revista Facultad de Ingeniería, Chile*, 11(1), 33-39.

Bravo-Ibarra, E., & Herrera, L. (2009). Capacidad de innovación y configuración de recursos organizativos. *Intangible capital*, 5(3), 301-320.

Bueno, E. (2002). *La sociedad del conocimiento: un nuevo espacio de aprendizaje de las personas y organizaciones en La Sociedad del Conocimiento.* Monografía de la Revista Valenciana de Estudios Autonómicos. Presidencia de la Generalitat Valenciana, Valencia.

Cacique, J. (2007). *Diseño de un programa para calcula la confiabilidad en un sistema de distribución de energía eléctrica.* UNEXPO. Venezuela. 138.

Camelo, C., García, J., & Sousa, E. (2010). Facilitadores de los procesos de compartir conocimiento y su influencia sobre la innovación. *Cuadernos de Economía y Dirección de la Empresa*, 42, 35-74.

Charmaz, K. (2006). *Constructing grounded theory. A practical guide through qualitative analysis.* London: SAGE.

Claver, E., & Zaragoza, P. (2007). La dirección de recursos humanos en las organizaciones inteligentes. Una evidencia empírica desde la dirección del conocimiento. *Investigaciones Europeas de Dirección y Economía de la Empresa*, 13(2), 55-73.

Coakes, E., Amar, A.D., & Luisa Granados,M.L. (2010) Knowledge management, strategy, and technology: a global snapshot. *Journal of Enterprise Information Management*, 23(3), 282-304. http://dx.doi.org/10.1108/17410391011036076

Cutcliffe, J. (2005). Adapt or Adopt: Developing and Transgressing the Methodological Boundaries of Grounded Theory. *Journal of Advanced Nursing*, 21 (4), 421. http://dx.doi.org/10.1111/j.1365-2648.2005.03514.x

Foss, N., Knudsen, C., & Montgomery, C. (1995). An Exploration of Common Ground: Integrating Evolutionary and Strategic Theories of the Firm. En Montgomery, C. (Ed.). *Resources-based and Evolutionary Theories of the Firm*. Massachusetts: Kluwer Academic Publishers. 1-17.

Garcia, F., & Navas, J. (2007). Las capacidades tecnológicas y los resultados empresariales: Un estudio empírico en el sector biotecnológico español. *Cuadernos de Economía y Dirección de la Empresa*, 32, 177-210. http://dx.doi.org/10.1016/S1138-5758(07)70095-6

Garud, R., & Nayyar, P. (1994). Transformative capacity: Continual structuring by intemporal technology transfer. *Strategic Management Journal*, 15, 365-385. http://dx.doi.org/10.1002/smj.4250150504

Glaser, B.G., & Strauss, A.L. (1967): *The discovery of grounded theory*. New York: Aldine de Gruyter.

González, R., & García, E. (2011). Innovación abierta: Un modelo preliminar desde la gestión del conocimiento. *Intangible capital*, 7(1), 82-115. http://dx.doi.org/10.3926/ic.2011.v7n1.p.82-115

Griffiths, P., & Remenyi, D. (2008). Aligning Knowledge Management with Competitive Strategy: A Framework. *The Electronic Journal of Knowledge Management*, 6(2), 125-134. Available online at www.ejkm.com

Hoelzle, K., & Gemuenden, H.G. (2009). *Cultural vs. structural aspects of Open Innovation - How to implement Open Innovation*. TUHH User and Open Innovation Workshop 2009. University of Hamburg. Germany.

Howells, R. (2002). Tacit Knowledge, Innovation and Economic Geography. *Urban Studies*, 39, 871-884. http://dx.doi.org/10.1080/00420980220128354

IEEE Std 493-2007 (2007). *IEEE Recommended Practice for the Design of Reliable Industrial and Commercial Power Systems*. Approved 7 February 2007. IEEE-SA Standards Board.

Kalkan, V.J. (2008). An overall view of knowledge management challenges for global business. *Business Process Management Journal*, 14(3), 390-400. http://dx.doi.org/10.1108/14637150810876689

Kogut, B., & Zander, U. (1992). Knowledge of the firm: combinative capabilities, and the replication of technology. *Organization Science*, 3(3), 383-397. http://dx.doi.org/10.1287/orsc.3.3.383

Koval, D., Zhang, X., Prost, J., Coyle, T., Arno, R., & Hale, R. (2003). Reliability methodologies applied to the IEEE Gold Book standard network. *IEEE Industry Applications Magazine*, 9(1), 32-41. http://dx.doi.org/10.1109/MIA.2003.1176457

Lee, S., Park, G., Yoon, B., & Park, J. (2010). Open innovation in SMEs: An intermediated network model. *Research Policy*, 39, 290-300. http://dx.doi.org/10.1016/j.respol.2009.12.009

Lichtenthaler, U. (2010). Intellectual property and open innovation: An empirical analysis. *International Journal of Technology Management*, 52(3/4), 372-391. http://dx.doi.org/10.1504/IJTM.2010.035981

Lim, K., Chesbrough, H., & Ruan, Y. (2010). Open innovation and patterns of R&D competition. *International Journal of Innovation and Technology Management*, 52(3/1), 295-321.

Linstone, H.A., Turoff, M. (1975). *The Delphi method: Techniques and applications*. Reading, MA: Addison Wesley Publishing.

Lloira, M., & Peris, F. (2007). Mecanismos de coordinación estructural, facilitadores y creación de conocimiento. *Revista Europea de Dirección y Economía de la Empresa*, 16(1), 29-46.

Lundvall, B., & Nielsen, P. (2007). Knowledge Management and Innovation Performance. *International Journal of Manpower*, 28(3/4), 207-223. http://dx.doi.org/10.1108/01437720710755218

Marshall, N., & Brady, T. (2001). Knowledge management and the politics of knowledge: illustrations from complex products and systems. *European Journal of Information Systems*, 10(2), 99-112. http://dx.doi.org/10.1057/palgrave.ejis.3000398

Martínez, P. (2006). El método de estudio de caso estrategia metodológica de la investigación científica. *Pensamiento & gestión*, 20. Universidad del Norte, 165-193.

Maxwell, J.A. (1996). *Qualitative Research Design. An Interactive Approach*. California: Sage Publications.

McGranaghan, M. (2007). Quantifying Reliability and Service Quality for Distribution Systems. *IEEE Trans. Industry Applications*, 43, 188-195. http://dx.doi.org/10.1109/TIA.2006.886990

Nonaka, I. (1991). The knowledge-creating company. *Harvard Business Review*, 68, 96-104.

Nonaka, I., & Takeuchi, H. (1995). *The knowledge-creating company: How japanese companies create the dynamics of innovation*. New York: Oxford University Press.

Pace, S. (2004). A grounded theory of the flow experiences of Web users. *International Journal of Human-Computer Studies*, 60(3), 327-363. http://dx.doi.org/10.1016/j.ijhcs.2003.08.005

Pawlowski, J., & Bick, M. (2012). The Global Knowledge Management Framework: Towards a Theory for Knowledge Management in Globally Distributed Settings. *The Electronic Journal of Knowledge Management,* 10(1), 92-108. Available online at www.ejkm.com

Peluffo, M., & Catalán, E. (2002). *Introducción a la gestión del conocimiento y su aplicación al sector publico*. Instituto Latinoamericano y del Caribe de Planificación Económica y Social - ILPES. Santiago de Chile.

Pérez, A., Castillo, A., Barcelo, M., & León, J.A. (2009). Importancia de los clúster del conocimiento como estructura que favorece la gestión del conocimiento entre las organizaciones. *Intangible capital*, 5(1), 33-64.

Sexto, L. (2005). *Confiabilidad integral del activo*. Seminario internacional de mantenimiento celebrado en Perú-Arequipa-Tecsup del 23-25 de febrero.

Strauss, A., & Corvin, J.L. (1998). *Bases de la investigación cualitativa*. U. Antioquia, 2ª ed.

Tan, C.L., & Nasurdin, A.M. (2011). Human Resource Management Practices and Organizational Innovation: Assessing the Mediating Role of Knowledge Management Effectiveness. *The Electronic Journal of Knowledge Management*, 9(2), 155-167. Available online at www.ejkm.com

Tavares, L. (2004). *Administración moderna de Mantenimiento*. Editorial Interamericana S.A.

UNE 16001. (2010). *Sistemas de gestión energética. Requisitos con orientación para su uso*. Aenor.

UNE 216501. (2009). *Auditorías energéticas. Requisitos*. Aenor.

Wang, W., Loman, J., Arno, R., Vassiliou, P., Furlong, E., & Ogden, D. (2004). Reliability block diagram simulation techniques applied to the IEEE std. 493 Standard Network. *IEEE Trans. Industry Applications*, 40, 887-955. http://dx.doi.org/10.1109/TIA.2004.827805

Wiig, K.M. (1997). Integrating Intellectual Capital and Knowledge Management. *Long Range Planning*, 30(3).

Yahya, S., & Goh, W. (2002). Managing human resources toward achieving knowledge management. *Journal of Knowledge Management*, 6(5), 457-468. http://dx.doi.org/10.1108/13673270210450414

Yañez, M., Gómez de la Vega, H., & Valbuena, G. (2003). *Ingeniería de Confiabilidad y Análisis Probabilístico de Riesgo*. ISBN 980-12-0116-9.

Biografía del autor

Francisco Javier Cárcel Carrasco

Dr. Ingeniero Industrial
Dr. Ciencias Económicas y Empresariales

Su actividad profesional en las áreas industriales y de mantenimiento comenzó a la temprana edad de 15 años compatibilizando trabajo y estudios, habiendo vivido de una manera directa y personal la transcendencia y problemática de la actividad del mantenimiento industrial en diferentes sectores industriales y edificios de servicios terciarios. Ha desarrollado su experiencia en el sector industrial durante más de 28 años en diversas empresas de primer nivel industrial y de servicios, así como profesional liberal en el desarrollo de proyectos industriales y de instalaciones para edificios de actividades terciarias (grandes hoteles, centros comerciales, etc.), desarrollando más de 800 proyectos y direcciones de obra visados por colegios profesionales. En la actualidad es profesor del departamento de Construcciones Arquitectónicas, área instalaciones, de la Universidad Politécnica de Valencia. De formación académica polivalente, es Ingeniero Industrial y Doctor Ingeniero Industrial por la Universidad Politécnica de Valencia, así como Doctor en Ciencias Económicas y Empresariales por la UNED. Así mismo es Ingeniero en Electrónica por la Universidad de Valencia y Licenciado en Ingeniería mecánica y energética por la Universidad de Paris 6 (Francia). Ha realizado numerosos cursos de formación y diversos máster, destacando el de Ingeniería energética, Prevención de riesgos laborales, Evaluación de impacto ambiental. Su área de investigación está enfocada a las energías renovables, eficiencia energética e ingeniería del mantenimiento industrial. Email: fracarc1@csa.upv.es

www.ingramcontent.com/pod-product-compliance
Lightning Source LLC
Chambersburg PA
CBHW080514220326
41599CB00032B/6075